无线传感器网络节点定位技术研究

张烈平　王守峰　著

中国原子能出版社

图书在版编目(CIP)数据

无线传感器网络节点定位技术研究／张烈平，王守峰著． -- 北京：中国原子能出版社，2019.5

ISBN 978-7-5022-9816-6

Ⅰ．①无… Ⅱ．①张… ②王… Ⅲ．①无线电通信一传感器一无线电定位法一研究 Ⅳ．①TP212

中国版本图书馆 CIP 数据核字(2019)第 115299 号

内 容 简 介

无线传感器网络(Wireless Sensor Network，WSN)是在传感器技术、无线通信技术、网络技术和嵌入式计算机技术基础上发展起来的一门新兴的信息获取技术，广泛应用于军事、智能交通、环境监控、医疗卫生等众多领域。其中，节点位置信息在 WSN 应用中非常重要，一个没有节点位置信息的 WSN 是没有任何意义的。

本书对 WSN 节点定位技术进行了较为详细的研究，主要内容包括：WSN 的节点定位技术、基于智能算法优化的 WSN 节点二维定位技术、基于智能算法优化 LSSVR 的 WSN 节点三维定位技术、基于 KF-LSSVR 的 WSN 三维移动节点定位技术、基于 RSSI-LSSVR 的 WSN 节点安全定位技术、基于 WSN 的老人行为监测技术应用等。

本书结构合理，条理清晰，内容丰富新颖，可读性强，是一本值得学习研究的著作，可供从事 WSN 领域的研究人员和工程技术人员参考使用。

无线传感器网络节点定位技术研究

出版发行	中国原子能出版社(北京市海淀区阜成路 43 号　100048)
责任编辑	张　琳
责任校对	冯莲凤
印　　刷	北京亚吉飞数码科技有限公司
经　　销	全国新华书店
开　　本	787mm×1092mm　1/16
印　　张	14
字　　数	251 千字
版　　次	2019 年 9 月第 1 版　2024 年 9 月第 2 次印刷
书　　号	ISBN 978-7-5022-9816-6　定　价　68.00 元

网址：http://pub.ouc.edu.cn　　E-mail：atomep123@126.com

发行电话：010-68452845　　　　版权所有　侵权必究

前　言

　　无线传感器网络(Wireless Sensor Network,WSN)是由大量布置在监测区域的微型传感器节点以 Ad Hoc 方式组成的一个多跳通信的自组织网络,其目的是协作地感知、采集和处理网络覆盖区域中目标对象的信息,并发送给观察者。无线传感器网络是一门包含了微电子学、无线通信和无线网络等多学科的交叉技术,随着体积小、低功耗、价格低和具有多功能的传感器节点的发展和应用,无线传感器网络开始广泛应用到人们的经济和生活当中,并出现了大量的新应用,如环境监测、精细农业、医疗监测、智能建筑物故障检测和目标跟踪及定位等。在大多数应用中,确定传感器节点的物理位置是 WSN 应用的基本要求,采集不附加物理位置信息的数据没有多大的用处,不知道传感器节点的位置而进行数据的传送也没有任何意义。因此,传感器节点的定位对于 WSN 的应用来说至关重要,研究适合 WSN 应用的定位技术具有重要的意义和价值。

　　现在针对 WSN 定位的研究大多数是二维环境或静态节点的定位,然而随着人们的需求,三维环境下或移动节点的定位算法受到的关注度越来越高,故三维环境下或移动节点定位算法的研究非常有意义。同时,虽然目前已经有不少 WSN 节点定位算法,但很多都只考虑了环境复杂性,而没考虑网络安全性,但其部署在开放的、无人值守的环境中,不法分子可能攻击定位系统窃取或伪造监测数据,这让定位安全性面临巨大挑战。这就需要研究安全性更高以及精确性更强的 WSN 节点定位技术。

　　针对以上这些问题,本书对 WSN 节点定位技术进行了较为详细的研究。全书共 7 章,主要内容包括:无线传感器网络概述、无线传感器网络的节点定位技术、基于智能算法优化的 WSN 节点二维定位技术、基于智能算法优化 LSSVR 的 WSN 节点三维定位技术、基于 KF-LSSVR 的 WSN 移动节点三维定位技术、基于 RSSI-LSSVR 的 WSN 节点安全定位技术、基于 WSN 的老人行为监测技术应用等。

　　本书由张烈平负责撰写第 1、2、4、5、6、7 章,王守峰负责撰写第 3 章,张烈平负责最后的统稿、审校工作。本书的部分章节是在相关研究生的研究基础上整理完成的,这些研究生包括:王守峰、陈鸣、王平、季文军、彭飞、王瑞。衷心感谢他们为本书所做的研究工作和贡献。本书在撰写过程中,参考了大量有价值的文献与资料,吸取了许多人的宝贵经验,在此向这些文献和资料的作者表示衷心的感谢。虽然作者努力把这些文献都列出,但难免有疏漏之处,诚挚地希望得到读者和同行的谅解。本书的出版得到国家自然科学基金应急管理项目(项目编号:61741303)、广西自然科学基金项目(项目编号:2017GXNSFAA198161)以及广西空间信息与测绘重点实验室项目(项目编号:桂科能 16-380-25-23,桂科能 15-140-07-23)等项目的资助。此外,本书的撰写得到了桂林理工大学的支持和鼓励,在此表示感谢。由于无线传感器网络节点定位技术发展的日新月异,加之作者水平及时间有限,书中难免有不足和疏漏之处,敬请广大读者和同行给予批评指正。

作　者

2019 年 2 月

目 录

第 1 章　无线传感器网络概述

1.1　无线传感器网络的结构

无线传感器网络(Wireless Sensor Networks, WSN)是由分布在一定范围的大量传感器节点组成,各节点间多以无线多条的无中心方式连接,能够协作地感知、采集和处理网络覆盖区域内目标对象的信息,并返回给观察者[1][2]。

无线传感器网络主要包括 4 类基本实体对象:目标、传感器节点、汇聚节点和监测区域。但对于整个系统来说,还需定义与外部网络连接的网关、外部传输网络、基站、外部数据处理网络、远程任务管理单元和用户等,如图1-1 所示。

在网络中,大量的传感器节点随机部署在目标的邻近区域,通过自组织方式构成网络,形成对目标的监测区域。传感器节点对目标进行检测,获取的数据经本地简单处理后再通过邻近传感器节点采用多跳的方式传输到汇聚节点,该节点同时又是无线传感器网络与外部网络通信的网关节点。网关节点通过一个单跳链接或一系列的无线网络节点组成的传输网络,把数据从监测区域发送到提供远程连接和数据处理的基站,基站再通过外部网络(比如 Internet 或卫星通信网络)传输到远程数据库。最后,利用各种应用软件对采集到的数据进行分析处理,通过各种显示方式提供给终端用户。用户和远程任务管理单元也可以通过外部网络,与汇聚节点进行交互,汇聚节点可向传感器节点发布查询请求和控制指令,并接收传感器节点返回的目标信息。

无线传感器网络针对的目标是面向应用的信息源,而网络就是通过目

---

① 唐宏,谢静,鲁玉芳,等.无线传感器网络原理及应用[M].北京:人民邮电出版社,2010.

② 王殊,阎毓杰,胡富平,等.无线传感器网络的理论及应用[M].北京:北京航空航天大学出版社,2007.

标的热红外线、声呐、雷达或地震波等信号,来获取包括温度、噪声或运动方向和速度等目标属性,从而实现用户想要完成的目的,其中包括环境监测、事件检测、目标定位、目标跟踪等。

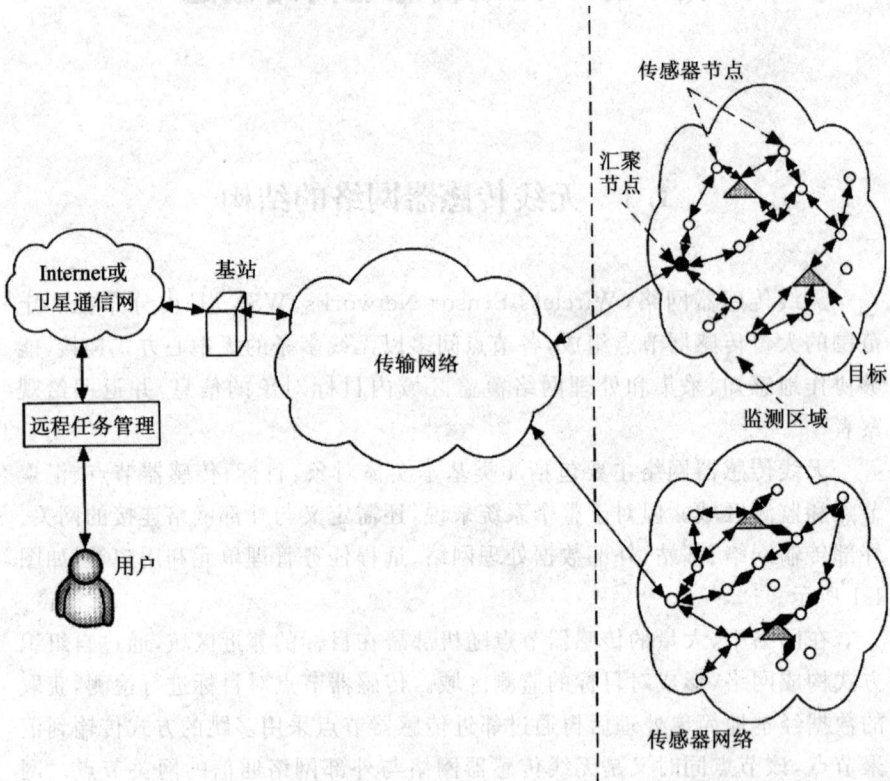

图 1-1 无线传感器网络的系统架构

(1)传感器节点。传感器节点通常是一个嵌入式系统,由于受到体积、价格和电源供给等因素的限制,它的处理能力、存储能力相对较弱,通信距离也很有限,通常只与自身通信范围内的邻居节点交换数据。传感器节点具有原始数据采集、本地信息处理与其他节点协同工作的能力,其基本部分组成和功能在后面会重点介绍。节点与节点之间以无线多跳的无中心方式连接,网络拓扑处于动态可变状态。由于传感器节点数量众多且资源有限,单个节点只能采集有限范围和类型的原始信号来进行本地信息的初步处理,并在有限存储空间内保存有限范围和类型的处理结果。

(2)汇聚节点。汇聚节点通常具有较强的处理能力、存储能力和通信能力,它既可以是一个具有足够能量供给和更多内存资源与计算能力的增强型传感器节点,也可以是一个带有无线通信接口的特殊网管设备。汇聚节点是感知信息的接受者和应用者,从广义的角度来说,汇聚节点可以是人,也可以是计算机或其他设备。例如,军队指挥官可以是传感器网络的汇聚节点;一个由飞机携带的移动计算机也可以是传感器网络的汇聚节点。在一个传感器网络中,汇聚节点可以有一个或多个,一个汇聚节点也可以是多个传感器网络的用户。

汇聚节点有两种工作模式:一种是主动式,工作于该模式的汇聚节点周期性扫描网络和查询传感器节点从而获得相关的信息;另一种是响应式,工作于该模式的汇聚节点通常处于休眠状态,只有传感器节点发出的感兴趣事件或消息触发才开始工作,一般来说,响应式工作模式较为常用。

汇聚节点将对感知信息进行观察、分析、挖掘、制定决策,或对感知对象采取相应的行动。对象是汇聚节点感兴趣的监测目标,也是传感器网络的感知对象,如车辆、行人、动植物、房屋、路桥、江河湖泊、有害气体等,这些对象可以用表示物理现象、化学现象或其他现象的数字量进行描述和表示,如温度、湿度、高度、浓度、速度、频率、概率等。汇聚节点在网内作为信息收集点或控制者,被授权监听和处理网络的事件消息和数据,可向网络发出查询请求或派发任务。在网外,它可作为中继或网关,通过各种有线或无线链路连接到远端控制单元和用户,起到外界的控制单元与用户进行信息交换的作用。

1.2　无线传感器网络的特点

无线传感器网络是一种特殊的无线自组织网络,比较类似于传统的无线自组织网络,主要表现在自组织特性、分布式控制、拓扑动态性等方面①。

(1)自组织特性。在许多无线传感器网络应用中,传感器节点通常是随机部署的,事先无法确定节点的位置和节点间的相邻关系。例如,通过飞机将大量传感器节点撒播在面积广阔的原始森林或用火炮将传感器节点投射到敌方战区。因此,传感器节点需要具有自组织能力。在部署后,能够在任何时间、任何地点自动构建成多跳的无线网络,组网跟任何固定网络设施关系都不大,并且能够在网络拓扑发生变化的情况下自动重构网络。

(2)分布式控制。无线传感器网络没有严格的控制中心,所有传感器节

---

①　郑军,张宝贤.无线传感器网络技术[M].北京:机械工业出版社,2012.

点地位平等,可以通过分布式控制协调来完成节点之间的工作,是一个分布式感知网络。节点可以随时加入或离开网络,任何节点的故障不会对整个网络的运行造成任何影响,抗毁性比较强。

(3)拓扑动态性。无线传感器网络的拓扑结构会由于各种不同的因素而频繁发生变化。例如,环境条件的变化会影响到无线信道的质量,导致通信链路的间断。传感器节点由于工作环境恶劣容易损坏,并随时可能由于各种原因发生故障而导致失效,节点会由于能量耗尽而死亡,节点会加入或离开网络,某些节点和监测目标具有移动性等。所有这些情况的发生都会使网络的拓扑结构发生变化。因此,无线传感器网络的拓扑结构具有很强的动态性。

但是,无线传感器网络与传统的无线自组织网络差别非常明显,重点表现在网络规模大、节点能力受限、节点可靠性差、多对一传输模式、应用相关性、冗余度高、以数据为中心等方面。

(1)网络规模大。为了保证网络有效、可靠地工作,获取准确的监测数据或目标信息,无线传感器网络通常需要大规模地部署在指定地理区域。这里,大规模主要体现在以下两个方面:一方面是传感器节点分布的区域范围大且节点数量多。例如,在原始森林采用传感器网络进行森林防火或环境监测,需要部署成千上万个传感器节点;另一方面,传感器节点部署的密度高,在一个很小的区域范围内,密集部署了许多传感器节点。和传统无线自组织网络比起来,其节点的数量和密度均有若干数量级的提高。无线传感器网络不是依靠单个节点的能力,而是通过大量冗余节点的协同工作来完成所指定的任务。

(2)节点能力受限。传感器节点通常由电池供电。由于传感器节点的微型化,节点的电池容量十分有限。而且在大多数情况下,传感器节点被部署在恶劣或敌对的环境下,更换电池或给电池充电的难度比较大甚至是无法实现。因此,传感器节点的能量十分受限,这对节点的工作寿命和网络的生存时间具有决定性的影响。同时,传感器节点低成本、微型化的要求使节点的处理能力和存储容量大打折扣,也就无法再进行复杂的计算。此外,传感器节点在体积、能量方面的限制会在很大程度上影响节点的通信能力。

(3)节点可靠性差。无线传感器网络通常部署在恶劣或敌对的环境中,传感器节点往往在无人值守的状态下工作,导致维护节点和网络的难度非常大,甚至不可能。因此,传感器节点容易损坏或发生故障。

(4)多对一传输模式。在无线传感器网络中,节点所监测和采集到的信息和数据通常由多个源节点向一个汇聚节点传送,呈现为多对一的数据传输模式。这种数据传输模式与传统网络中的模式差别非常明显。

（5）应用相关性。无线传感器网络是以任务或应用为出发点的，不同的传感器网络所要收集的数据类型也会有所差别，故导致了在设计网络时要按照不同的要求来进行，也就无法避免其硬件平台、软件系统和网络协议之间的差异。因此，在传统计算机网络中使用统一的通信协议的情况不会发生在无线传感器网络中。要根据具体的应用需求来设计传感器网络，传感器网络与传统网络设计之间的差别也主要体现在该方面。

（6）冗余度高。无线传感器网络通常采用大量传感器节点协同完成指定的任务，这些节点在指定的地理区域被密集部署，多个传感器节点所获取的数据和信息通常具有较强的相关性和较高的冗余度。

（7）以数据为中心。无线传感器网络是一个以数据为中心的网络，用户通常只关注指定区域内所监测对象的数据，而某个具体节点所监测到的数据不是其关注的对象。用户在查询数据或事件时，通常直接将所关心的对象或事件发布给网络，而不是传送给网络中某个具体的节点，网络在获取指定对象或事件的信息后汇报给用户。这就是无线传感器网络以数据为中心的特点，区别于传统网络的寻址过程，各个节点的信息能够被快速、有效地收集起来，融合提取出有用信息并直接传送给终端用户。

1.3　无线传感器网络的应用领域

1.3.1　军事应用

传感器网络可快速部署、可自组织、隐蔽性强且容错性高，满足作战要求[①]。典型设想是用飞行器将大量微传感器节点散布在战场的广阔地域，这些节点自组成网，将战场信息边收集、边传输、边融合，为各参战单位提供"各取所需"的情报服务。传感器网络由大量的随机分布的节点组成，即使有一部分节点被敌方破坏，余下的节点仍然可自组织形成网络，传感器网络可以通过分析采集到的数据，得到十分精确的目标定位，并由此为火控和制导系统提供精确制导。

---

① 余成波,李洪兵,陶红艳.无线传感器网络实用教程[M].北京:清华大学出版社,2012.

1.3.1.1 智能微尘

智能微尘是一个具有电脑功能的超微型传感器,其是由微处理器、无线电收发装置以及使它们能够组成一个无线网络的软件共同组成。将一些无线传感器节点散放在一定范围内,它们就能够相互定位,收集数据并向基站传递信息。近几年,由于硅片技术和生产工艺的突飞猛进,集成有传感器、计算电路、双向无线通信模块和供电模块的微尘器件的体积已经缩小到沙粒般大小,但信息收集、信息处理以及信息发送所必需的全部部件仍然包含在其内部。未来的智能微尘甚至可以悬浮在空中几个小时。搜集、处理、发射信息,它能够仅依靠微型电池工作多年。智能微尘的远程传感器芯片能够跟踪敌人的军事行动,可以把大量智能微尘装在宣传品、子弹或炮弹中,在目标地点撒落下去,形成严密的监视网络,对敌军进行监视。

1.3.1.2 战场环境侦察与监视系统

该系统是一个智能化传感器网络,可以更为详尽、准确地探测到精确信息,如一些特殊地形地域的特种信息等,为更准确地制定战斗行动方案等提供情报依据。它借助于"数字化路标",为各作战平台与单位提供所需要的情报服务。该系统由撒布型微传感器网络系统、机载和车载型侦察与探测设备等构成。

1.3.1.3 传感器组网系统

美国海军最近也确立了"传感器组网系统"研究项目。一套实时数据库管理系统为传感器组网系统的核心环节。该系统可以利用现有的通信机制对从战术级到战略级的传感器信息进行管理,而管理工作无须借助于其他专用设备,只需通过一台专用的商用便携机即可。该系统以现有的带宽进行通信,并可协调来自地面和空中监视传感器以及太空监视设备的信息。该系统可以部署到各级指挥单位中。

传感器网络已经成为军事 C4ISRT(Command,Control,Communication,Computing,Intelligence,Surveillance,Reconnaissance and Targeting)系统必不可少的一部分,受到军事发达国家的高度重视,各国均投入了大量的人力和财力进行研究。

1.3.2 工业领域

无线传感器网络可用于工业领域中的危险环境①。在煤矿、石化、冶金行业,无线传感器网络把部分操作人员从高危环境中解脱出来的同时,使其在井下安全生产的诸多环节得到更高的安全保障,也可为矿难发生后的搜救工作提供更多的便利。成功应用的系统还有成峰公司与陕西天和集团共同研发的矿工井下区段定位系统,其结构框图如图1-2所示。

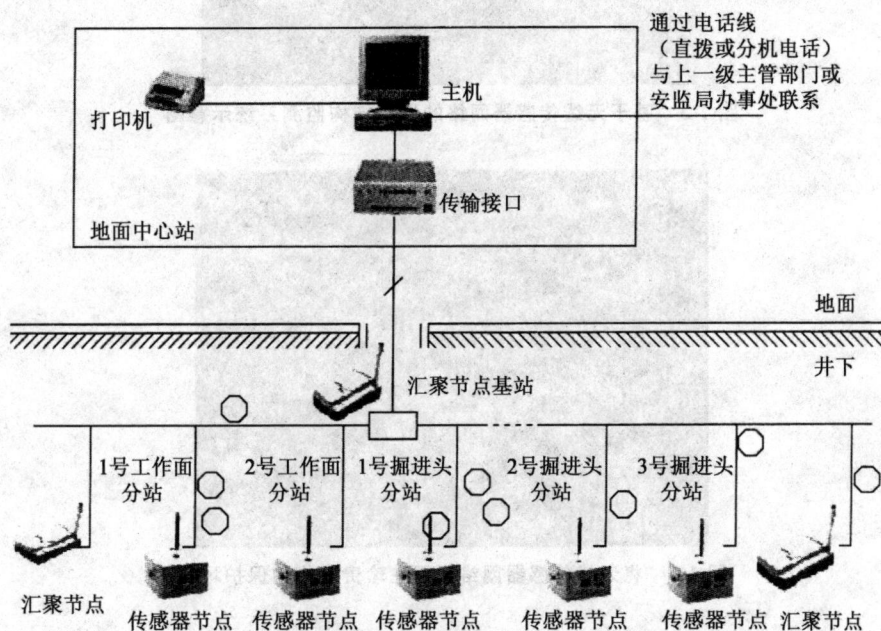

图 1-2 煤矿安全环境监测无线传感器网络的基本结构

1.3.3 建筑领域

利用适当的传感器,可以有效地构建一个三维立体的防护监测网络(图1-3)。该系统可用于监测桥梁、高架桥、高速公路等道路环境,能减少桥梁事故所造成的生命财产损失②。

将具有温度、湿度、压力等传感器的节点布放在珍贵的古老建筑保护对

---

① 张永恒.物联网核心技术与应用[M].长春:吉林大学出版社,2016.
② 巩秀钢.物联网中的关键技术及应用探析[M].长春:吉林大学出版社,2015.

象当中,无须拉线钻孔,便可有效地对建筑物进行长期的监测(图 1-4)。

图 1-3　基于无线传感器网络的桥梁结构监测系统示意图

图 1-4　将无线传感器网络应用在珍贵文物的保护场地

1.3.4　环境观测和预报领域

随着人们对于环境的日益关注,环境科学所涉及的范围越来越广泛。环境检测中对无线传感器网络的应用[1][2],一是利用无线传感器网络的节点分布的广泛性,可以大范围地采集数据。另一方面,利用无线传感器网络的自组织的特点,可以借助于航天器布撒的传感器节点实现对星球表面长时间的监测。除了空间工作站,目前空间探索特殊的环境需要极高的自动化。因此,无线传感器网络技术在空间探索方面有着巨大的应用。

---

[1]　巩秀钢.物联网中的关键技术及应用探析[M].长春:吉林大学出版社,2015.
[2]　张永恒.物联网核心技术与应用[M].长春:吉林大学出版社,2016.

无线传感器在生物种群研究方面得到了广泛的应用。2005 年,科研人员利用传感器来探测北澳大利亚蟾蜍的分布情况,科研人员将采集到的信号在节点上就地处理,然后将处理后的少量结果数据发回给控制中心。通过处理,就可以大致了解蟾蜍的分布、栖息情况,如图 1-5 所示。

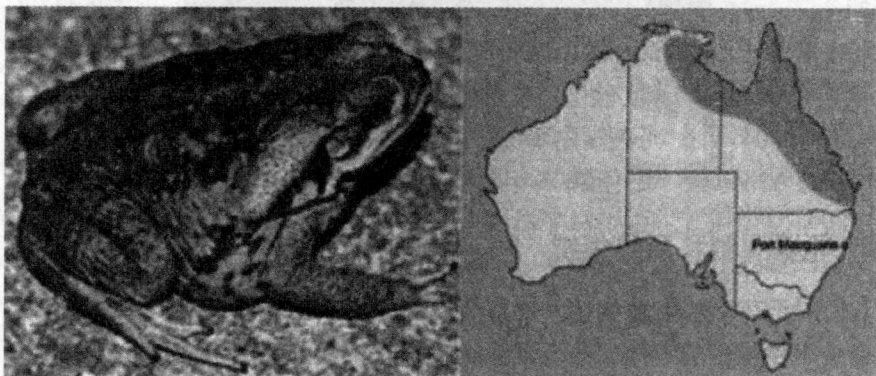

图 1-5 北澳大利亚蟾蜍的分布情况

1.3.5 医疗健康与监护领域

植入式传感器(图 1-6)具有体积小、重量轻等特点,因此这类传感器可应用于监视病人活动的心脏起搏器。此外,研究人员开发出了基于多个加速度传感器的无线传感器网络系统[①],用于进行人体行为模式监测,如坐、站、躺、行走、跌倒、喝水等(图 1-7)。

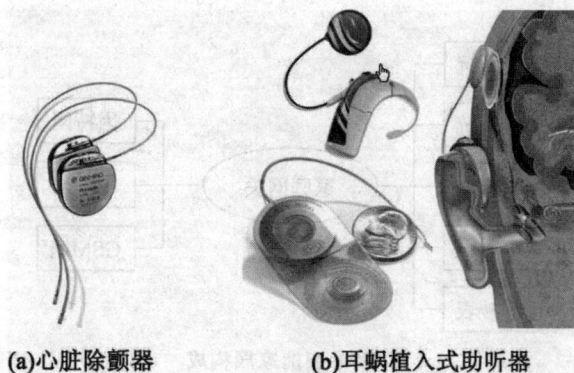

(a)心脏除颤器   (b)耳蜗植入式助听器

图 1-6 植入式传感器

---

① 巩秀钢.物联网中的关键技术及应用探析[M].长春:吉林大学出版社,2015.

图 1-7　基于无线传感器网络技术的人体行为监测系统

1.3.6　智能家居

现有智能家居多以有线网络为主,布线较为烦琐,且网络处理能力非常有限。传感器网络能够应用在家居中。在家电和家具中嵌入传感器节点,通过无线网络与 Internet 建立连接,可以为人们提供更加舒适、方便和更具有人性化的智能家居环境。利用远程监控系统可完成对家电远程遥控。智能家居的发展跟家庭网络技术在家庭内部的推广密切相关。家庭网络是整个智能家居系统的基础,要实现家居智能化,就必须能够实时监控住宅内部的各种信息,例如水、电、气的供给系统等,从而采取相应的控制,为此智能家居必须能够运用传感器采集各种信息,如温度、湿度、有无燃气泄漏、小偷入室等。图 1-8 为智能家居构成。

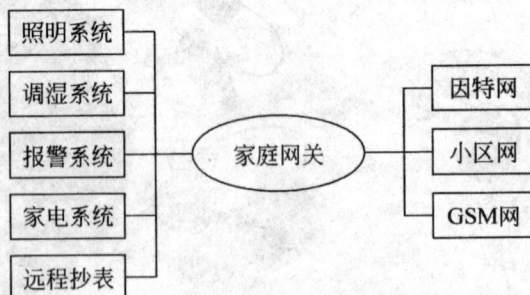

图 1-8　智能家居构成

1.4　无线传感器网络的研究现状与发展趋势

1.4.1　无线传感器网络的研究现状

20 世纪 70 年代,第一代传感器网络诞生,第一代传感器网络特别简单,传感器只能获取简单信号,数据传输采用点对点模式,传感器节点与传感控制器相连就构成了这样一个传感器网络。在功能方面,第二代传感器网络比第一代传感器网络稍有增强,它能够读取多种信号,硬件上采用串/并接口来连接传感控制器,是一种能够综合多种信息的传感器网络。传感器网络更新的速度越来越快,在 20 世纪 90 年代后期,第三代传感器网络问世,它更加智能化,综合处理能力更强,能够智能地获取各种信息,网络采用局域网形式,通过一根总线实现传感器控制器的连接,是一种智能化的传感器网络。截至目前,第四代传感器网络还在开发之中,虽然实验室的无线传感器网络已经能够运行,但限于节点成本、电池生命周期等原因,大规模使用的产品仍然比较少见,这一代网络结构采用无线通信模式,大规模地撒播具有简单数据处理和融合能力的传感器节点,无线自组织地实现网络间节点的相互通信,这就构成了第四代传感器网络,也就是我们所说的无线传感器网络[①]。

考虑到 WSN 的巨大发展前景和应用价值,许多国家对无线传感器网络的发展状况重视程度极高,学术界也开始把无线传感器网络作为一个研究的重点。美国的一家基金会于 2003 年发布了一个无线传感器网络开发项目,投入大量资金来研究 WSN 的通信基础理论;美国国防部也把无线传感器网络列入了重点安防对象,提出了一个 WSN 感知计划,这个计划重点强调战争中敌方情报的搜集感知能力以及信息的处理传输能力,因此无线传感器网络成为一个重要的军事领域,美国国防部还特意开设了许多针对军事的无线传感器网络研究项目;世界各国的通信、IT 等知名企业也积极备战无线传感器网络可能带来的机遇,积极组织团队研发无线传感器网络,使无线传感器网络的商业化尽可能地早日实现。

在无线传感器网络领域,我国也表现出极大的热情,现代无线传感器网络的研发积极跟上世界潮流。我国关于无线传感器网络概念的提出要追溯

---

① 刘伟荣,何云.物联网与无线传感器网络[M].北京:电子工业出版社,2013.

到 1999 年中国科学院发布的"信息与自动化领域研究报告",该报告指出,无线传感器已经被列为信息与自动化五个最有影响力的项目之一。另外,许多国内高校对无线传感器网络的研究也在积极地进行着。例如,中国科学院上海微系统研究所从 1998 年开始就一直在跟踪和研究无线传感器网络;另外国内的一些高校如清华大学、国防科技大学、北京邮电大学、西安电子科技大学、哈尔滨工业大学、复旦大学、中南大学等在无线传感器网络方面也都在深入研究,有的学校甚至已经做出了一定的成果。

无线传感器网络目前是国内外的一个热点话题,许多国家都在研究无线传感器网络,而无线传感器网络的传输层作为无线传感器网络的重要一层,担负着网络间节点的数据传输和可靠性保证的任务,因此对无线传感器网络传输层协议的研究意义重大。

针对无线传感器网络的高可靠性和低延迟特性,目前国内外已经提出了相当成熟的协议,针对传输层协议的有拥塞控制、可靠性保证和能量效率这三个性能指标,主要有 PFSQ(快取慢存)、CODE(拥塞发现和避免)、RMST(可靠多分段传输)等协议,这些协议能够达到一定的可靠性,但是由于协议本身存在的缺陷,只能适用于某一种或者某一类应用,不具有普遍性。

从总体上来说,目前无线传感器网络正处在一个快速成长的时期,不论是国内还是国外,无线传感器网络都是一个重点研究的课题,但是无线传感器网络由于成本以及技术等原因,距离商业化仍有一段距离,随着时间的推移和科技的发展,相信在几年之内无线传感器网络必定会取得大的突破。

1.4.2　无线传感器网络的发展趋势

1.4.2.1　泛在传感器网络

随着信息技术的日新月异,无线通信发生了重大变化并取得了迅猛的发展。未来无线通信技术将朝着宽带化、移动化、异构化及个性化等方面发展,以达到通信的"无所不在",即"泛在化"①。

由于传感器节点在硬件方面上(如大小、处理能力、通信能力等)的优势,使得传感器节点能够在任何时候放置于任何地方,因而,传感器网络是实现未来"泛在化"通信的一种有效手段,或者补充。泛在传感器网络指的是能够在任何时间、地点收集和处理实时信息的传感器网络。泛在传感器

---

① 许力.无线传感器网络的安全和优化[M].北京:电子工业出版社,2010.

网络改变了人类信息收集和处理的历史,使得原来只能由人来完成的信息收集和处理任务,现在由传感器节点也能完成。泛在传感器网络跟一般传统意义上的无线传感器网络的区别在于:泛在传感器网络技术将会是有线和无线通信技术的综合体,而传统的无线传感器网络主要是基于无线通信技术的。泛在无线传感器网络的研究已经得到诸多研究人员的关注,如韩国的庆熙大学专门成立了泛在传感器网络的研究小组,探讨泛在传感器网络技术。

1.4.2.2　无线多媒体传感器网络

正如前面提到的,无线传感器网络通过传感器节点感知、收集和处理物理世界的信息来达到人类对物理世界的理解和监控,为人类与物理世界实现"无处不在"的通信和沟通搭建起一座桥梁。然而目前无线传感器网络的大部分应用集中在简单、低复杂度的信息获取和通信上面,只能获取和处理物理世界的标量信息(如温度、湿度等)。这些标量信息无法刻画丰富多彩的物理世界,难以实现真正意义上的人与物理世界的沟通。为了克服这一缺陷,一种既能获取标量信息,又能获取视频、音频和图像等矢量信息的无线多媒体传感器网络 WMSN(Wireless Multimedia Sensor Networks)应运而生。这种特殊的无线传感器网络有望实现真正意义上的人与物理世界的完全沟通。相比传统无线传感器网络仅对低比特流、较小信息量的数据进行简单处理而言,作为一种全新的信息获取和处理技术,无线多媒体传感器网络更多地关注各种各样信息(包括音频、视频和图像等大数据量、大信息量信息)的采集和处理,利用压缩、识别、融合和重建等多种方法来处理收集到的各种信息,以满足无线多媒体传感器网络多样化应用的需求。

近来,多媒体传感器网络技术的研究已引起科研人员的密切关注,一些学者已开展多媒体传感器网络方面的探索性研究,在 IEEE 系列会议(如MASS,Mobile Ad-hoc and Sensor Systems;ICIP,International Conference on Image Processing;WirelessCOM,International Conference on Wireless Networks,Communications,and Mobile Computing 等),ACM(Association of Computer Machinery)多媒体和传感器网络相关会议(如 ACM Multime-dia;ACM MOBICOM,Mobile Computing and Networking;ACM WSN 等)发表了一些重要的研究成果。从 2003 年起,ACM 还专门组织国际视频监控与传感器网络研讨会(ACM International Workshop on Video Surveillance&Sensor Networks)交流相关研究成果。美国加利福尼亚大学、卡耐基·梅隆大学、马萨诸塞大学、波特兰州立大学等著名学府也开始了多媒体传感器网络方面的研究工作,纷纷成立了视频传感器网络研究小

组并启动了相应的科研计划。佐治亚科技(Gatech)大学在 2006 年 8 月还专门成立了无线多媒体传感器网络实验室,致力于研究无线多媒体传感器网络。Elsevier Computer Networks 在 2007 年以无线多媒体传感器网络为主题进行专题征文,罗列了若干研究方向。

1.4.2.3 具有认知功能的传感器网络

认知无线电(Cognitive Radio,CR)被认为是一种提高无线电电磁频谱利用率的新方法,同时也是一种智能的无线通信系统,它建立在软件定义无线电(Software Defined Radio,SDR)基础上,能认知周围环境,并使用已建立的理解方法从外部环境学习并通过对特定的系统参数(如功率、载波和调制方案等)实时改变而调整它的内部状态以适应系统环境的变化。认知无线电首先由瑞典皇家理工学院的 Joseph Mitola 提出,随后在其博士论文"Cognitive Radio,An Integrated Agent Architecture for Software Defined Radio"中提出了一种 CR 的体系架构和循环感知模型,并提出了一种简单的 CR 原型系统的设计实现和 CR 描述语言 RKRL(Radio Knowledge Representation Language)。2004 年,美国弗杰尼亚理工学院的 Christian James Rieser 发表的博士论文"Biologically Inspired Cognitive Radio Engine Model Utilizing Distributed Genetic Algorithms for Secure and Robust Wireless Communication and Networking",利用基于遗传算法的人工智能技术提出了一种新的 CR 模型,其计算机仿真表明,这种 CR 模型提高了通信系统的相关性能。学术界也行动起来,著名通信理论专家 Simon Haykin 在 2005 年 2 月 IEEE JSAC in Communications 上发表了关于认知无线电的综述性文章"Cognitive radio:brain-empowered wireless communications",概述了 CR 的发展现状及关键技术。一些著名的大学研究机构如 UC Berkley、Rutgers、Georgia、TU Berlin 等和世界各大公司如 Intel、Lucent、Nokia、Qualcomm 等,目前也纷纷展开对 CR 的研究。2002 年,美国国防部 DARPA(Defence Advanced Research Projects Agency)组织启动了 XG(Next Generation Communication),该项目以 CR 技术为核心,采用软件无线电技术实现最大限度地利用时域、频域、空域等信息,动态调节和适应无线通信频谱的分配和使用,为美军海外军事行动提供强有力的支持。2003 年 11 月,FCC(Federal Communications Commission)允许具备认知无线电功能的无线终端使用已授权给其他用户的频段,并首先开放了电视频段(VHF/L-UHF),为 CR 技术在美国的大规模使用奠定了基础。2004 年 10 月,IEEE 802 委员会正式成立了基于认知无线电技术的无线区域网(Wireless Regional Area Network,WRAN)标准工作组,即 802.22 标准工作组。

目前,无线传感器网络节点主要感知的是物理世界的环境信息,没有涉及对节点本身通信资源的感知。具有认知功能的传感器网络不仅能感知和处理物理世界的环境信息,还能利用认知无线电技术对通信环境进行认知。此时的传感器节点变成一个智能体,从而实现智能化的传感器网络,可望大大改善传感器网络的资源利用率和服务质量。

1.4.2.4　基于超宽带(UWB)技术的无线传感器网络

前面提到,无线传感器网络由于其广泛的应用前景而受到工业界和学界的关注。无线传感器网络要真正付诸应用离不开传感器节点的设计实现。无线传感器网络节点的重要特征是体积小、功耗低和成本低,传统的正弦载波无线传输技术由于存在中频、射频等电路和一些固有组件的限制难以达到这些要求。超宽带(Ultra Wide Band,UWB)通信技术是一种非传统的、新颖的无线传输技术,它通常采用极窄脉冲或极宽的频谱传送信息。相对于传统的正弦载波通信系统,超宽带无线通信系统具有高传输速率、高频谱效率、高测距精度、抗多径干扰、低功耗、低成本等诸多优点。这些优点使超宽带无线传输技术和无线传感器网络形成天然的结合,使基于超宽带技术的无线传感器网络的研究和开发得到越来越多的关注。

早在 1965 年,美国就确立了 UWB 的技术基础。在后来的一二十年里,UWB 技术主要用于军事应用。直到最近几年,研究学者对 UWB 技术的研究才逐渐变得热门和深入。IEEE 举办了一系列以 UWB 为专题的学术会议。另外,企业界也大力开发 UWB 相关产品,如 XtremeSpectrum、Philip、Intel、Sony 等公司都已经有相应的 UWB 无线产品。我国对 UWB 技术的研究起步较晚,但国家自然科学基金和“863”计划都有有关 UWB 的无线通信关键技术研究的立项,在这些项目的支持下,UWB 技术水平将得到很大的提高。

UWB 技术和无线传感器网络是两个新兴的热点研究领域,两者能天然地结合在一起。基于 UWB 技术的无线传感器网络具备一些传统无线传感器网络无法比拟的优势,将成为无线传感器网络极其重要的一个发展方向,具备广阔的应用前景。

1.4.2.5　基于协作通信技术的无线传感器网络

无线传感器网络依靠节点间的“相互协作”完成信息的感知、收集和处理任务,它与协作通信技术有着天然的联系。从另外一个角度看,传感器节点的大小有限,能量受限于供电电池,且处理能力和工作带宽都很有限,这些限制为无线传感器网络带来了一系列挑战。仅仅依靠单个传感器节点解决这些挑战是不现实的,需借助节点之间的协作来解决。协作通信技术为有效解决这些挑战提供了很好的解决思路,通过共享节点间的资源,有望大大提高整个网络的资源利用率和性能。

近来,研究人员已将协作通信的思想应用于无线传感器网络的研究中,并取得初步研究成果。CUI 等人和 S. K. Jayaweera 等人分别基于 STBC 和 V-BLAST 分析了无线传感器网络中协作 MIMO 的能耗问题;S. W. Kim 分析了无线视频传感器网络中协作中继架构;Brian Smith 等讨论了传感器网络中具有相关信源的中继信道问题;Yang 等人讨论了存在误传情况下衰落对协作传感器网络可达速率的影响;Naveen 等人从理论上分析了无线传感器网络中协作分集对其的影响;X. Li 等人讨论了无线传感器网络中如何利用 STBC 来进行协作传输;A. Coso 等人分析了无线传感器网络中基于协作多跳的虚拟 MIMO 信道的性能。

第 2 章　无线传感器网络的节点定位技术

2.1　节点定位技术的研究背景和研究现状

2.1.1　研究背景

WAN 是一个独特的无线 Ad Hoc 类型网络，并具有独有的特点。Ad Hoc 是来源于 1986 年提出的 ALOHA 网络和 1973 年通过分组无线电通信的 DAPPA 网络。绝大多数的 WSN 都是采用无线 Ad Hoc 网络体系结构。WSN 是由有限的资源元素（为各种传感器）构成，这些元素配备有一个能量源、一个无线收发器、一个计算模块（处理器和内存）及各种如温度和气象传感器，传感器设备要求小巧、廉价和功能强大，而大部分的传感器要求能够短距离进行通信[①]。在这些操作中，WSN 从一个物理环境收集信息，这个物理环境中往往需要放置相当数量的节点，想要知道这些节点具体所在方位，单单依靠基站获取是不可能实现的，这就需要使用对等节点作为中继，通过可能多跳无线通信，评估和分发收集的信息到一个可接受点（无线 Sink），该 Sink 是 WSN 能够与外部世界实现交流功能的网关。随后将 Sink 处理的信息经过互联网络最终传送给终端人员研究观察。如图 2-1 所示。

当今新兴科技的飞速发展大大地加快了 WSN 技术前进的步伐，使其可大规模的应用到现代应用系统中。例如军事技术应用中，需要监测敌方的地形结构、人员装备部署方式等，再如结构安全监测应用中，需要检测大型结构的损伤或缺陷（结构自身老损或者地震海啸影响等因素），而所有的这些应用都需要定位一个事件发生的位置。如果没有这个事件的实际位置信息，其相关的数据就变得毫无利用价值，WSN 中节点采集的数据信息对理解应用上下文起着基础性的作用。

---

① 黄霜霜. 三维无线传感器网络中 DV-Hop 定位算法的研究[D]. 南京：南京理工大学，2015.

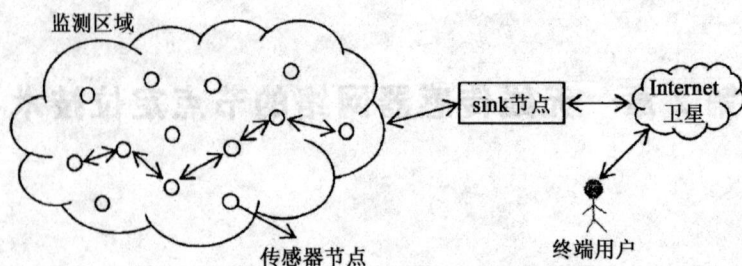

图 2-1　无线传感器网络

　　近些年在许多无线传感器网络应用领域中，由于对节点空间定位的需求的不断增大，在灾害救援、军事行动等应用中都有所体现。当山区发生自然灾害发生后，一般都会出现无法通信并且地势无法预知的情况，尤其山区本来就是地势复杂，而飞机空投的传感器降落在一个高低不平的 H 维空间中，这时候要确定实际环境中传感器的所在地理方位就需要在三维空间中进行。因此三维 WSN 中节点的定位已成为了一个新兴的研究方向，对提升未来 WSN 技术从而更好地构建和谐社会具有重要的意义。

2.1.2　研究现状

　　无线传感器网络把虚化的计算机世界和人类真实生活的世界完美地连接起来了，并有了许多实用的智能应用，尤其是军方一直推动着无线传感器网络的研究与发展。

　　WSN 的发展起源于美国，而且当前美国对于 WSN 的发展已领跑在全球前列。在 1998 年的时候，美国国防部（DoD）已经有了"智能尘埃"的理念，这一理念代表着 WSN 最初的研究，主要是用于军事方面隐蔽侦查技术。Crossbow 是一家最先研究 WSN 的公司。在其之后，很多无线传感器网络方面的研究被提出并应用，其背后是一系列具有很强应用价值的项目，主要是研究和设计具有小功耗、廉价成本、处理能力强等特点的传感器节点。这方面的研究主要是基于硬件平台执行的，并且不同场景的应用有着不同的解决方法，因而出现了很多试验平台及软件的发布。从 1999 年开始美国海军研究办公室（ONG）就已经开始在水下建立无线传感器网络，研究其水下实现技术等，研究指出了其水下 WSN 对数据的感知、传输并有效处理的应用性理论，直至 2005 年的多次试验，取得了大量现场数据，为水下 WSN 的实现奠定了基础。2007 年至 2011 年，美国哈佛大学与 BBN 公司研究网络监控城市的天气和环境污染；2009 年至 2018 年，惠普公司计划设计"地球中枢系统"(Central Nervous System of the Earth, CeNSE),主要是为了对世界这个信息化大生态系统奠定强有力的理论基础,为达到这一目的,研究者打算在全球范围内安装接近人口几十倍数量的微传感器。这时候,欧盟也对 WSN 做了多方面研究与分析。其中,"EYES 计划"研究适应欧盟国的无线传感网架构及节点间的协调工作、网络的安全性等方面,并取得欧盟五层架构体系等成果;"ARTEMIS 计划"主要是以无线传感器网络设备和服务相结合的概念,形成一个以人为主体的全面有效的管理方法,研究并制定与 WSN 执行控制有关的一些原则和战略措施。

我国对于 WSN 的引入、科研与发展要比其他一些发展中国家稍微迟一些。2003 年的时候,发改委宣布了"下一代互联网示范工程"计划,目的是在国内已有基础网络的基础上推动发展下一代互联网新兴技术的研究与各行各业的应用,提高自主创新能力并改善人民的生活水平;2008 年,"新一代宽带无线移动通信网"作为国家重点项目在工信部提出,其目的之一为研制具有低成本、广通信的传感器网络,提高国内在最先进技术方面知识产权的占有率,以及实际应用能力。对于国家在无线传感器网络等方面研究的号召,各省市及高校、研究所、企业都纷纷做出积极的响应,这一系列举措大大提高了我国的创新能力和综合竞争力。

无线传感器网络作为一种新兴的技术,改变了人类与自然界交互的方式,未来的发展前景非常广阔,具有巨大研究价值,这使得它成为国内外 IT 领域研究的热点。

2.2　节点定位技术的基础

2.2.1　节点定位的基本概念

无线传感器网络节点具有体积小,数量大,分布广的特点,如果为每个节点都装配 GPS 是不现实的,因此定位装置只能装备给少数的节点,此类节点就叫作信标节点,其余的节点叫作未知节点。在图 2-2 中,信标节点为 M,未知节点为 S。通过与信标节点进行无线通信,未知节点可获得定位信息,并在此基础上利用某种定位算法算出自己的位置[①]。

---

① 尚少锋.基于 RSSI 校正的无线传感器网络定位算法研究[D].太原:太原理工大学,2013.

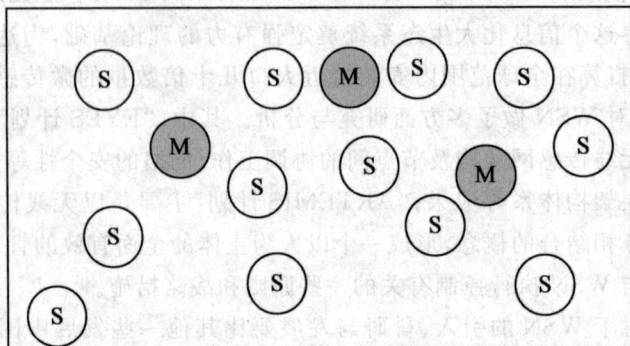

图 2-2　传感器网络中的信标节点和未知节点

2.2.2　节点定位计算方法

在传感器节点的定位阶段,未知节点在测量或估计出与邻近锚节点的距离(或与邻近锚节点的相对角度)后,一般会利用以下基本的节点位置计算方法估算自身的位置(坐标)[1][2]。

2.2.2.1　三边测量法

三边测量法是指通过若干已知自身位置的锚节点与目标节点的距离来估算未知节点坐标。给定一个锚节点的位置及传感器与锚节点的距离(例如,通过 RSS 法测量),可以知道传感器一定在以锚节点为圆心、以锚节点至传感器距离为半径的圆周上的某个位置。在二维空间里,获得一个位置至少需要三个不共线的测量值(三个圆的

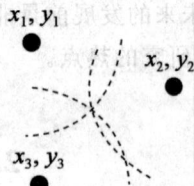

图 2-3　三边测量法

交点)。图 2-3 为二维平面的例子。而在三维 WSN 里,最少要有 4 个不共线的锚节点的距离测量值。

假设 n 个锚节点的位置为 $x_i = (x_i, y_i)(i = 1, 2, \cdots, n)$,未知节点 $x = (x, y)$ 与锚节点之间的距离也已知($r_i, i = 1, 2, \cdots, n$)。用这些信息能构造一个描述锚节点和传感器的位置与距离信息的矩阵:

---

① 黄霜霜.三维无线传感器网络中 DV-Hop 定位算法的研究[D].南京:南京理工大学,2015.

② 尚少锋.基于 RSSI 校正的无线传感器网络定位算法研究[D].太原:太原理工大学,2013.

$$\begin{bmatrix} (x_1 - x)^2 + (y_1 - y)^2 \\ (x_2 - x)^2 + (y_2 - y)^2 \\ \vdots \\ (x_n - x)^2 + (y_n - y)^2 \end{bmatrix} = \begin{bmatrix} r_1^2 \\ r_2^2 \\ \vdots \\ r_n^2 \end{bmatrix} \tag{2-1}$$

这里给出的例子是二维情况，通过提高矩阵的维度，相同的过程可用于求解更高维的定位。对于矩阵进行整理简化后，得到：

$$Ax = b \tag{2-2}$$

系数矩阵 A 为：

$$A = \begin{bmatrix} 2(x_n - x_1) & 2(y_n - y_1) \\ 2(x_n - x_2) & 2(y_n - y_2) \\ \vdots & \vdots \\ 2(x_n - x_{n-1}) & 2(y_n - y_{n-1}) \end{bmatrix} \tag{2-3}$$

右侧的向量为：

$$b = \begin{bmatrix} r_1^2 - r_n^2 - x_1^2 - y_1^2 + x_n^2 + y_n^2 \\ r_2^2 - r_n^2 - x_2^2 - y_2^2 + x_n^2 + y_n^2 \\ \vdots \\ r_{n-1}^2 - r_n^2 - x_{n-1}^2 - y_{n-1}^2 + x_n^2 + y_n^2 \end{bmatrix} \tag{2-4}$$

可以用最小二乘法估计 (x, y) 的位置，通过以下公式计算：

$$x = (A^{\mathrm{T}}A)^{-1}A^{\mathrm{T}}b \tag{2-5}$$

锚节点的位置和距离测量很少有完美的情况，因此，如果位置和距离是基于高斯分布的，每一个等式 i 都有一个权重：

$$w_i = \frac{1}{\sqrt{\sigma_{diatance_i}^2 - \sigma_{position_i}^2}} \tag{2-6}$$

这里的 $\sigma_{diatance_i}^2$ 是 x 与锚节点 i 的距离测量值的方差，$\sigma_{position_i}^2 = \sigma_{x_i}^2 + \sigma_{y_i}^2$。最小二乘 $Ax = b$ 的系数如下：

$$A = \begin{bmatrix} 2(x_n - x_1) \times w_1 & 2(y_n - y_1) \times w_1 \\ 2(x_n - x_2) \times w_2 & 2(y_n - y_2) \times w_2 \\ \vdots & \vdots \\ 2(x_n - x_{n-1}) \times w_{n-1} & 2(y_n - y_{n-1}) \times w_{n-1} \end{bmatrix} \tag{2-7}$$

$$b = \begin{bmatrix} (r_1^2 - r_n^2 - x_1^2 - y_1^2 + x_n^2 + y_n^2) \times w_1 \\ (r_2^2 - r_n^2 - x_2^2 - y_2^2 + x_n^2 + y_n^2) \times w_2 \\ \vdots \\ (r_{n-1}^2 - r_n^2 - x_{n-1}^2 - y_{n-1}^2 + x_n^2 + y_n^2) \times w_{n-1} \end{bmatrix} \tag{2-8}$$

x 的协方差矩阵为 $\mathrm{cov}_x = (A^{\mathrm{T}}A)^{-1}$。

2.2.2.2 三角测量法

三角测量法通过三角的几何性质来对传感器位置进行估计。具体来说，三角测量依赖于收集到的角度（或方位角）信息，在二维空间里，要确定传感器节点的位置，至少需要两个方向线（以及锚节点的位置或锚节点间的距离）。图 2-4 示意了一个三角测量法进行定位的例子。图中有三个锚节点，坐标分别为 (x_i, y_i)，测量角度为 α_i（以坐标系中的基准线作为标准进行描述，如图中的中垂线）。如果测量的轴线数大于两个，测量时的误差会使它们无法相交于一点，因此为了获得一个节点的位置，提出了统计算法或者修正方法。

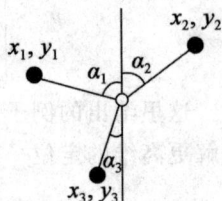

图 2-4 三角测量法

设未知接收者的位置为 $x_r = [x_r, y_r]^T$，从 N 个锚节点得到的轴线测量值记为 $\beta = [\beta_1, \beta_2, \cdots, \beta_N]^T$，已知的锚节点位置是 $x_i = [x_i, y_i]^T$。由于噪声的原因，测量的轴线不能完美地反映真实的轴线 $\theta(x) = [\theta_1(x), \theta_2(x), \cdots, \theta_N(x)]^T$，也就是说，测量的轴线与真实的轴线之间存在以下关系：

$$\beta = \theta(x_r) + \delta\theta \tag{2-9}$$

其中，$\delta\theta = [\delta\theta_1, \delta\theta_2, \cdots, \delta\theta_N]^T$ 是具有 0 均值和 $N \times N$ 协方差矩阵 $S = \text{diag}(\sigma_1^2, \sigma_2^2, \cdots, \sigma_N^2)$ 的高斯噪声。在二维空间中，N 个锚节点的轴线和位置存在以下关系：

$$\tan\theta_i(x) = \frac{y_i - y_r}{x_i - x_r} \tag{2-10}$$

很多统计学方法能用于节点位置的估算。例如，接收节点位置的最大似然估计：

$$\hat{x}_r = \text{argmin} \frac{1}{2} [\theta(\hat{x}_r) - \beta]^T S^{-1} [\theta(\hat{x}_r - \beta)]$$

$$= \text{argmin} \frac{1}{2} \sum_{i=1}^{N} \frac{[\theta(\hat{x}_r) - \beta_i]^2}{\sigma_i^2} \tag{2-11}$$

这个最小二乘法可以用牛顿-高斯迭代进行计算：

$$\hat{x}_{r,i+1} = \hat{x}_{r,i} + [\theta_x(\hat{x}_{r,i})^T S^{-1} \theta_x(\hat{x}_{r,i})]^{-1} \theta_x(\hat{x}_{r,i})^T S^{-1} [\beta - \theta_x(\hat{x}_{r,i})]$$

$$\tag{2-12}$$

这里 $\theta_x(\hat{x}_{r,i})$ 是 θ 关于 x 在 $x_{r,i}$ 的偏导数。式（2-12）需要一个与真实最小代价函数最接近的初始估计值（例如，从先验信息中得到）。

2.2.2.3　最大似然估计法

如图 2-5 所示，(x_1,y_1)、(x_2,y_2)、(x_3,y_3)、$\cdots$、(x_n,y_n) 分别为 1、2、3 等 n 个信标节点的坐标，且它们到未知节点 D 的距离分别为 $d_1,d_2,d_3,\cdots,d_n$，假设未知节点 D 的坐标为 (x,y)。

则有以下公式：

$$\begin{cases} (x_1-x)^2+(y_1-y)^2=d_1^2 \\ \quad\vdots \\ (x_n-x)^2+(y_n-y)^2=d_n^2 \end{cases} \tag{2-13}$$

从第一个方程开始依次减去最后一个方程，得

$$\begin{cases} x_1^2-x_n^2-2(x_1-x_n)x+y_1^2-y_n^2-2(y_1-y_n)y=d_1^2-d_n^2 \\ \quad\vdots \\ x_{n-1}^2-x_n^2-2(x_{n-1}-x_n)x+y_{n-1}^2-y_n^2-2(y_{n-1}-y_n)y=d_{n-1}^2-d_n^2 \end{cases}$$

$$\tag{2-14}$$

式(2-14)可表示为线性方程：$\boldsymbol{Ax}=\boldsymbol{b}$，其中，

$$\boldsymbol{A}=\begin{bmatrix} 2(x_1-x_n) & 2(y_1-y_n) \\ \vdots & \vdots \\ 2(x_{n-1}-x_n) & 2(y_{n-1}-y_n) \end{bmatrix}$$

$$\boldsymbol{b}=\begin{bmatrix} x_1^2-x_n^2+y_1^2-y_n^2+d_n^2-d_1^2 \\ x_{n-1}^2-x_n^2+y_{n-1}^2-y_n^2+d_n^2-d_{n-1}^2 \end{bmatrix}$$

$$\boldsymbol{x}=\begin{bmatrix} x \\ y \end{bmatrix}$$

使用标准的最小均方差估计法可以得到未知节点 D 的坐标为 $\boldsymbol{x}=(\hat{\boldsymbol{A}}^{\mathrm{T}}-\boldsymbol{A})^{-1}\boldsymbol{A}^{\mathrm{T}}\boldsymbol{b}$。

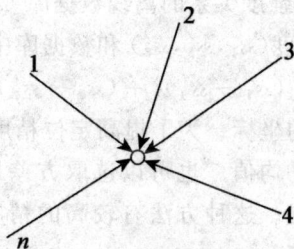

图 2-5　最大似然估计法原理图

2.3 典型的基于测距定位算法和基于非测距定位算法

2.3.1 基于测距定位算法

该算法首先通过合适的算法求解出 WSN 的待定位节点和对应网络中锚节点之间的距离,再借助于相应的计算方法求解出未知节点的位置。目前主要的方法包括:RSSI、TOA、TDOA 和 AOA,下面对四种方法做详细介绍[①]。

2.3.1.1 基于 RSSI 定位算法

在基于接收信号强度指示(Received Signal Strength Indication,RSSI)的定位中,已知发射节点的发射信号强度,接收节点根据收到信号的强度,计算出信号的传播损耗,利用理论和经验模型将传输损耗转化为距离,再利用已有的算法计算出节点的位置。

RADAR 是一个基于 RSSI 技术的室内定位系统,用以确定用户节点在楼层内的位置。如图 2-6 所示,RADAR 系统在检测区域中部署了 BS1 和 BS2 两个基站,用三角指示所在位置,覆盖 50 个房间。基站和用户节点均配有无线网卡,接收并测量信号的强度。用户节点周期发射信号分组,且发射信号强度已知,各基站根据接收到的信号强度计算传播损耗,通常使用两种方法计算节点位置。

(1)利用信号传播的经验模型。实际定位前,在楼层内选取若干测试点,如图 2-6 中的小黑点所示,记录在这些点上各基站收到的信号强度,建立各个点上的位置和信号强度关系的离线数据库 (x, y, ss_1, ss_2, ss_3)。实际定位时,根据测得的信号强度 (ss_1', ss_2', ss_3') 和数据库中记录的信号强度进行比较,信号强度均方差 $\mathrm{sqrt}[(ss_1 - ss_1')^2 + (ss_2 - ss_2')^2 + (ss_3 - ss_3')^2]$ 最小的那个点的坐标作为节点的坐标。为了提高定位精度,在实际定位时,可以对多次测得的信号强度取平均值。也可以选取方差最小的几个点,计算这些点的质心作为节点的位置。这种方法有较高的精度,但是要预先建立位置和信号强度的关系数据库。

① 胡文鹏.一种基于 RSSI 的无线传感器网络定位算法的设计与实现[D].长春:吉林大学,2009.

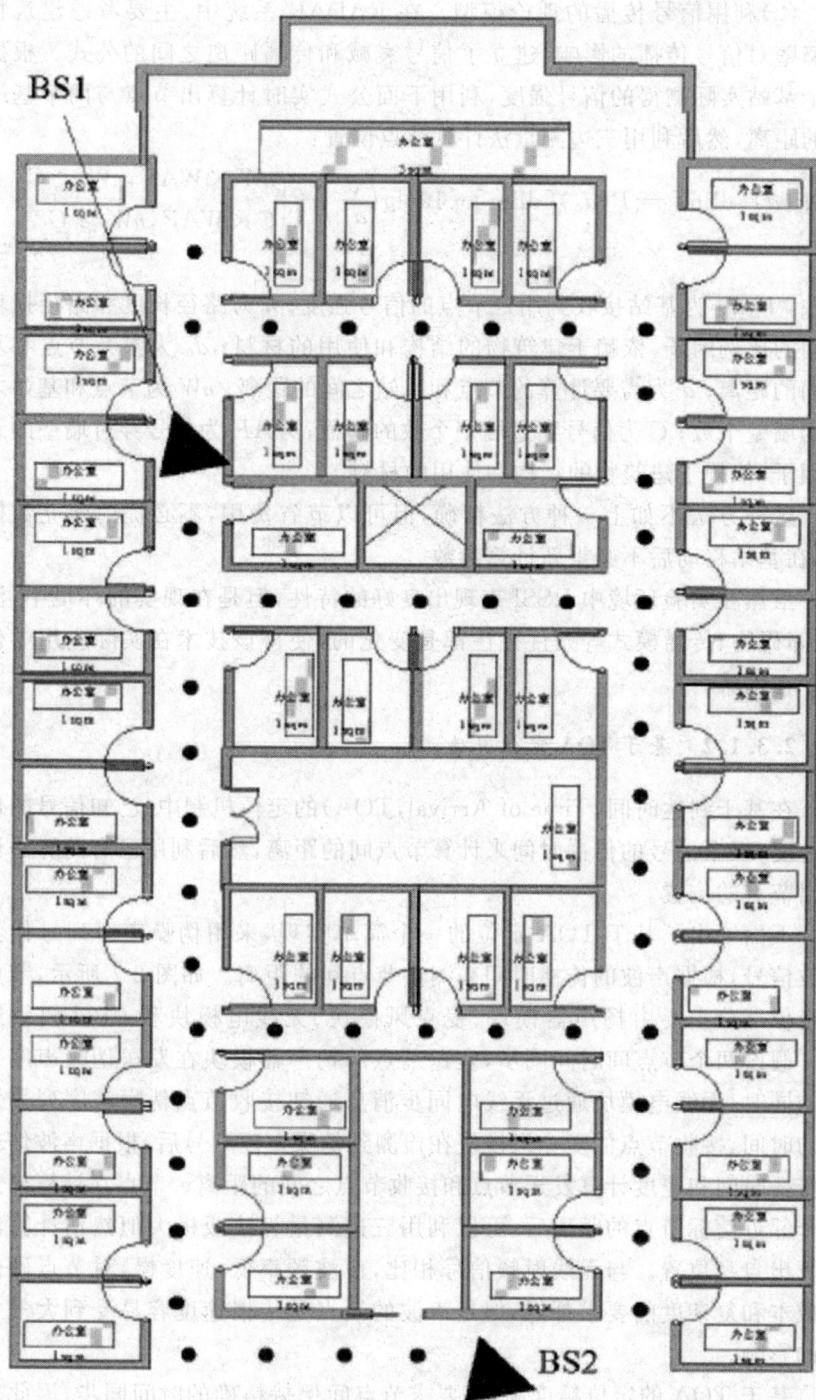

图 2-6　RADAR 系统检测区域平面图

（2）利用信号传播的理论模型。在 RADAR 系统中，主要考虑建筑物的墙壁对信号传播的影响，建立了信号衰减和传播距离之间的公式。根据两个基站实际测得的信号强度，利用下面公式实时计算出节点与两个基站间的距离，然后利用三边测量法计算节点位置：

$$P(d)\left[dBm\right]= P(d_0)\left[dBm\right]- 10n\lg\left(\frac{d}{d_0}\right)- \begin{cases} nW \times WAF, nW < C \\ C \times WAF, nW \geqslant C \end{cases}$$

$$(2\text{-}15)$$

式中，$P(d)$ 为基站接收到用户节点的信号强度；n 为路径长度和路径损耗之间的比例因子，依赖于建筑物的结构和使用的材料；d_0 为参考节点和基站间的距离；d 为需要计算的节点和基站之间的距离；nW 为节点和基站之间的墙壁个数；C 为信号穿过墙壁个数的阈值；WAF 为信号穿过墙壁的衰减因子，依赖于建筑物的结构和使用的材料。

这种方法不如上一种方法精确，但可以节省费用，不必提前建立数据库，在基站移动后不必重新计算参数。

虽然在实验环境中 RSSI 表现出良好的特性，但是在现实的环境中，温度、障碍物、传播模式等条件往往都是变化的，使得该技术在实际应用中仍然存在困难。

2.3.1.2　基于 TOA 定位算法

在基于到达时间（Time of Arrival，TOA）的定位机制中，已知信号的传播速度，根据信号的传播时间来计算节点间的距离，然后利用已有的算法计算出节点的位置。

下面给出了基于 TOA 定位的一个简单实现，采用伪噪声序列号作为声波信号，根据声波的传播时间来测量节点间的距离。如图 2-7 所示，节点的定位部分主要由扬声器模块、麦克风模块、无线电模块和 CPU 模块组成。假设两个节点间时间同步，发送节点的扬声器模块在发送伪噪声序列号的同时，无线电模块通过无线电同步消息通知接收节点伪噪声序列号发送的时间，接收节点的麦克风模块在检测到伪噪声序列号后，根据声波信号的传播时间和速度计算发送节点和接收节点之间的距离。节点在计算出到多个邻近信标节点的距离后，可以利用三边测量算法或极大似然估计算法计算出自身位置。与无线射频信号相比，声波频率低，速度慢，对节点硬件的成本和复杂度的要求都低，但是声波的缺点是传播速度容易受到大气条件的影响。

基于 TOA 的定位精度高，但要求节点间保持精确的时间同步，因此对传感器节点的硬件和功耗提出了较高的要求。

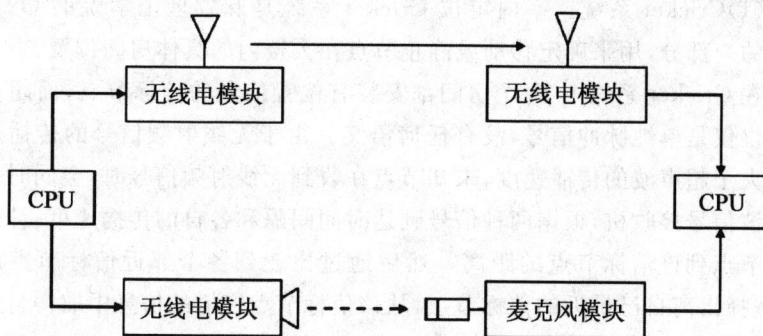

图 2-7　使用声波进行测距

2.3.1.3　基于 TDOA 定位算法

在基于到达时间差（Time Difference of Arrival，TDOA）的定位机制中，发射节点同时发射两种不同传播速度的无线信号，接收节点根据两种信号到达时间差以及已知这两种信号的传播速度，计算两个节点之间的距离，再通过已有的基本定位算法计算出节点的位置。

如图 2-8 所示，发射节点同时发射无线射频信号和超声波信号，接收节点记录两种信号到达时间 T_1、T_2，已知无线射频信号和超声波的传播速度为 c_1、c_2，那么两点之间的距离为 $(T_2 - T_1) \times S$，其中，$S = \dfrac{c_1 c_2}{c_1 - c_2}$。下面通过 Cricket 系统和 AHLos 系统进一步说明 TDOA 技术在定位中的应用。

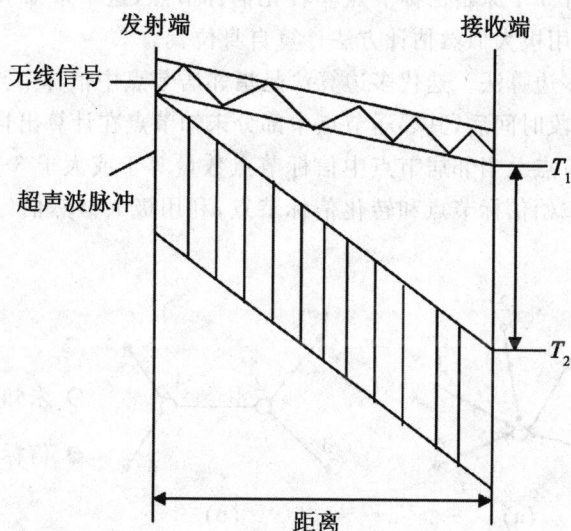

图 2-8　TDOA 定位原理图示

(1)Cricket 系统。室内定位 Cricket 系统是麻省理工学院的 Oxygen 项目的一部分，用来确定移动或静止节点在大楼内的具体房间位置。

在 Cricket 系统中，每个房间都安装有位置信息的信标节点，而超声波信号仅仅是单纯脉冲信号，没有任何语义。由于无线射频信号的传播速度要远大于超声波的传播速度，未知节点在收到无线射频信号时，会同时打开超声波信号接收机，根据两种信号到达时间间隔和各自的传播速度，计算出未知节点到该信标节点的距离。然后通过比较到各个邻近信标节点的距离，选择离自己最近的信标节点，从该信标节点广播的信息中取得自身的房间位置。

(2)AHLos 系统。AHLos(Ad Hoc Localization System)是一个迭代的定位算法。具体定位过程为：未知节点首先利用 TDOA 方法测量与其邻居节点的距离；当未知节点的邻居节点中信标节点的数量大于或者等于 3 个时，利用极大似然估计方法计算自身位置，随后该节点转变成新的信标节点，称为转化信标节点，并将自身的位置广播给邻居节点；随着系统中转化信标节点数量不断增加，对于原来邻居节点中信标节点的数量少于 3 个未知节点，将逐渐拥有足够的邻居信标节点，就能够利用极大似然估计方法计算自身的位置。这个过程一直重复到所有未知节点都计算出自身的位置。

在 AHLos 系统中，未知节点根据周围信标节点的不同分布情况，分别利用相应的子算法计算未知节点的位置。

①原子多变算法。原子多变算法如图 2-9(a)所示，在未知节点的邻居节点中至少有 3 个原始信标节点非转化信标节点，这个未知节点基于原始信标节点，利用极大似然估计方法计算自身位置。

②迭代多边算法。迭代多边算法是指邻居节点中信标节点数量少于 3 个，在经过一段时间后，其邻居节点中部分未知节点在计算出自身位置后成为转化信标节点。当邻居节点中信标节点数量等于或大于 3 个时，这个未知节点基于原始信标节点和转化信标节点，利用极大似然估计方法计算自身位置。

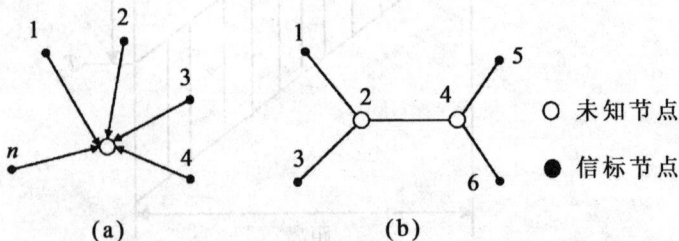

图 2-9　原子多边算法与协作多边算法图示

③协作多边算法。协作多边算法是指在经过多次迭代定位以后,部分未知节点的邻居节点中,信标节点的数量仍然少于 3 个,此时必须要通过其他节点的协助才能够计算自身位置。如图 2-9(b)所示,在经过多次迭代定位以后,未知节点 2 的邻居节点中只有 5 和 6 两个信标节点,节点要通过计算到信标节点的多跳距离,再利用极大似然估计方法计算自身位置。

AHLos 算法对信标节点的密度要求高,不适用于规模大的传感器网络,而且迭代过程中存在累积误差。n-跳段多变算法,是对协作多边算法的扩展。在 n-跳段多边算法中,未知节点通过计算到信标节点的多跳距离进行定位,减少了非视线关系对定位的影响,对信标节点密度要求也比较低。此外,节点定位之后引入了修正阶段,提高了定位精度。

TDOA 技术对硬件的要求高,成本和功耗使得该种技术对低功耗的传感器网络提出了挑战。但是 TDOA 技术测距误差小,有较高的精度。

2.3.1.4 基于 AOA 定位算法

在基于到达角度(Angle of Arrival,AOA)的定位机制中,接收节点通过天线阵列或多个超声波接收机感知发射结点信号的到达方向,计算接收节点和发射节点之间的相对方位或者角度,再通过三角测量法计算出节点的位置。

如图 2-10 所示,接收节点通过麦克风阵列,感知发射节点信号的到达方向。下面以每个节点配有两个接收机为例,简单阐述 AOA 测定方位角和定位的实现过程,定位过程分为三个阶段。

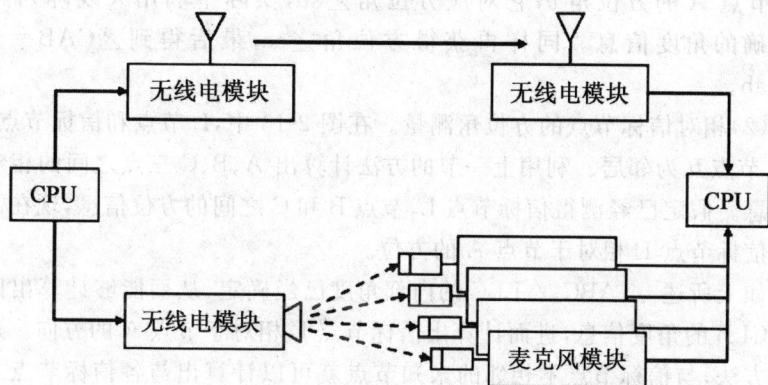

图 2-10 AOA 定位图示

(1)相邻节点之间方向角的测定。如图 2-11 所示,节点 A 的两个接收机 R_1、R_2 之间的距离是 L,接收机连线中点的位置代表节点 A 的位置,将两个接收机连线的中垂线作为节点 A 的轴线,该轴线作为确定邻居节点方位角度的基准线。

在图 2-12 中,节点 A、B、C 互为邻居节点,节点 A 的轴线方向为节点 A 处箭头所示方向,节点 B 相对于节点 A 的方位角是角∠ab,节点 C 相对于 A 的方位角是∠ac。

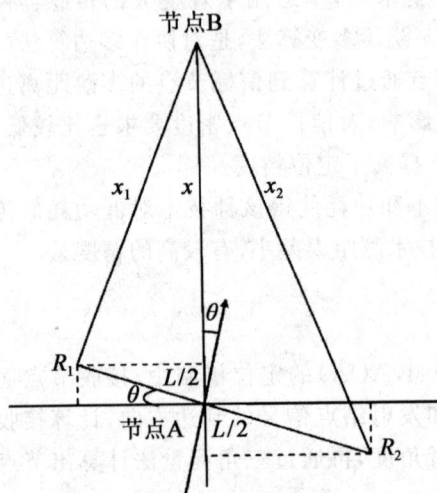

图 2-11　节点结构图示

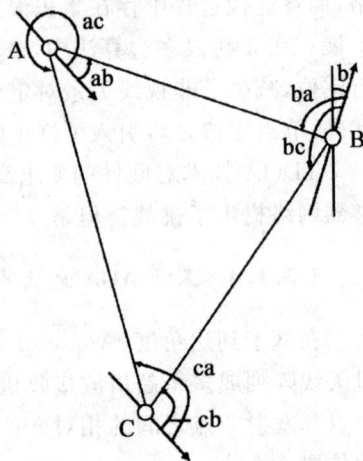

图 2-12　方位角图示

图 2-12 中,节点 A 的两个接收机收到节点 B 的信号后,利用 TOA 技术测量出 R_1、R_2 到节点 B 的距离 x_1、x_2,再根据几何关系,计算节点 B 到节点 A 的方位角 θ,它对应方位角∠ab,实际中利用天线阵列可获得精确的角度信息。同样再获得方位角∠ac,最后得到∠CAB＝∠ac－∠ab。

(2)相对信标节点的方位角测量。在图 2-13 中,L 节点和信标节点 A、B、C,节点互为邻居。利用上一节的方法计算出 A、B、C 三点之间的相对方位信息。假定已经测得信标节点 L,节点 B 和 C 之间的方位信息,现在需要确定信标节点 L 相对于节点 A 的方位。

如上所述,△ABC、△LBC 的内部角度已经确定,从而能够计算出四边形 ACLB 的角度信息,进而计算出信标节点 L 相对于节点 A 的方向。通过这种方法,与信标节点不相邻的未知节点就可以计算出与各信标节点之间的方位信息。

(3)利用方位信息计算节点的位置。如图 2-14 所示,节点 D 是未知节点,在节点 D 计算 $n(n \geqslant 3)$ 个信标节点相对于自己的方位角度后,从 n 个信标节点中任选三个信标节点 A、B、C。∠ADB 的值是信标节点 A 和 B 相对于节点 D 的方位角度之差,同理可以计算出∠ADC 和∠BDC 的角度值,这样就确定了信标节点 A、B、C 和节点 D 之间的角度。

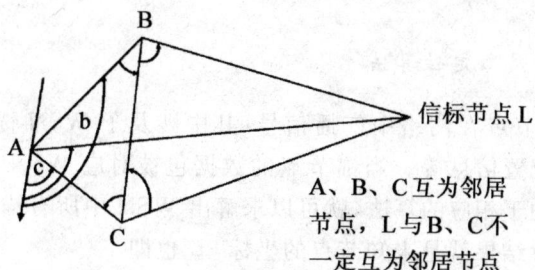

图 2-13 方位角测量点

当信标节点数目 n 为 3 时,利用三角测量算法直接计算节点 D 坐标。当信标节点数目 n 大于 3 时,将三角测量算法转化为极大似然算法来提高定位精度,如图 2-15 所示,对于节点 A、B、D,能够确定以点 O 为圆心,以 OB 或 OA 为半径的圆,圆上的所有点都满足∠ADB 的关系,将点 O 作为新的信标节点,OD 长度就是圆的半径。因此从 n 个信标节点中任选两个,可以将问题转化为有 C_n^2 个信标节点的极大似然估计算法,从而确定 D 点坐标。

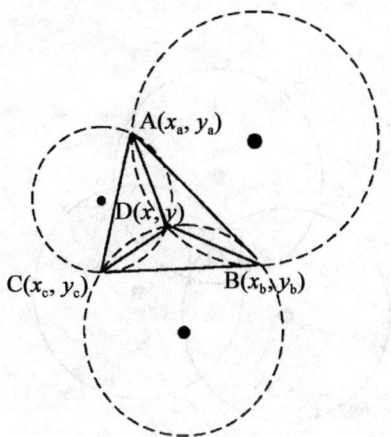

图 2-14 三角测量法图示

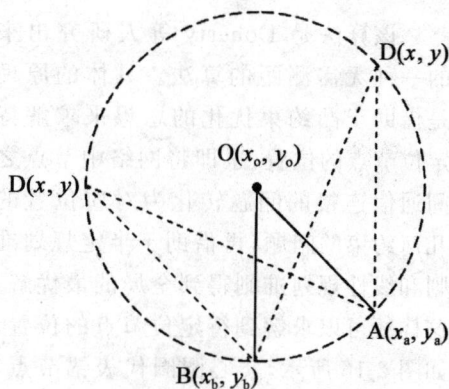

图 2-15 三角测量法转化为三边测量法

AOA 定位不仅能确定节点的坐标,还能提供节点的方位信息。但 AOA 测距技术容易受到外界环境的影响,且 AOA 需要额外硬件,在硬件尺寸和功耗上不适用于大规模的传感器网络。

2.3.2 典型的基于非测距定位算法

2.3.2.1 质心定位算法

首先让锚节点在网络中广播信号,其中涉及了 WSN 锚节点的 ID 信息、锚节点的位置信息等。当锚节点的数据包被对应 WSN 中的待定位节点接收后,借助于相应的算法,就可以求解出 WSN 中所有锚节点的质心位置,最后的求解结果就是未知节点的坐标[①]。也即

$$(x, y) = (\sum_{i=1}^{n} x_i/n, \sum_{i=1}^{n} y_i/n) \tag{2-16}$$

式中,(x, y) 为 WSN 网络中待定位节点的二维坐标值;(x_i, y_i) 为 WSN 网络中的待定位节点接收到数据包的锚节点坐标;WSN 节点的总数量可以用 n 表示。

质心算法的算法步骤相对简单。只需要借助于所有锚节点的质心坐标,并求平均值就可以求出待定位节点的坐标。然而从定位精度考虑,其对锚节点的密度依赖性比较强,而且网络边缘的定位误差比较大,网络中的锚节点比例越大,定位的性能越好,相应的成本也会增加。

2.3.2.2 凸规划定位算法

该算法是 Doherty 等人研究出来的一种无需测距的算法。具体的原理是借助于凸约束优化的思想来求解待定位节点的位置,也即将网络中节点之间通信连接的问题转化为对应位置的几何约束的问题,再借助于半定规划准则和线性规划准则得到全局的最优解,这样便可以求解到待定位节点的位置。如图 2-16 所示,实心圆圈代表锚节点,空心圆圈代表待定位节点。借助于节点间的通信,可以得到待定位节点可能

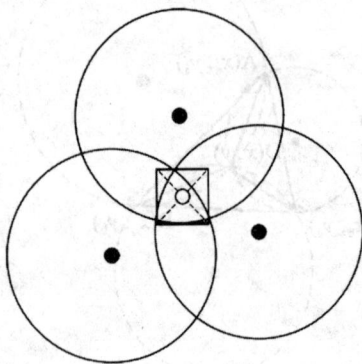

图 2-16 凸规划定位算法示意图

存在的区域,也即图中的矩形区域,再求出该区域的质心,就可以求解到待定位节点的坐标。

---

① 吴栋.无线传感器网络非测距定位改进算法研究[D].无锡:江南大学,2016.

2.3.2.3　APIT 定位算法

APIT 定位算法即近似三角形内点测试法,是由弗吉尼亚大学的 Tian He、Chengdu Huang 等人提出的一种全新的定位算法,适合应用于大规模的无线传感器网络的分布式非测距定位,其核心的思想是让三角形互相覆盖,在三角形覆盖的区域中求出重叠的部分,然后待定位节点就在求出的区域中。如图 2-17 所示,实心圆圈代表重叠区域的质心位置,也即需要求解的待定位节点的估计位置。待定位节点从网络中的邻居锚节点之中随机挑选三个,将上述描述的节点构成的几何三角形作为选择的区域;然后采用一种合适的测试方法,来判别待定位节点是否处在上述区域之中。如果在,则进行标记,一直到穷尽所有的三角形组合。如果未知节点的所有邻居锚节点有 N 个,则有 C_N^3 个三角形组合。最后找出所有符合要求的三角形的重叠区域,并计算该区域的质心位置。与 DV-Hop 算法以及其他非测距定位算法不同,APIT 算法不需要节点之间所有的位置信息,因此可以避免像 DV-Hop 算法之中的缺陷,比如定位算法中需要估算节点之间的平均距离而可能会产生的巨大误差。

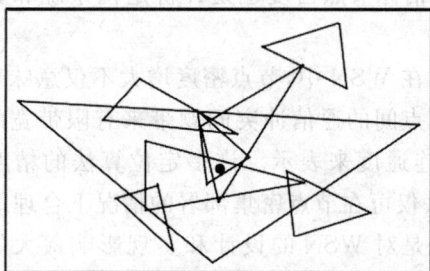

图 2-17　APIT 定位算法原理示意图

2.3.2.4　DV-Hop 定位算法

经过 DV-distance 的演化得到 DV-Hop 算法,DV-Hop 算法是 Niculescu 等学者做了相关的研究在 2001 年提出来的,该算法属于 WSN 中不需要测量距离的定位算法。传统的 DV-distance 定位算法中往往存在着硬件开销高、定位误差大等问题。DV-Hop 算法首先得到了 WSN 中节点之间的跳数信息和对应的平均每跳的距离,然后再将两者通过数学方法来求解实际的距离,克服了 DV-distance 算法中的缺陷。在大型的无线传感器网络中,DV-Hop 是一种非常适合的算法,目前得到了广泛的应用。

2.4　节点定位算法的性能评价标准

对无线传感器网络定位算法的性能评价指标主要有定位精度、信标节点密度、节点密度、网络规模、容错和自适应性、功耗和定位所付代价等几个部分[①]。

(1)定位精度。定位技术首要的评价指标就是定位精度,目前最常用的指标是均方误差、均方根误差、圆误差概率、几何精度因子等。也可以用误差值与节点无线射程的比例表示定位精度,例如,定位精度为20%表示定位误差相当于节点无线射程的20%。

(2)信标节点密度。信标节点定位通常依赖人工部署或GPS实现。人工部署信标节点的方式不仅受网络部署环境的限制,还严重制约了网络和应用的可扩展性。而使用GPS定位,信标节点的费用会比普通节点高两个数量级,这意味着即使仅有10%的节点是信标节点,整个网络的价格也将增加10倍。信标节点密度的高低直接决定了定位精度,特别是在Range-free算法中。因此,信标节点密度也是评价定位系统和算法性能的重要指标之一。

(3)节点密度。在WSN中,节点密度增大不仅意味着网络部署费用的增加,而且会因为节点间的通信冲突问题带来有限带宽的阻塞。节点密度通常以网络的平均连通度来表示。许多定位算法的精度受节点密度的影响,如DV-Hop算法仅可在节点密集部署的情况下合理地估算节点位置。

(4)功耗。功耗是对WSN的设计和实现影响最大的因素之一。由于传感器节点电池能量有限,因此在保证定位精度的前提下,与功耗密切相关的定位所需的计算量、通信开销、存储开销、时间复杂度是一组关键性指标。

(5)代价。定位系统或算法的代价可从几个不同方面来评价。时间代价包括一个系统的安装时间、配置时间、定位所需时间。空间代价包括一个定位系统或算法所需的基础设施和网络节点的数量、硬件尺寸等。资金代价则包括实现一种定位系统或算法的基础设施、节点设备的总费用。

(6)容错和自适应性。通常,定位系统和算法都需要比较理想的无线通信环境和可靠的网络节点设备。但在真实应用场合中常会有以下的问题,外界环境中存在严重的多径传播、衰减、非视距、通信盲点等问题。网络节

---

① 胡文鹏.一种基于RSSI的无线传感器网络定位算法的设计与实现[D].长春:吉林大学,2009.

点由于周围环境或自身原因(如电池耗尽、物理损伤)而出现失效的问题。外界影响和节点硬件精度限制造成节点间点到点的距离或角度测量误差增大的问题。由于环境、能耗和其他原因,物理地维护或替换传感器节点或使用其他高精度的测量手段常常是十分困难或不可行的。因此,定位系统和算法的软、硬件必须具有很强的容错性和自适应性,能够通过自动调整或重构纠正错误、适应环境、减小各种误差的影响,以提高定位精度。

(7)规模。不同的定位系统或算法也许可在园区内、建筑物内、一层建筑物或仅仅是一个房间内实现定位。另外,给定一定数量的基础设施或在一段时间内,一种技术可以定位多少目标也是一个重要的评价指标。例如,RADAR 系统仅可在建筑物的一层内实现目标定位,剑桥的 Active Office 定位系统每 200 ms 定位一个节点。

上述性能指标不仅是评价 WSN 自身定位系统和算法的标准,也是其设计和实现的优化目标。这些性能指标是相互关联的,必须根据应用的具体需求做出权衡,综合考虑以上 WSN 定位系统标准,来选择和设计合适的无线传感器网络定位算法实现定位。

第3章 基于智能算法优化的 WSN 节点二维定位技术

3.1 差分进化算法理论

3.1.1 差分进化算法的基本原理

差分进化(Differential Evolution,DE)算法是由 Rainer Storn 和 Kenneth Price 于 1995 年提出的一种新兴的启发式进化算法,它是一种简单但具有强大搜索能力的技术,起初是用来解决一个非线性连续可微函数的问题,在众多的优化算法里面,非常具有竞争力,并以其简单易用性、稳健性和较强的全局寻优能力在科学计算、工程应用等相关领域得到了广泛应用,引起了国际上众多学者的关注和研究①。

DE 算法是一种类似遗传算法的群体算法,有着相似的操作,如变异(Mutation)、杂交(Crossover)、选择(Selection)。从某一随机产生的初始群体开始,按照一定的操作规则,通过亲本个体和相同群体数量的其他个体相结合来创造新的候选解,当此候选解的适用性好于亲本时,将会取代亲本进入到下一代中,直到满足终止条件。从本质上讲,它是一种基于实数编码的具有保优思想的贪婪遗传算法,主要用于求解多维连续函数的全局优化问题。与遗传算法主要的区别是,遗传算法依赖于交叉操作,而差分进化依赖于变异操作。DE 算法使用变异操作作为一种搜索机制,选择操作用来引导算法朝着预期的区域方向进行搜索,交叉操作可以高效地对群体中的个体进行重组,以寻找到一种更好的解决方案。

DE 算法不仅具有进化算法共同的特性,还有自己本身的一些特点,如算法原理比较简单,应用起来比较容易;具有通用性,可以应用在多种优化

---

① 王守峰.基于差分进化和粒子群混合优化的 WSN 节点定位算法研究[D].桂林:桂林理工大学,2012.

问题的求解,不受问题本身信息的约束;利用群体全局信息与个体局部信息来指导算法进一步提高搜索最优解;具有记忆个体最优解的能力,使其可以动态跟踪求解情况,使得算法具有很强的全局收敛能力;具有良好的可扩展性,易与其他算法进行混合优化,以满足各种应用的要求。正是由于 DE 算法具有的这些优点,使得算法提出来以后就得到了迅速的发展,尤其在复杂系统优化问题的求解、模式识别和工程模型设计优化等方面得到了广泛的应用。众多的科研机构和高校都对差分进化算法进行了较为深入的研究,提出了许多的改进策略,尤其在变异算法方面,很多学者提出了不同的差分变异算式,以提高差分进化的算法性能。目前最广采用的两种差分变异策略分别是:DE/best/*/*策略和 DE/rand/*/*策略,DE/best/*/*策略采用群体中最优个体作为变异矢量,有着良好的收敛速度,但随着进化后期的群体多样性的降低,导致算法容易出现早熟早敛现象。DE/rand/*/*策略是以随机方式生成变异矢量的,因此具有较好的群体多样性,但由于没有方向的引导和条件的约束,使得算法的收敛速度比较低。所以在具体的应用中,只有采取适合求解问题的差分变异策略,才能达到预期的良好效果。

3.1.2　差分进化算法的实现过程

DE 算法的实现过程如下:

(1)初始化种群。确定种群规模 NP 和最大迭代次数 t_{max},在 D 维空间中随机产生满足约束条件的初始群体:

$$X_{j,i,0} = rand_j(0,1) \cdot (b_{j,U} - b_{j,L}) + b_{j,L} \quad (i = 1,2,\cdots,NP; j = 1,2,\cdots,D)$$

$$(3-1)$$

式中,$X_{j,i,0}$ 表示新产生的候选个体;$rand_j(0,1)$ 表示在 $[0,1]$ 区间均匀分布的随机数;$b_{j,U}$ 和 $b_{j,L}$ 分别表示 $X_{j,i}$ 的上界和下界。

(2)变异操作。变异操作是 DE 算法产生个体的关键步骤,DE 算法的共同策略都是通过变异矢量公式产生变化,DE 算法可用基于 DE/x/y/z 的形式来描述,其中,x 表示被选择扰动的基向量,可以选择"随机的"或"最优的";y 表示被用来差分矢量的数量;z 表示交叉方式。差分进化算法产生个体的策略有很多种,在实际工程应用中最多采用的是 DE/rand/1/bin 和 DE/best/2/bin。

对于每一代进化的目标矢量 $X_{i,G}$,$i([1,NP]$,变异操作如下:

$$V_{i,G+1} = X_{r1,G} + F \times (X_{r2,G} - X_{r3,G}) \quad (3-2)$$

式中,r_1、r_2、r_3 分别为从进化群体中随机选取的 3 个互不相同的个体,同时也不等于目标矢量序号 i,故须满足 $NP < 4$;G 为进化代数,$F \in [0,2]$ 为缩

放比例因子,是差分进化主要控制参数之一,控制差分矢量的缩放倍数。

(3)交叉操作。交叉操作可以对群体中的个体进行高效重组,以期能够找到一种更好的解决方案。主要过程如下:变异矢量会随着目标矢量随机变化,交叉后一个新的向量"试验向量"$U_{j,i,G+1}$将会产生,用下面的公式来决定在迭代j中的目标矢量X_i和变异矢量V_i。

$$U_{j,i,G+1} = \begin{cases} V_{j,i,G+1} & \text{if} \quad (rand \leqslant CR) or (j = rnbr(i)) \\ X_{j,i,G+1} & \text{if} \quad (rand > CR) and (j \neq rnbr(i)) \end{cases} \qquad (3-3)$$

式中,$rand$ 为$[0,1]$之间的随机分布数;CR 为用户指定的交叉概率,有着固定的范围,可以在$[0,1]$之间进行取值;$rnbr(i)$ 为从$[1,2,\cdots,D]$范围内随机选取的整数,用来确保$U_{i,G+1}$中至少有一个分量是由$V_{i,G+1}$提供。

(4)选择操作。经过上面的操作后,为判断新产生的矢量$U_{j,i,G+1}$能否进入到下一代中,进行选择操作,将$U_{j,i,G+1}$和当前群体中的向量$x_{i,G}$进行比较,当试验向量$U_{j,i,G+1}$的适应度值优于目标矢量$X_{i,G}$时才会被作为子代,否则,直接将此目标矢量$X_{i,G}$当作子代进入到下一代。选择操作的公式如下:

$$X_{i,G+1} = \begin{cases} U_{i,G+1} & \text{if} \quad F(U_{i,G+1}) \leqslant F(X_{i,G}) \\ X_{i,G} & \text{otherwise} \end{cases} \qquad (3-4)$$

(5)判断是否达到终止条件(达到最大迭代次数),如果满足终止条件,则输出求解的结果,否则继续执行。

图 3-1 表示 DE 算法的流程图。

3.1.3 差分进化算法的参数选取

参数值的选取直接影响着全局优化算法的性能,差分进化算法的参数可以依据一些经验规则来设置,差分进化算法的主要控制参数有:种群规模NP,交叉概率CR,缩放比例因子F,最大迭代次数t_{max}。

(1)种群规模NP。较大的NP值有利于提高群体中全局最优解的搜索,但是算法的计算量和程序的运行时间也会相应地增加,而且全局的最优解并不会随种群规模的增大而变得更加精确,有时会随着种群规模的增大反而使最优解的精度变低。根据经验,种群规模NP选择在问题空间维数D 的 5~10 倍之间,但最小值不得小于 4,以确保进行 DE 变异操作时具有足够的不同的变异向量,为了不使算法计算时间太长,NP 的值一般取20~50,至于NP 的值到底取多大,要根据具体的要求和不断地进行试验来设定。

(2)缩放比例因子F。缩放比例因子F 的取值范围一般在 0~2 之间,由变异操作中的公式可以看出,F 的取值对产生变异个体有着直接的影响。F 的值越小,产生的变异个体变化就越小,则就有利于算法的局部搜索;F 的值较大,有利于保持种群的多样性和全局搜索能力,算法也容易收敛到全局最优点,但是当 $F>1$ 时,搜索速度将变慢。因此一般 F 取 0.5 为初始值,但当种群出现早熟收敛现象时,缩放因子 F 应该适当地给予增大。

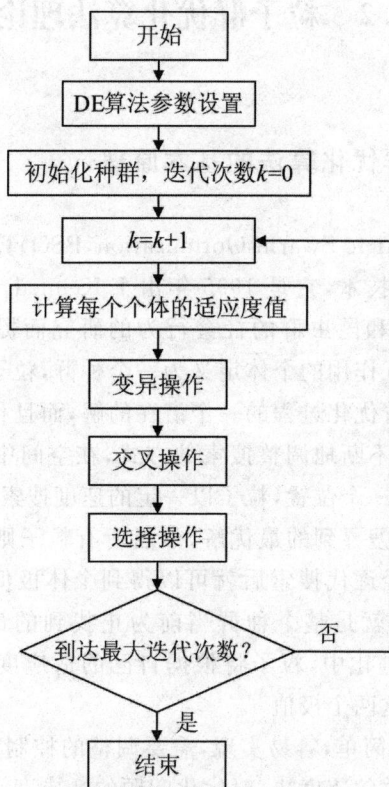

图 3-1 DE 算法的流程图

(3)交叉概率 CR。CR 主要作用在交叉操作中,如果 CR 的值越大,则 $V_{i,G+1}$ 对 $U_{i,G+1}$ 的贡献越多,收敛速度加快,但易于陷入局部最优,不利于保持种群多样性,易于早熟收敛,稳定性变差;如果 CR 的值越小,则 $X_{i,G}$ 对 $U_{i,G+1}$ 的贡献越多,收敛速度降低,成功率得到提高,稳定性变好。因此,针对不同的函数优化问题,交叉概率 CR 的取值也会有所不同。

(4)最大迭代次数 t_{max}。在 DE 的选择操作之后,如果算法没有达到最大迭代次数 t_{max},则算法继续执行下去;如果达到了 t_{max},那么就输出所求得的全局最优解。迭代次数的取值没有固定的标准,一般取值为 $100\sim200$,迭代的次数越大,所求的结果就越准确,但同时也增加了算法的运行时间。

DE 算法控制参数的选取并没有具体的要求,针对不同的问题,参数的选取也不尽相同,而且参数之间也是相互影响的。一般可通过选取不同值进行试验,根据反复的试验和表现出的效果,最终设定算法参数 F、CR 和 NP 值的大小。

3.2　粒子群优化算法理论

3.2.1　粒子群优化算法的基本原理

粒子群优化(Particle Swarm Optimization,PSO)算法是一种基于群体智能的新型进化计算技术,它是 1995 年由 J. Kennedy 博士和 R. C. Eberhart 教授源于对鸟类和昆虫群的社会行为的研究而提出的。在粒子群优化算法中,把一些相互作用的个体定义为一个种群,粒子就是这个种群中的一个成员,也就代表着优化过程的一个潜在的解,而且种群中的每个成员都会根据自己的经验来不断地调整搜索的方式,在空间中的每个粒子不仅具有一定的速度还代表一个位置,粒子以一定的速度搜索,粒子曾经到过的最佳位置就是该粒子所搜寻到的最优解,然后所有粒子则在当前最优粒子的解空间中进行搜索,经逐代搜索后就可以得到个体极值 P_{best}。所有种群当前经历过的最好位置就是整个种群当前为止找到的最优解,即全局极值 G_{best}。在每一次迭代进化中,粒子将根据自己的适应度值来更新个体极值 P_{best} 和全局极值 G_{best} 这两个极值[①]。

PSO 算法的原理简单,容易实现,需要调整的控制参数较少,可以减少不少的工作量,且其收敛速度快;对优化问题的适应度函数模型没有特殊要求,通用性比较强,可以用来解决许多函数优化问题;该算法没有具体的控制约束条件,虽然存在个别个体的突变,但不影响整个问题的求解;具有较强的扩充性,可以与其他算法进行混合,以达到预期的目的要求;粒子群算法开始是随机产生初始群体的,不易陷入局部最优,对于复杂的函数优化问题,特别是多峰高维的优化计算问题具有很强的优越性。正是由于 PSO 算法具备的这些优点,因而从问世以来便得到迅速的发展,尤其在各类多维连续空间优化问题、机器人路径规划及图像处理等领域取得了非常好的效果。

---

① 王守峰.基于差分进化和粒子群混合优化的 WSN 节点定位算法研究[D].桂林:桂林理工大学,2012.

PSO 算法的基本原理可以描述为:搜索空间中的每个粒子就代表一个可行解,通过搜索多维空间找到全局最优解。在搜索的过程中,每个粒子通过自身的经历和其他粒子的经历来调整它的速度,因此,每个粒子都被随机性地吸引到它自己最好的位置和整个粒子群所找到的最佳位置。例如,在一个 D 维空间,作为一个问题候选解的粒子,能够记忆它自己的学习经历和其他粒子的学习经历。每个粒子可以根据经历来动态地调整其速度,以改变其在搜索空间中的轨迹。

$X_i = [x_{i1}, x_{i2}, \cdots, x_{iD}]$ 表示第 i 个粒子的位置向量,$V_i = [v_{i1}, v_{i2}, \cdots, v_{iD}]$ 表示第 i 个粒子的速度向量。第 i 个粒子历史访问的最优位置(个体极值 P_{best})为 $P_i = (P_{i1}, P_{i2}, \cdots, P_{iD})$,整个种群所经历的最优位置(全局极值 G_{best})表示为 $P_g = (P_{g1}, P_{g2}, \cdots, P_{gD})$。种群中第 i 个粒子将按式(3-5)和式(3-6)更新自己的速度和位置。

$$v_{id}(t+1) = w * v_{id}(t) + C_1 * rand() * (P_{id} - x_{id})$$
$$+ C_2 * rand() * (P_{gd} - x_{id}) \qquad (3-5)$$

$$x_{id}(t+1) = x_{id}(t) + v_{id}(t+1) (1 \leqslant i \leqslant m, 1 \leqslant d \leqslant D) \qquad (3-6)$$

式中,w 为惯性权重;v_{id} 为第 i 个粒子的速度;x_{id} 为第 i 个粒子的位置;C_1 和 C_2 为加速系数,又称为学习因子,通常 $C_1 = C_2 = 2$;$rand()$ 是 $0 \sim 1$ 之间的随机数。从公式中可以看出粒子是不断根据速度来调整自己的位置,粒子的速度有个限定的范围 $[V_{min}, V_{max}]$,即有:

$$\text{if} \quad v_{id} < V_{min} \quad \text{then} \quad v_{id} = V_{min};$$
$$\text{if} \quad v_{id} > V_{max} \quad \text{then} \quad v_{id} = V_{max};$$

至于粒子速度的上、下限 V_{min} 和 V_{max} 的大小可由使用者自己来设定。

3.2.2　粒子群优化算法的流程

PSO 算法的流程描述如下:

(1)初始化。首先初始化种群规模 NP 和最大迭代次数 t_{max},并随机生成所有粒子的初始速度和位置,并把粒子的当前位置设置为个体极值的坐标,全局极值就是个体极值中位置最好的个体。

(2)计算每个粒子的适应度函数值。

(3)对于每个粒子,若粒子当前的适应度值优于其经历过的最好位置 P_i,则将其作为当前的个体最好位置 P_{best}。

(4)对于每个粒子,若粒子当前的适应度值优于群体经历过的最好位置 P_g,则将其作为当前的全局最好位置 G_{best}。

(5)更新粒子。利用 PSO 的速度和位置,(即式(3-5)和式(3-6))更新每个粒子的速度和位置。

(6)判断是否达到终止条件(达到最大迭代次数),如果满足终止条件,则输出求解的结果,否则转向(2)。

PSO 算法的流程图如图 3-2 所示。

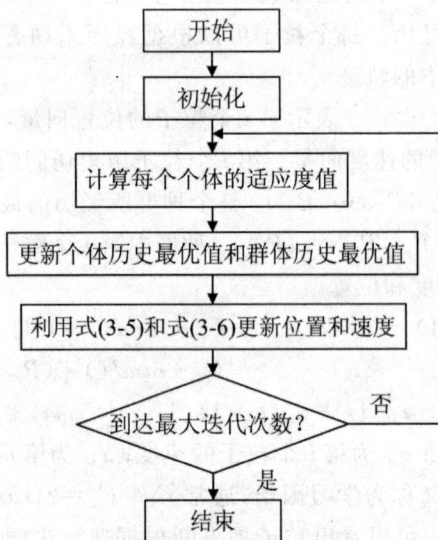

图 3-2　PSO 算法的流程图

3.2.3　粒子群优化算法的参数选取

在 PSO 算法中没有很多需要调节的控制参数,影响 PSO 算法性能的参数主要有种群规模 NP、最大速度 V_{max}、学习因子 C_1 和 C_2、惯性权重 w,各个参数的选取原则如下:

(1)种群规模 NP。NP 的值越小,PSO 算法就越容易出现早熟、局部收敛现象;NP 的值较大时,算法的计算时间就会延长。NP 值的大小可以根据问题的复杂程度来决定,具体可以在实验中进行调节,按照经验来说一般取 $20\sim40$,当然,对于比较复杂的问题或者特定的一些情况,NP 的值可能取到 $100\sim200$,甚至更大。

(2)最大速度 V_{max}。如果最大速度 V_{max} 太高,虽然粒子在解空间中的搜索能力得到加强,但同时粒子也不容易搜索到最优解;若 V_{max} 的值过小,粒子也可能会陷入局部最优而无法摆脱。另外,惯性权重 w 的引入能够降低 PSO 算法对 V_{max} 的依赖程度,因为这两个参数都有着维持全局和局部搜索能力平衡的作用。因此通常将 V_{max} 固定为每维变量的变化范围,在算法迭代循环中,只需要调节惯性权重 w 值的大小就可以实现对算法性能的修正。

(3)学习因子 C_1 和 C_2。学习因子 C_1 和 C_2 又可以称为加速系数,从 PSO 算法的速度公式中可以看出,C_1 和 C_2 可以调节粒的速度,进而影响粒子的搜索方向是趋于它自身最好的位置,还是整个粒子群所找到的最佳位置。一般设定为 $C_1 = C_2 = 2$,不过在一些比较特殊的情况下,学习因子也会有其他的取值,但通常学习因子 C_1 和 C_2 的取值都是相等的。

(4)惯性权重 w。从 PSO 算法的速度公式中可以看出,惯性权重 w 可以调节粒子的当前速度与它的上代速度之间的关系,惯性权重 w 起到平衡算法全局搜索与局部搜索能力的作用,它决定了粒子对当前速度继承的多少。较大的惯性权重有利于全局搜索,使算法保持较强的全局搜索能力,在迭代后期,较小的惯性权重有利于算法进行更精确的局部寻优。因此,选择合适的 w 值可以使粒子具有均衡的全局和局部的搜索能力,惯性权重 w 的选取方法一般有常数法、线性递减法、自适应法等。目前采用最多的惯性权重是由 Y. Shi 和 R. Eberhart 提出的线性递减权重自适应策略,其具体公式如下:

$$w(t) = \frac{t_{\max} - t}{t_{\max}}(w_{\max} - w_{\min}) + w_{\min} \tag{3-7}$$

$$w(t) = w_{\max} - \frac{t}{t_{\max}}(w_{\max} - w_{\min}) \tag{3-8}$$

式中,$w_{\max}$ 为初始惯性权重;$w_{\min}$ 为终止惯性权重;t 为当前迭代次数;$t_{\max}$ 为最大迭代次数。Y. Shi 和 R. Eberhart 经过多次实验,指出当惯性权重 w 为 0.4～1.4 线性变化时,算法的优化性能比较好,并建议采用 $w_{\max} = 0.9$,$w_{\min} = 0.4$。然而,非线性优化问题相对比较复杂,惯性权重 w 值的选取应该根据多次试验进行不断调整来确定。

3.3　基于差分进化算法优化的 WSN 节点二维定位

3.3.1　差分进化算法优化的 WSN 节点定位基本原理

Chehri A,Fortier P 等提出一种基于差分进化的无线传感器网络节点定位算法 RCDE,这种算法是一种集中式的定位算法,利用未知节点到锚节点之间的多跳段距离及它们之间的跳数,来降低定位问题的适应度函数的复杂度,具体就是通过添加到未知节点跳段距离最近的四个锚节点的加权

位置信息,对定位误差适应度函数进行了改进,公式如下①:

$$F_i(\hat{x},\hat{y}) = \sum_{i=1}^{M=4} \alpha_i^2 f_i^2(\hat{x},\hat{y}) \tag{3-9}$$

其中,

$$f_i(\hat{x},\hat{y}) = d_i - \sqrt{(x_i - \hat{x})^2 + (y_i - \hat{y})^2} \tag{3-10}$$

式中, $f_i(\hat{x},\hat{y})$ 为第 i 个锚节点与未知节点之间的实测距离和估算距离的差值;$(\hat{x},\hat{y})$ 为未知节点的估计坐标;(x_i,y_i) 为第 i 个锚节点的实际坐标;d_i 为第 i 个锚节点与未知节点之间的测量距离;M 为到未知节点跳段距离最近的四个锚节点;α_i 为一个反映了第 i 个测量距离精度的加权值,在分析中,认为它与该未知节点和所有的锚节点之间的跳数 N_{hop} 成反比的关系,这也就是说,当跳数 N_{hop} 比较大时,距离的测量就处于不利的位置,测距误差也就会随着 N_{hop} 的增大而增大,跳数 N_{hop} 是在 Dijkstra 算法求解最短路径时得到的。

在实际环境中,由于存在噪声干扰及多径传播、NLOS 等问题,使得传感器节点之间测量的距离并不代表其真实距离,故在实验中,为了更加接近实际情况,测量距离采用实际距离加高斯误差的形式,即:

$$d_i = d_{ij}(1 + randn \times \eta) \tag{3-11}$$

$$d_{ij} = \sqrt{(x_i - x_j)^2 + (y_i - y_j)^2} \tag{3-12}$$

式中,d_{ij} 为两个节点之间距离的真实值;η 为误差因子,与距离测量的精度有关;$randn$ 是服从均值为 0、方差为 1 的标准正态分布的随机变量。通过对适应度函数的改进,可以有效地降低算法的复杂度和运行时间,进而可以降低节点的能量消耗,延长网络的寿命。在通常情况下,CR 的值越大,往往会更快地产生群体收敛最优解。该算法在仿真实验时参数设置为:$NP=50$,$F=0.8$,$CR=0.8$。图 3-3 即为基于 DE 的节点定位算法的流程图。

算法采用平均定位误差作为算法性能评价指标。实验结果表明,这种基于差分进化算法的定位算法的定位精度更高,尤其是在误差因子较小、节点的通信半径及锚节点的密度较大时,其定位效果更佳,但算法的收敛速度和稳定性还有待于提高。

---

① 王守峰.基于差分进化和粒子群混合优化的 WSN 节点定位算法研究[D].桂林:桂林理工大学,2012.

```
┌─────────────────────┐
│   初始化仿真环境      │
└─────────────────────┘
           │
┌─────────────────────┐
│   DE算法参数设置      │
└─────────────────────┘
           │
┌─────────────────────┐
│ 初始化种群，迭代次数k=0│
└─────────────────────┘
           │
┌─────────────────────┐
│      k=k+1          │◀──────────────┐
└─────────────────────┘               │
           │                          │
┌─────────────────────────────┐       │
│计算未知节点与锚节点之间的最短路径│       │
└─────────────────────────────┘       │
           │                          │
┌─────────────────────────────┐       │
│计算未知节点i与其距离最近的四个锚节│       │
│点j的距离矩阵d及其跳数Nhop      │       │
└─────────────────────────────┘       │
           │                          │
┌─────────────────────┐               │
│      变异操作        │               │
└─────────────────────┘               │
           │                          │
┌─────────────────────┐               │
│      交叉操作        │               │
└─────────────────────┘               │
           │                          │
┌─────────────────────┐               │
│      选择操作        │               │
└─────────────────────┘               │
           │                  否       │
      ◇────────────◇─────────────────┘
      │到达最大迭代次数?│
      ◇────────────◇
           │是
┌─────────────────────┐
│   选出所有群体最优解   │
└─────────────────────┘
           │
┌─────────────────────┐
│      输出结果        │
└─────────────────────┘
```

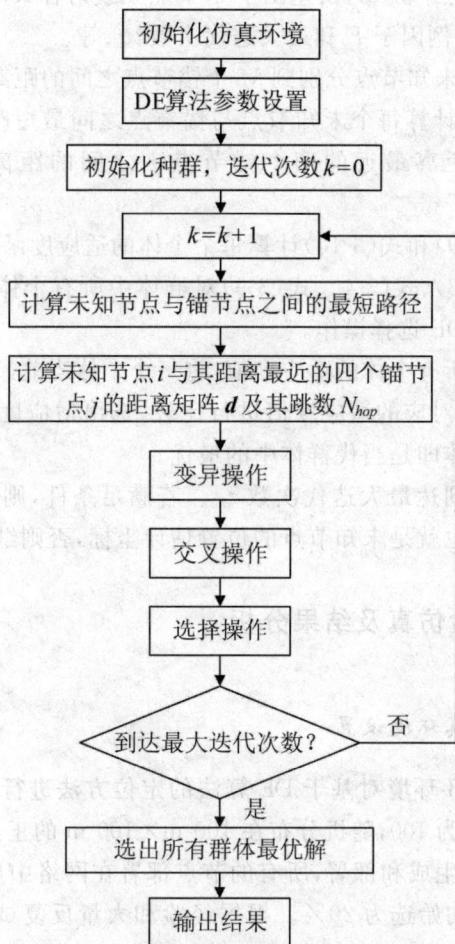

图 3-3　基于 DE 的节点定位算法的流程图

3.3.2　差分进化算法优化的 WSN 节点定位实现

本节采用 DE 算法对适应度函数进行优化,从而得到最优解,提高节点的定位精度[①]。基于 DE 算法的节点定位实现过程如下:

(1)初始化仿真环境、初始化种群和设置 DE 算法参数。在特定网络区域内随机部署 N 个未知节点和 M 个锚节点,设置包括迭代次数 $k=0$,未知

---

① 林雯,张烈平,王守峰. 基于差分进化算法的无线传感器网络节点定位方法研究[J]. 计算机测量与控制,2013(07):2023-2026.

节点个数 N,锚节点个数 M,误差因子 η,节点无线射程 R,种群规模 NP,交叉概率 CR,缩放比例因子 F 和最大迭代次数 $t_{\max}$ 等。

(2)计算 N 个未知节点分别到 M 个锚节点之间的距离矩阵 $\boldsymbol{D}$ 和跳数。按照 Dijkstra 算法计算每个未知节点与锚节点之间最短路径及跳数,找出未知节点 i 到其距离最近的四个锚节点 j 之间的距离矩阵 $\boldsymbol{d}$ 及其跳数 N_{hop}。

(3)利用式(3-9)和式(3-10)计算每个个体的适应度函数值。

(4)根据式(3-3)、式(3-4)、式(3-9)对群体中所有个体进行 DE 变异操作、DE 交叉操作、DE 选择操作。

(5)再次计算所有个体的适应度值,将每个个体当前最优对应的适应度值与群体历史最优对应的适应度值进行比较,选出适应度值最小的个体保留到下一代,该个体即是当代群体中的最优。

(6)判断是否到达最大迭代次数 $t_{\max}$,若满足条件,则输出全局最优解对应的个体位置,也就是未知节点的位置估计坐标,否则继续执行。

3.3.3　实验仿真及结果分析

3.3.3.1　仿真环境设置

采用 MATLAB 环境对基于 DE 算法的定位方法进行仿真实验验证[①]。设置网络节点总数为 100,随机分布在 100 m×100 m 的正方形区域内,未知节点和锚节点随机生成和部署,所有的节点部署在网络中后,位置均固定不变,锚节点的密度初始选为 20%。根据经验和大量反复试验选定 DE 定位算法的仿真参数:节点的无限射程 $R=40$ m,种群规模 $NP=20$,最大迭代次数 $t_{\max}=100$,缩放比例因子 $F=0.5$,交叉概率 $CR=0.6$,误差因子 $\eta=5\%$。

3.3.3.2　仿真结果与分析

在仿真中通过分别改变锚节点密度及测距误差来验证 DE 定位方法的有效性。为了分析 DE 定位方法的性能,将基于 DE 算法的定位方法和基于 LS 算法的定位方法进行比较,两种定位方法的未知节点定位效果放置到统一的纵坐标刻度中。本节采用平均定位误差公式来评价算法的性能,公式如下:

---

① 林雯,张烈平,王守峰.基于差分进化算法的无线传感器网络节点定位方法研究[J].计算机测量与控制,2013(07):2023-2026.

$$Error = \frac{100}{N \times R} \sum_{i=1}^{N} \sqrt{(x_i - \bar{x}_i)^2 + (y_i - \bar{y}_i)^2} \% \qquad (3\text{-}13)$$

式中,R 为节点的通信半径;N 为未知节点个数;$(\bar{x}_i, \bar{y}_i)$ 为未知节点 i 的估计位置;(x_i, y_i) 为未知节点 i 的实际位置。

　　锚节点的个数比例是评价定位算法的一个重要指标,锚节点数量的多少,直接影响到网络能耗的大小。在仿真过程中,保持其他的参数不变,锚节点密度以 5% 的间隔从 10% 增长到 30%,通过改变锚节点的密度来观察其对各种定位算法的平均定位误差的影响。锚节点密度对平均定位误差的影响如图 3-4 所示。从图中可以看出,基于 DE 算法的平均定位误差比基于 LS 算法的平均定位误差要小,且在相同的锚节点个数下,其定位的精度更高。

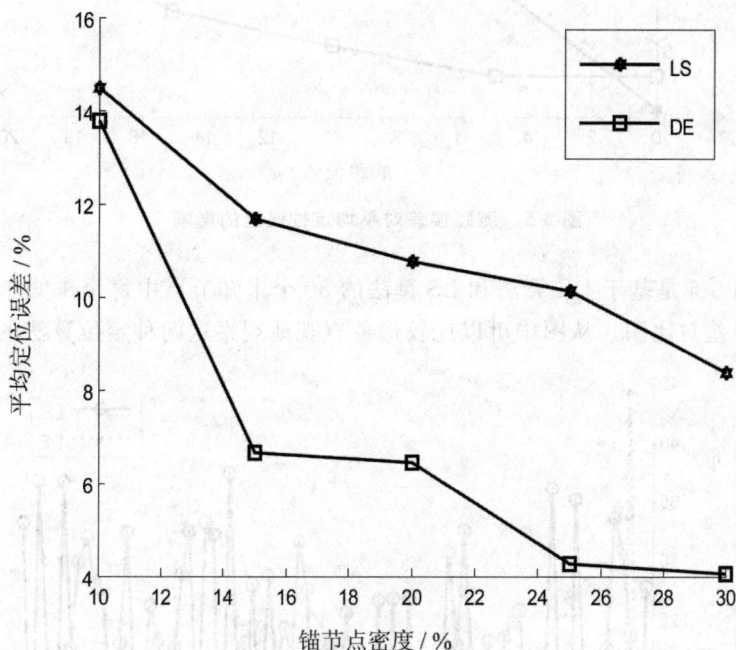

图 3-4　锚节点密度对平均定位误差的影响

　　误差因子 η 的取值对未知节点和锚节点之间的测量距离有着直接影响,在仿真过程中,通过改变误差因子来改变测距误差。在其他参数保持不变,通过改变误差因子 η 来对比提出的定位方法与相关定位方法的性能。误差因子 η 取值范围从 0% 到 20%,步长选为 5%,测距误差对定位误差的影响如图 3-5 所示。从图中可以看出在测距误差相同的情况下,基于 DE 算法的定位方法的定位误差要小,定位精度更高,当测距误差增大时,定位效果更加明显。

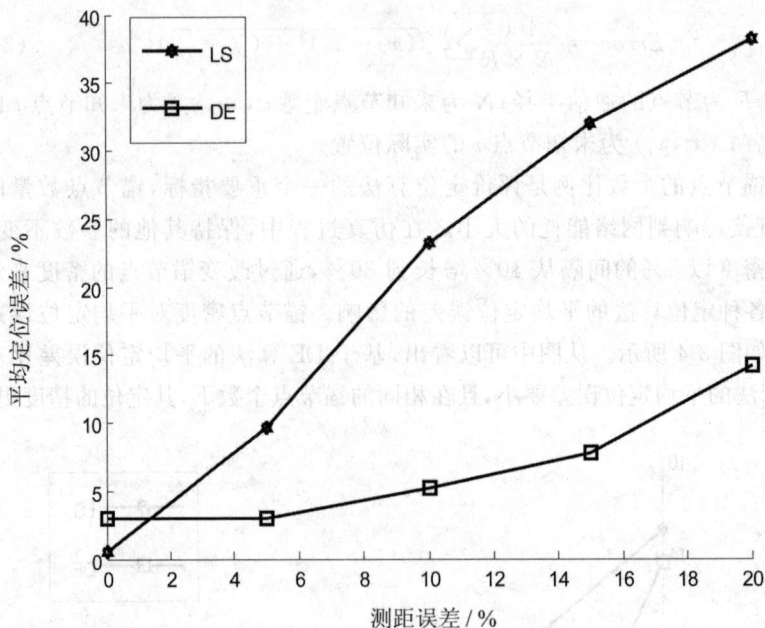

图 3-5　测距误差对平均定位误差的影响

图 3-6 是基于 DE 算法和 LS 算法的 80 个未知节点中每个未知节点的定位误差对比图。从图中可以比较形象直观地观察这两种定位算法的未知

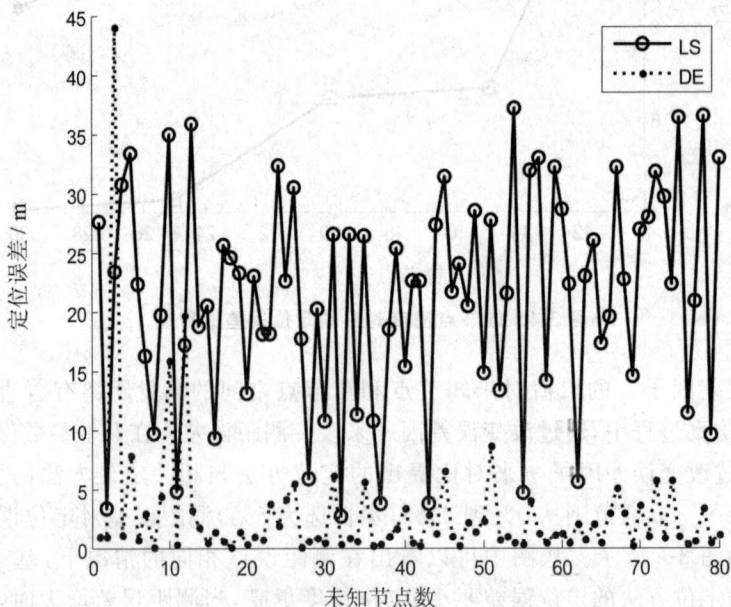

图 3-6　基于 DE 和 LS 算法的未知节点的定位误差对比图

节点定位误差情况。显然,基于 DE 算法的未知节点定位误差曲线波动比基于 LS 算法要小的多,说明基于 DE 算法的定位稳定性能要优于基于 LS 算法的定位稳定性,定位精度较高,定位效果也好。

图 3-7 为当误差因子 $\eta=5\%$ 时,本节提出的基于 DE 算法的定位方法未知节点定位效果图,其中三角形代表锚节点的位置,圆圈代表未知节点的实际位置,方框表示定位后未知节点的估计位置。从图中可以看出,基于 DE 算法的定位方法能够实现节点的有效定位,验证了基于 DE 算法的节点定位方法在 WSN 定位中具有良好的全局搜索能力。

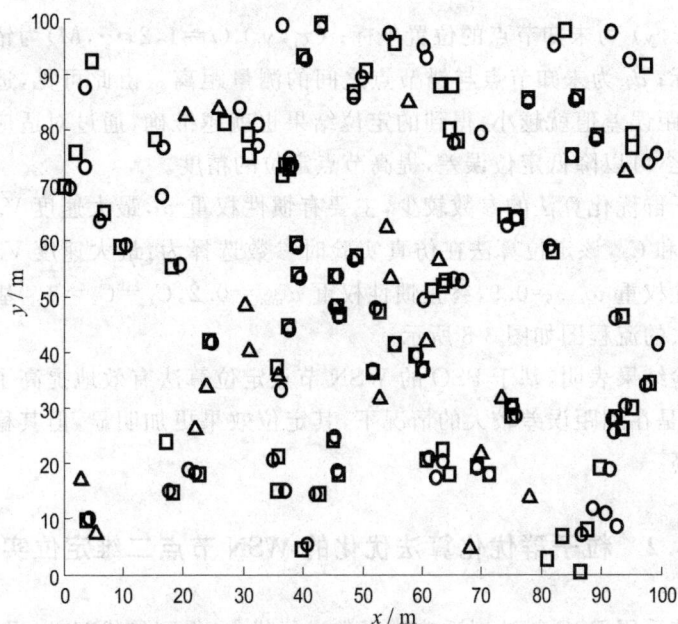

图 3-7　基于 DE 算法的节点定位效果图

3.4　基于粒子群优化算法优化的 WSN 节点二维定位

3.4.1　粒子群优化算法优化的 WSN 节点二维定位基本原理

Gopakumar Aloor 和 Lillykutty Jacob 于 2008 年提出了一种基于粒子群优化(Particle Swarm Optimization,PSO)的定位算法,以所有邻近锚节点的均方误差为非线性优化问题的适应度函数,并以未知节点通信范围内所有锚节点的质心作为未知节点的初始全局极值,该算法具有较好的定位精度,尤其是在测距误差比较大的情况下,定位效果更加明显,但其在能耗性和稳定性上有待于提高[①]。陈志奎等也提出了一种无线传感器网络粒子群优化定位算法,该算法利用未知节点接收到的锚节点的距离信息,通过迭代方法搜索未知节点位置。本节主要来介绍和分析这种基于 PSO 的定位算法。在文献中提到,由于受到测距误差、周边环境干扰等因素的影响,测量得到的节点之间的距离并不能反映真实情况,故该定位算法采用的目标函数如下:

$$fitness_k = \sum_{i=1}^{M} \left| \sqrt{(x-x_i)^2 + (y-y_i)^2} - d_i \right| \tag{3-14}$$

式中,(x,y) 为未知节点的位置坐标;(x_i,y_i) $(i=1,2,\cdots,M)$ 为锚节点的位置坐标;d_i 为未知节点与锚节点之间的测量距离。由此可见,适应度值越小,测距误差值就越小,得到的定位结果也就越准确,通过对适应函数的最小化,可以降低定位误差,提高节点定位的精度。

粒子群优化算法的参数较少,主要有惯性权重 w,最大速度 V_{max},学习因子 C_1 和 C_2,该定位算法在仿真实验时参数选择为:最大速度 $V_{max}=10$,初始惯性权重 $w_{max}=0.9$,终止惯性权重 $w_{min}=0.2$,$C_1=C_2=2$。基于 PSO 定位算法的流程图如图 3-8 所示。

实验结果表明,基于 PSO 的 WSN 节点定位算法有效地提高了定位精度,尤其是在测距误差较大的情况下,其定位效果更加明显,但其稳定性有待于提高。

3.4.2　粒子群优化算法优化的 WSN 节点二维定位实现

本节采用 PSO 算法对适应度函数进行优化,得到最优解,以提高 WSN 节点的定位精度[②]。基于 PSO 的节点定位方法实现过程如下:

(1)算法初始参数设置:节点的无限射程 R,种群规模 NP,最大速度 V_{max},学习因子 C_1 和 C_2,最大迭代次数 t_{max},误差因子 η。

(2)初始化粒子群,确定初始个体最优解和群体最优解:在特定网络区域内随机部署 N 个未知节点和 M 个锚节点,随机产生每个粒子的初始位置和速度,计算每个粒子的适应度值并把粒子的当前位置设置为个体极值

①　王守峰.基于差分进化和粒子群混合优化的 WSN 节点定位算法研究[D].桂林:桂林理工大学,2012.

②　林雯,张烈平,王守峰.基于粒子群优化算法的 WSN 节点定位方法研究[J].煤矿机械,2013(05):84-86.

P_{best}，其中最好的作为全局极值 G_{best} 保存。

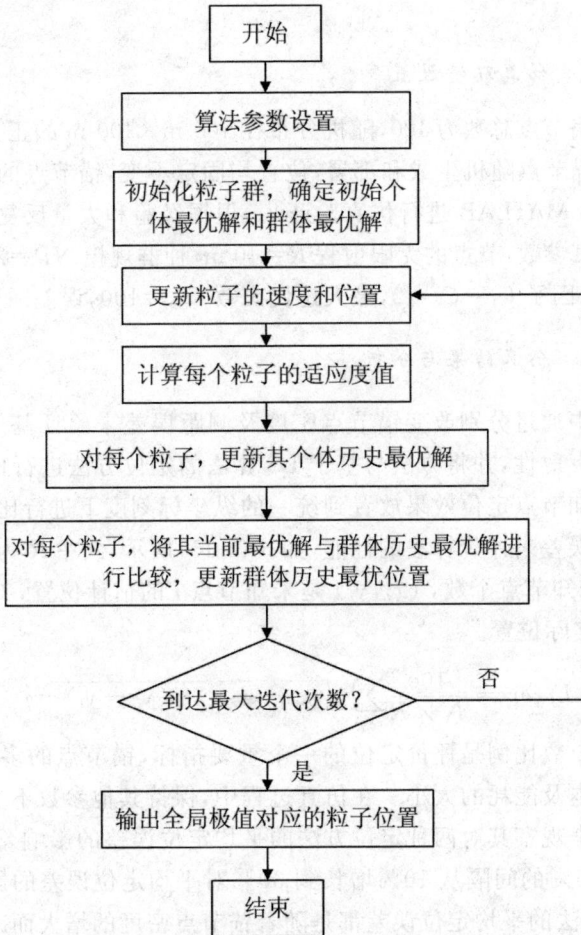

```
                    开始

                算法参数设置

            初始化粒子群，确定初始个
            体最优解和群体最优解

            更新粒子的速度和位置

            计算每个粒子的适应度值

        对每个粒子，更新其个体历史最优解

    对每个粒子，将其当前最优解与群体历史最优解进
    行比较，更新群体历史最优位置

            到达最大迭代次数？        否

                    是

            输出全局极值对应的粒子位置

                    结束
```

图 3-8　基于 PSO 的节点定位算法的流程图

　　(3)计算 N 个未知节点分别到 M 个锚节点之间距离矩阵 D，按照 Dijkstra 算法计算每个未知节点与锚节点之间最短路径及跳数，找出未知节点 i 到其距离最近的四个锚节点 j 之间的距离矩阵 d 及其跳数 N_{hop}。

　　(4)根据式(3-5)和式(3-6)更新群体中所有个体的位置和速度。

　　(5)利用式(3-9)计算每个个体的适应度函数值，并与当前历史群体最优解进行比较，适应度函数值小的保留到下一代，即更新当前群体最优位置。

　　(6)判断是否到达最大迭代次数 t_{max}，若满足条件，则输出全局最优解对应的个体位置，也就是未知节点的位置估计坐标，否则转至(3)。

3.4.3 实验仿真及结果分析

3.4.3.1 仿真环境设置

设置网络节点总数为 100,随机分布在 100 m×100 m 的正方形区域内,未知节点和锚节点随机生成和部署,位置均固定不变,锚节点的密度初始选为 20%,采用 MATLAB 进行仿真验证[①]。根据经验和大量反复试验选定定位方法的仿真参数:节点的无限射程 $R=40$ m,种群规模 $NP=20$,最大速度 $v_{max}=6$,学习因子 $C_1=C_2=2$,最大迭代次数 $t_{max}=100$,误差因子 $\eta=5\%$。

3.4.3.2 仿真结果与分析

在仿真中通过分别改变锚节点密度及测距误差来验证基于 PSO 算法定位方法的有效性,并将方法与基于 LS 算法的定位方法进行比较,两种定位方法的未知节点定位效果放置到统一的纵坐标刻度下进行比较。本节采用平均定位误差来评价算法的性能,如式(3-15)所示,式中 R 为节点的通信半径,N 是未知节点个数,$(\bar{x}_i, \bar{y}_i)$ 是未知节点 i 的估计位置,(x_i, y_i) 是未知节点 i 的实际位置。

$$Error = \frac{100}{N \times R} \sum_{i=1}^{N} \sqrt{(x_i - \bar{x}_i)^2 + (y_i - \bar{y}_i)^2} \% \qquad (3-15)$$

锚节点个数比例是评价定位的一个重要指标,锚节点的多少直接影响到网络的成本及能耗的大小。在仿真过程中,保持其他参数不变,通过改变锚节点密度来观察其对两种定位方法的平均定位误差的影响。图 3-9 是锚节点密度以 5% 的间隔从 10% 增长到 30% 对平均定位误差的影响效果图。显然,两种方法的平均定位误差都是随着锚节点密度的增大而减小,但在同一锚节点密度下,基于 PSO 算法的定位精度更高,定位成本和功耗要小,总体性能要优于基于 LS 算法的定位方法。

误差因子 η 的取值对未知节点和锚节点之间的测量距离有着直接影响。在仿真过程中,保持其他参数不变,取误差因子 η 取值范围从 0% 到 20%,步长选为 5%,测距误差对定位误差的影响如图 3-10 所示。从图中可以看出,在相同测距误差下,基于 PSO 算法定位方法的定位误差最小,其平均定位误差曲线的斜率较小,也就是说,此定位方法受到测距误差影响最小,定位效果比较好。

---

① 林雯,张烈平,王守峰.基于粒子群优化算法的 WSN 节点定位方法研究[J].煤矿机械,2013(05):84-86.

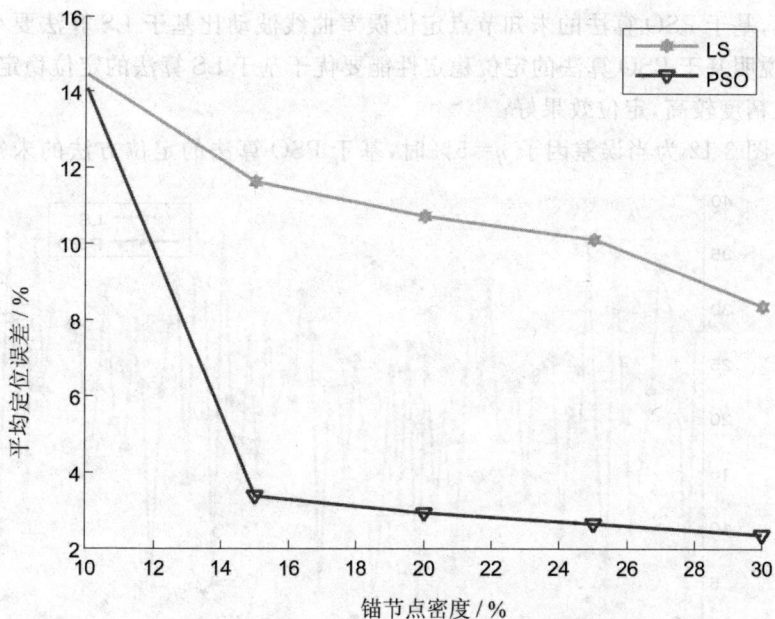

图 3-9　锚节点密度对平均定位误差的影响

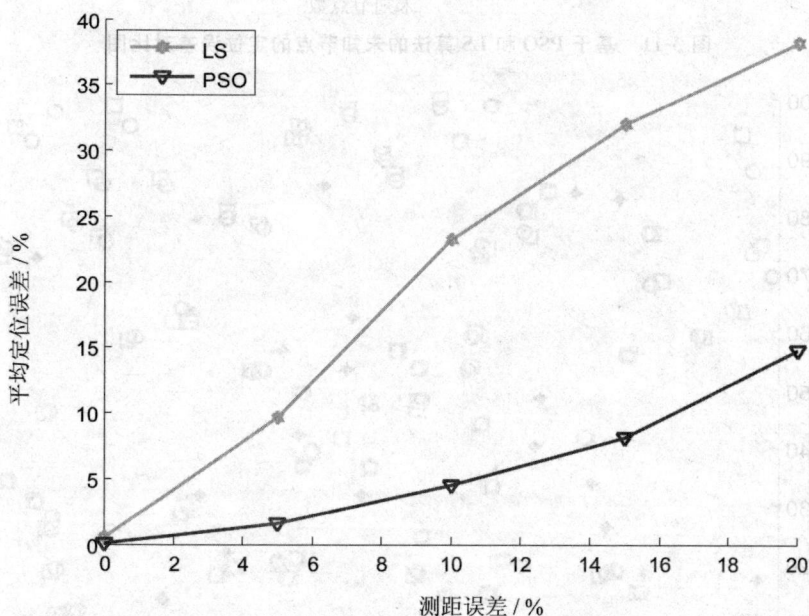

图 3-10　测距误差对平均定位误差的影响

　　图 3-11 是两种定位方法 80 个未知节点中每个未知节点定位误差效果图。从图中可以比较形象直观地观察定位算法的未知节点定位误差情况。

显然,基于 PSO 算法的未知节点定位误差曲线波动比基于 LS 算法要小的多,说明基于 PSO 算法的定位稳定性能要优于基于 LS 算法的定位稳定性,定位精度较高,定位效果好。

图 3-12 为当误差因子 $\eta = 5\%$ 时,基于 PSO 算法的定位方法的未知节

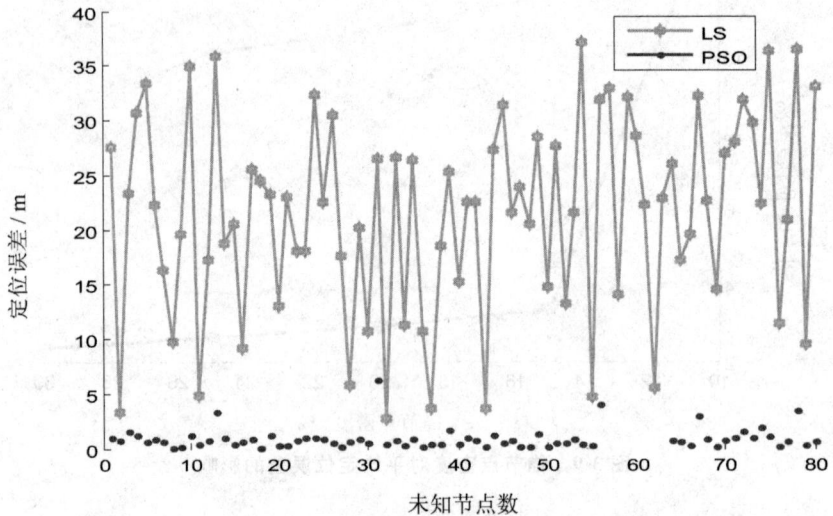

图 3-11　基于 PSO 和 LS 算法的未知节点的定位误差对比图

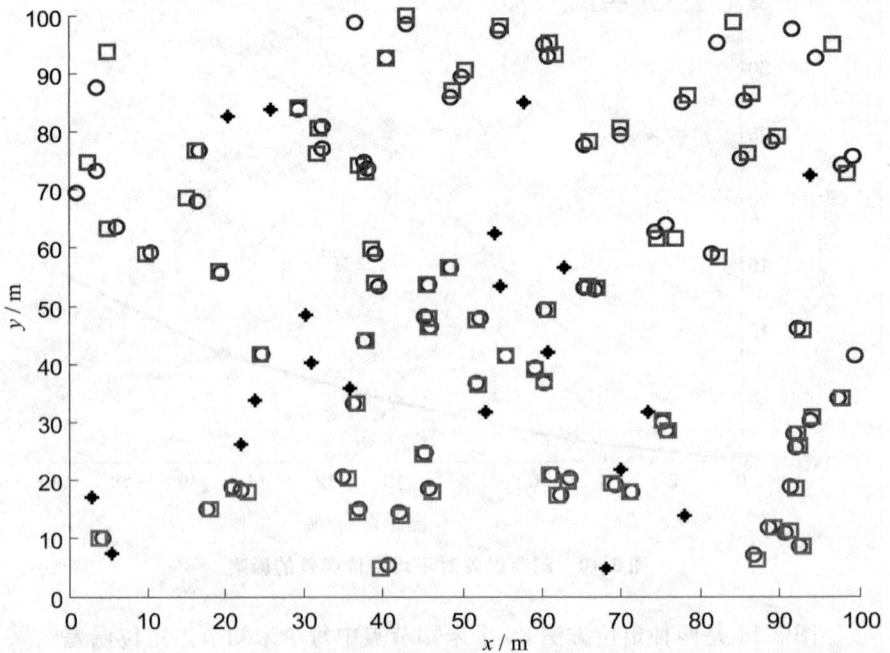

图 3-12　基于 PSO 算法的节点定位效果图

点定位效果图,其中黑色星号代表锚节点的位置,圆圈代表未知节点的实际位置,方框表示定位后未知节点的估计位置。从图中可以看出,基于 PSO 算法的定位方法能够实现节点的有效定位。

3.5　基于差分进化和粒子群算法混合优化的 WSN 节点二维定位

3.5.1　差分进化和粒子群混合优化算法

DE 算法和 PSO 算法作为近年来出现的新型进化算法,都是性能比较优异的群体优化算法,包含了较多的设计因素,具有较好的互补性。但作为单个算法,它们在求解全局优化问题时存在着容易陷入局部最优,易出现早熟停滞现象以及对自身参数较为敏感等不足。这是由于它们在进化过程中的随机性造成的,算法的随机性使得它们在搜索全局最优解时具有一定的盲目性,尤其是在求解复杂优化问题时,DE 算法在优化迭代后期接近最优解时收敛速度开始变慢,容易导致陷入局部最优;而 PSO 算法在进化后期,由于微粒多样性的降低导致算法出现早熟收敛,也容易陷入局部最优。鉴于此,为了弥补 DE 算法和 PSO 算法各自存在的缺陷,提高算法的全局搜索能力和收敛速度,将 DE 算法和 PSO 算法有效地结合,组合成一种差分进化和粒子群混合优化(DEPSO)的算法[①]。

该算法首先是利用 DE 算法的变异操作对 PSO 粒子的当前位置施加扰动以增加种群的多样性,提高 PSO 的空间搜索能力,避免粒子陷入局部最优;然后进行选择操作,选出当前群体全局最优解 G_{best},再利用 PSO 算法的速度和位置公式更新所有粒子的速度和位置,进行 DE 算法的交叉和选择操作,并计算每个个体的函数适应值,与历史 G_{best} 进行比较,选择优秀的适应值对应的粒子进入下一代,直到达到算法终止条件。在 DEPSO 算法中,采用 DE 算法中最常用的差分变异策略 DE/rand/1/bin,PSO 算法则使用惯性权重呈线性递减的 G_{best} 模型。

基于差分进化和粒子群混合优化算法的具体实现步骤如下:

(1)算法参数设置。种群规模 NP,最大迭代次数 t_{max},缩放比例因子

---

① 王守峰. 基于差分进化和粒子群混合优化的 WSN 节点定位算法研究[D]. 桂林:桂林理工大学,2012.

F,交叉概率 CR,学习因子 C_1 和 C_2,最大速度 v_{max},初始惯性权重 w_{max},终止惯性权重 w_{min}。

(2)初始化种群:初始迭代进化代数 $k=0$,随机产生每个个体的初始位置和速度,计算每个个体的适应度值并把每个个体的当前位置设置为个体极值 P_{best},从中选择最好的个体极值作为全局极值 G_{best},也就是当前所有粒子经过的最优位置,并保存到下一代。

(3)迭代次数 $k=k+1$。

(4)根据式(3-2)和式(3-4)对群体中所有个体进行变异操作和选择操作。

(5)计算群体中所有个体的适应度函数值,最优的适应度值对应的个体保留到下一代,更新群体最佳位置。

(6)根据式(3-5)和式(3-6)更新群体中所有个体的速度和位置。

(7)根据式(3-3)和式(3-4)对群体中每个个体的位置进行交叉与选择操作。

(8)计算当前群体中所有个体的适应度函数值,将所有的适应度值与历史全局最优解进行比较,最优适应度值对应的个体将替代历史群体最优解 G_{best}。

(9)判断是否到达最大迭代次数 t_{max},若满足条件,则输出全局最优解对应的粒子位置;否则转至(3)。

混和优化算法 DEPSO 的流程图如图 3-13 所示。

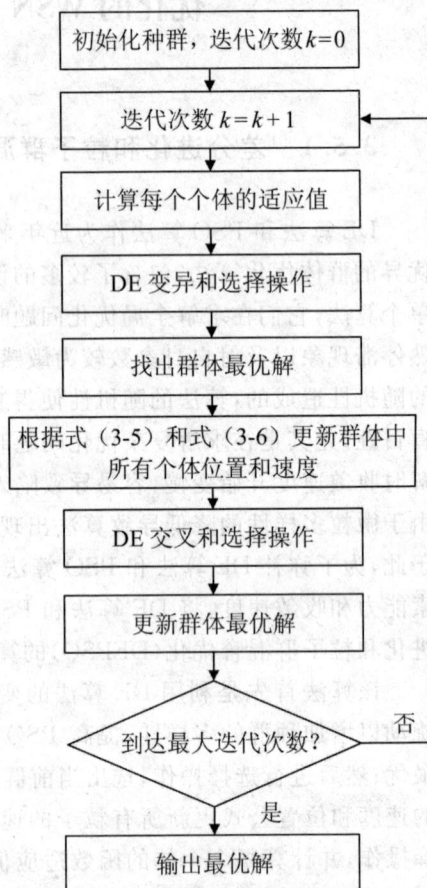

图 3-13　混合优化算法 DEPSO 的流程图

3.5.2　定位问题的数学模型

无线传感器网络节点定位实质是利用 M 个位置已知的锚节点来计算 N 个未知节点的位置坐标。如一个二维空间定位问题,未知节点坐标 $\theta = [\theta_x, \theta_y]$;其中,$\theta_x = [x_1, x_2, \cdots, x_N]$,$\theta_y = [y_1, y_2, \cdots, y_N]$ 可以利用锚节点

的位置坐标 $[x_{N+1},x_{N+2},\cdots,x_{N+M}]$ 和 $[y_{N+1},y_{N+2},\cdots,y_{N+M}]$ 来计算。

不妨假设一个未知节点的坐标为 (x,y)，以及该未知节点到 M 个锚节点的距离分别为 $d_i,d_2,\cdots,d_M$，M 个锚节点的位置坐标可设为 $(x_i,y_i)(i=1,2,\cdots,M)$。那么，存在以下公式：

$$\begin{cases} \sqrt{(x_1-x)^2+(y_1-y)^2}=d_1 \\ \sqrt{(x_2-x)^2+(y_2-y)^2}=d_2 \\ \cdots \\ \sqrt{(x_M-x)^2+(y_M-y)^2}=d_M \end{cases} \tag{3-16}$$

由上式可求解该未知节点的位置坐标，但在实际的应用中，由于受到外部环境干扰及测距技术水平的影响，锚节点与未知节点之间测到的距离并不是它们之间的真实值，存在着一定的测距误差，因此可将未知节点的位置计算看作是一种非线性优化问题，这样就把 WSN 节点定位问题转化成目标函数的最优化问题，最小化适应度函数得到的全局最优值便是未知节点的位置估计坐标，则满足下列公式的解便是该未知节点的最佳位置坐标：

$$f(x,y)=\min(\sum_{i=1}^{M}\left|\sqrt{(x-x_i)^2+(y-y_i)^2}-d_i\right|) \tag{3-17}$$

由此可见，测距误差是影响未知节点定位误差大小的重要因素，最大限度地降低测距误差可以有效提高节点的定位精度。混合优化 DEPSO 算法具有较好的收敛性和全局搜索能力，将此算法运用到无线传感器网络节点定位中，对定位优化模型进行求解，可以有效提高节点的定位精度，为此本节提出一种基于混合优化算法 DEPSO 的 WSN 节点定位算法。

3.5.3　差分进化和粒子群算法混合优化的 WSN 节点二维定位实现

在基于 DE 的定位算法和基于 PSO 的定位算法基础上，本节提出了一种基于差分进化和粒子群混合优化的 WSN 节点定位算法（可称为 DEPSO 定位算法），为降低算法的复杂度，定义算法采用的适应度函数如下：

$$fitness(\overline{x},\overline{y})=\sum_{i=1}^{M}\alpha_i^2*f_i^2(\overline{x},\overline{y}) \tag{3-18}$$

在上式中，$M=4$，是与未知节点跳段距离最近的四个锚节点；α_i 是一个与未知节点到锚节点 i 的跳数 N_{hop} 成反比的权值；$f_i(\overline{x},\overline{y})=\sqrt{(x_i-\overline{x})^2+(y_i-\overline{y})^2}-d_i$，是第 i 个锚节点与未知节点之间的测量距离和估计距离的差值，$(\overline{x},\overline{y})$ 是未知节点的估计坐标，(x_i,y_i) 是第 i 个锚节

点的坐标,d_i是第i个锚节点与未知节点之间的测量距离,这里可采用前面提到的式(3-11)和式(3-12)来计算。

DEPSO定位算法首先随机产生初始种群,并初始化群体中所有个体的位置和速度,计算并存储个体最优解P_{best}及全局最优解G_{best},执行差分进化的变异和选择操作,找出群体最佳位置;然后利用PSO速度与位置公式更新群体中所有粒子的速度和位置;接着进行DE算法的交叉及选择操作,更新群体的最佳位置;满足迭代终止条件,即达到最大迭代次数后,输出群体的全局最优解。PSO算法中粒子在搜索空间所处的位置即是未知节点的位置,算法通过不断的迭代更新得到群体的全局最优解则是粒子的最优位置,也就是未知节点的估计位置坐标,未知节点的位置估算过程即是最小化定位误差适应度函数的过程。

基于DEPSO的节点定位算法实现过程如下:

(1)算法参数设置。种群规模NP,最大迭代次数t_{max},缩放比例因子F,交叉概率CR,学习因子C_1和C_2,最大速度v_{max},求解精度ε,初始惯性权重w_{max},终止惯性权重w_{min},误差因子η。

(2)初始化种群。首先初始化仿真模拟环境,即在特定网络区域内随机部署M个锚节点和N个未知节点,随机产生每个粒子的初始位置和速度,计算每个粒子的适应度函数值并把粒子的当前位置设置为个体的最好位置P_{best},从中选择适应度函数值最好的粒子,其所在的位置作为整个群体找到的最佳位置记为G_{best}保存,并初始迭代次数$k=0$。

(3)计算N个未知节点分别到M个锚节点之间的距离矩阵D。

(4)按照Dijkstra算法计算每个未知节点与锚节点之间的最短路径及跳数,并找出未知节点i到其距离最近的四个锚节点j之间的距离矩阵d及其跳数N_{hop}。

利用DEPSO算法求使适应度函数最小的节点位置,即:

$$[\bar{x},\bar{y}] = \mathrm{argmin}(fitness(\bar{x},\bar{y}))$$

(5)参数输入:锚节点坐标矩阵$Beacon$,在(4)中计算出的距离矩阵d,权值αi。

(6)迭代次数$k=k+1$。

(7)根据式(3-2)和式(3-4)对群体中所有个体进行变异操作和选择操作。

(8)利用式(3-9)计算每个个体的适应度函数值,并与当前历史群体最优解进行比较,适应度函数值小的保留到下一代,即更新当前群体最优位置。

(9)根据式(3-5)和式(3-6)更新群体中所有个体的位置和速度。

(10)根据式(3-3)和式(3-4)对每个个体的位置进行交叉与选择操作,再次计算所有个体的适应度值,将每个个体当前最优位置对应的适应度值与群体历史最优位置对应的适应度值进行比较，选出适应度值最小的个体保留到下一代，该个体的位置即是当代群体中的最优位置。

（11）判断是否到达最大迭代次数 t_{max}，若满足条件，则输出全局最优解对应的个体位置，也就是未知节点的位置估计坐标，否则转至（6）。

图 3-14 即是基于 DEPSO 的 WSN 节点定位算法的流程图。

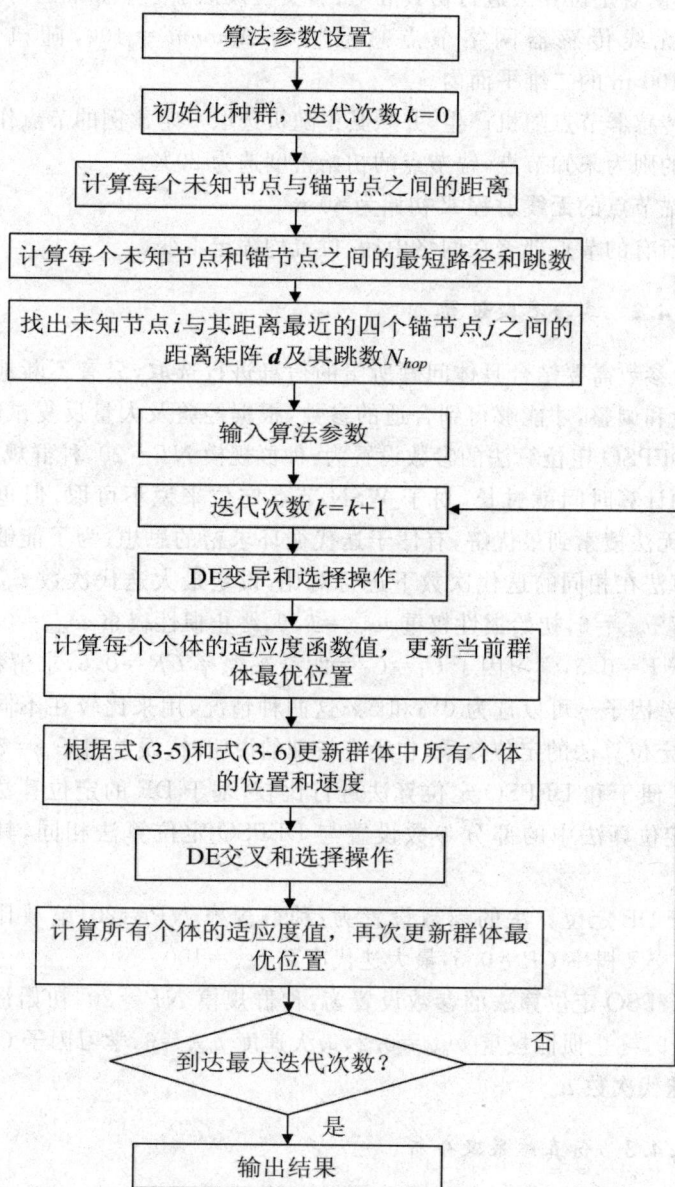

图 3-14　基于 DEPSO 的 WSN 节点定位算法的流程图

3.5.4 实验仿真及结果分析

3.5.4.1 仿真环境部署

为方便对定位算法进行仿真和对比,实验模拟了一个标准的仿真环境。

(1)无线传感器网络节点总数 $NodeAmount=100$,随机分布在 $100\ m\times100\ m$ 的二维平面内。

(2)传感器节点随机产生,并从其中随机选取一定比例的节点作为锚节点,剩余的则为未知节点,锚节点的初始密度选为 20%。

(3)锚节点的无线射程 R 初始为 $40\ m$。

(4)所有的节点部署在网络中后,位置均固定不变。

3.5.4.2 实验参数设置

实验参数需要结合具体问题所给的信息进行选取,只有不断地经过大量的试验和调整,才能够得到合适的参数,根据经验及大量反复试验,仿真时基于 DEPSO 定位算法的参数设置为:种群规模 $NP=20$,种群规模过大,则算法的计算时间就过长,对于 WSN 节点定位来说不可取,但也不能过小,否则无法搜索到最优解,有悖于迭代循环求精的思想;为了能够和其他的定位算法在相同的迭代次数下进行对比,设定最大迭代次数 $t_{max}=100$;最大速度 $v_{max}=6$,初始惯性权重 $w_{max}=0.9$,终止惯性权重 $w_{min}=0.4$,缩放比例因子 $F=0.5$,学习因子 $C_1=C_2=2$,交叉概率 $CR=0.6$,求解精度 $\varepsilon=10^{-3}$,误差因子 η 可以选为 0% 和 5% 这两种情况,用来比较在不同的测距误差下,定位算法的定位效果,在没有特别的说明时,误差因子 $\eta=5\%$。

为了便于和 DEPSO 定位算法进行比较,基于 DE 的定位算法和基于 PSO 的定位算法中的部分参数设置与 DEPSO 定位算法相同,具体设置如下:

基于 DE 定位算法的参数设置为:种群规模 $NP=20$,缩放比例因子 $F=0.4$,交叉概率 $CR=0.5$,最大迭代次数 $t_{max}=100$。

基于 PSO 定位算法的参数设置为:种群规模 $NP=20$,初始惯性权重 $w_{max}=0.9$,终止惯性权重 $w_{min}=0.2$,最大速度 $v_{max}=6$,学习因子 $C_1=C_2=2$,最大迭代次数 $t_{max}=100$。

3.5.4.3 仿真结果及分析

在仿真实验中,分别采用了平均定位误差和定位误差作为评价定位算

法性能的指标,平均定位误差的公式如下所示:

$$Error = \frac{100}{N \times R} \sum_{i=1}^{N} \sqrt{(x_i - \hat{x}_i)^2 + (y_i - \hat{y}_i)^2}\% \ (i = 1,2,\cdots,N)$$

(3-19)

式中,N 为未知节点的总数;(x_i, y_i) 和 $(\hat{x}_i, \hat{y}_i)$ 分别为未知节点 i 的实际坐标和估计坐标。

定位误差的公式如下所示:

$$Error = \sqrt{(x - \bar{x})^2 + (y - \bar{y})^2}$$

(3-20)

式中,(x, y) 和 $(\bar{x}, \bar{y})$ 分别为未知节点的实际位置和估计位置。通过分别改变锚节点密度、网络连通度和测距误差等系统参数来对比各个定位算法的定位性能,观察这些性能指标对各个定位算法的影响,并对仿真的结果进行了分析。

图 3-15 为所模拟环境的节点随机分布图。其中,圆圈代表未知节点,星号代表位置已知的锚节点。

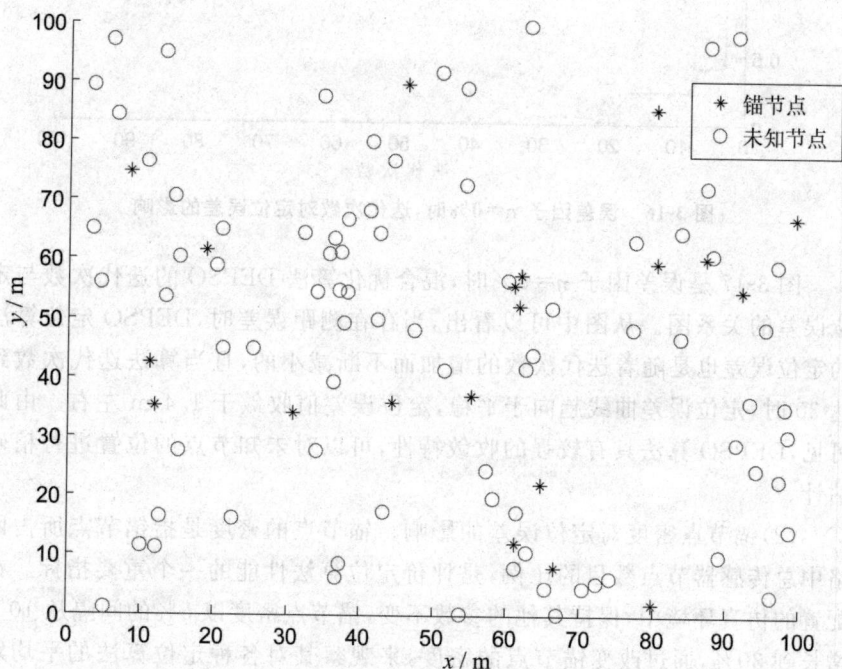

图 3-15　节点随机分布图

(1)验证算法的收敛性。图 3-16 是误差因子 $\eta = 0\%$ 时,混合优化算法 DEPSO 的迭代次数与定位误差的关系图。从图中可以看出,DEPSO 定位算法的定位误差是随着迭代次数的增加而不断减小的。当迭代次数到达

33时,定位误差的值接近于零,且曲线趋向于平稳,由于 DEPSO 算法本身的随机性,使得在迭代的初期,出现定位误差波动较大的情况,但总的来说,定位误差是不断地减小的。

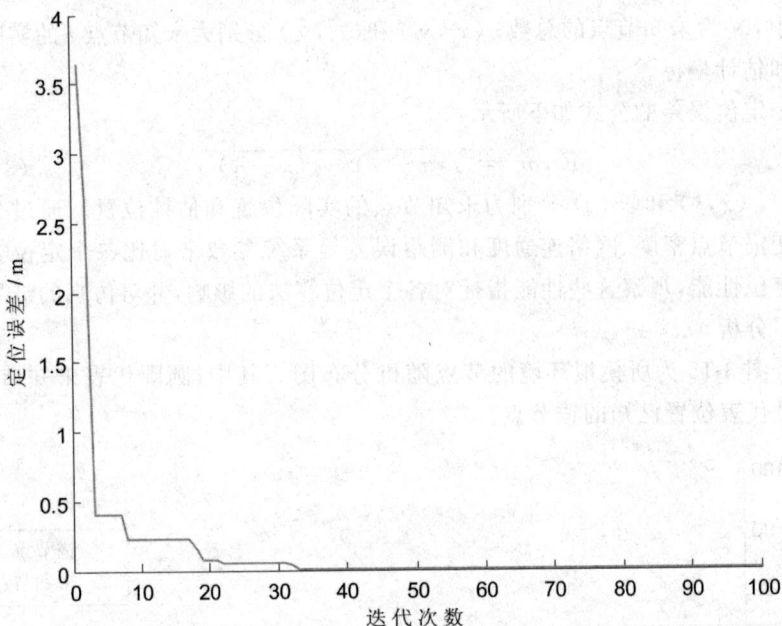

图 3-16   误差因子 $\eta = 0\%$ 时,迭代次数对定位误差的影响

图 3-17 是误差因子 $\eta = 5\%$ 时,混合优化算法 DEPSO 的迭代次数与定位误差的关系图。从图中可以看出,当存在测距误差时,DEPSO 定位算法的定位误差也是随着迭代次数的增加而不断减小的,且当算法迭代次数到达 30 时,定位误差曲线趋向于平稳,定位误差值收敛于 1.4 m 左右。由此可见,DEPSO 算法具有较强的收敛特性,可以对未知节点的位置进行精确估计。

(2)锚节点密度对定位误差的影响。锚节点的密度是指锚节点所占网络中总传感器节点数目的比例,是评价定位算法性能的一个重要指标。在配置的仿真环境中,保持其他的参数不变,锚节点密度以 5% 的间隔从 10% 增长到 30%,通过改变锚节点的密度,来观察其对各种定位算法的平均定位误差的影响。为了便于分析 DEPSO 定位算法的性能,我们将基于 DE 的定位算法和基于 PSO 的定位算法与本节提出的定位算法进行比较,图 3-18 是不同锚节点密度对这三种定位算法的平均定位误差影响对比图。

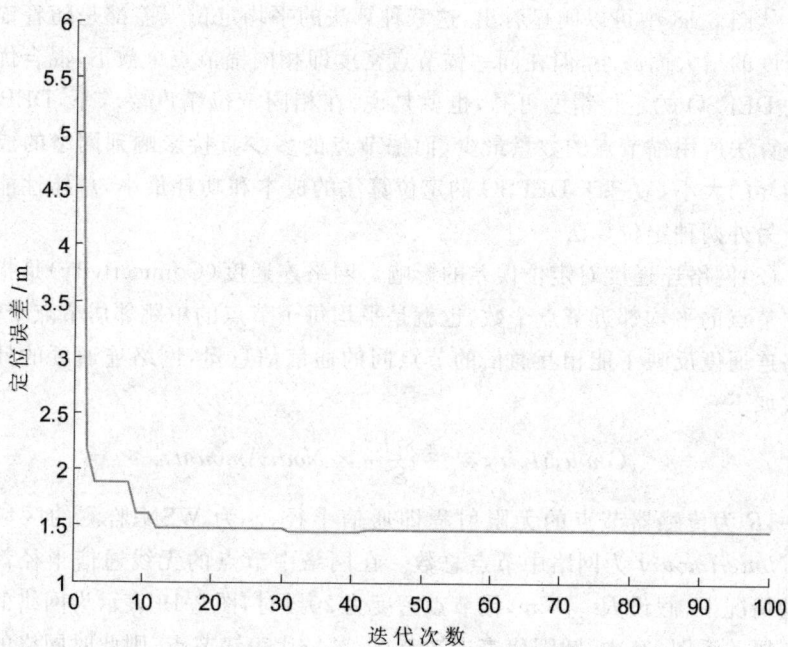

图 3-17　误差因子 $\eta=5\%$ 时,迭代次数对定位误差的影响

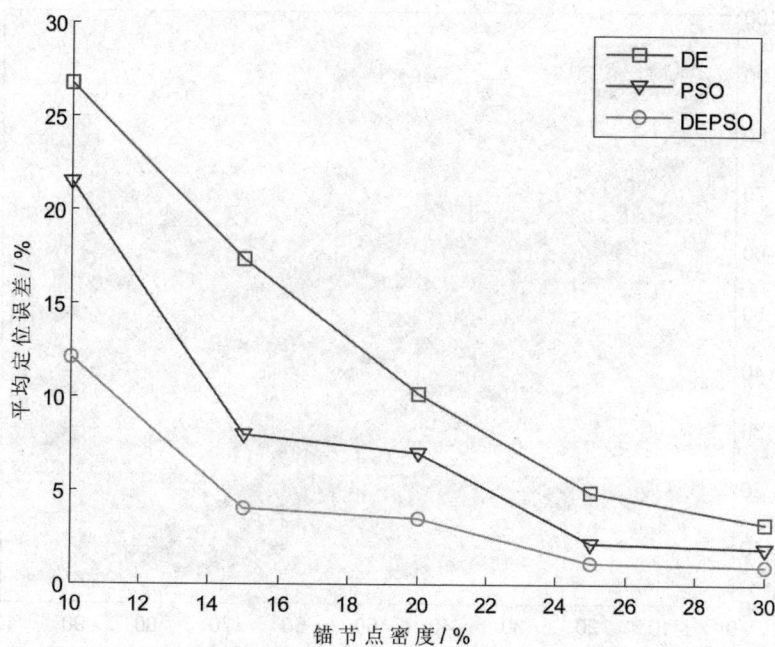

图 3-18　锚节点密度对平均定位误差的影响

从图 3-18 中可以明显看出,这三种算法的平均定位误差都是随着锚节点密度的增大而减小,但在同一锚节点密度即相同锚节点个数下,混合优化算法 DEPSO 的定位精度更高,也就是说,在相同定位精度要求下,DEPSO 定位算法所用锚节点的数量最少,而锚节点的多少直接影响到网络的成本及能耗的大小,故基于 DEPSO 的定位算法的成本和功耗最小,总体性能要优于另外两种定位算法。

(3)网络连通度对定位误差的影响。网络连通度(Connectivity)是指网络中节点的平均邻近节点个数,也就是平均每个节点的单跳邻居节点个数。网络连通度反映了能相互通信的节点间的通信信息量,网络连通度的计算公式如下:

$$Connectivity = \frac{\pi \times R^2}{S} \times NodeAmount \qquad (3-21)$$

式中,R 为传感器节点的无限射程即通信半径;S 为 WSN 监测的区域面积;$NodeAmount$ 为网络中节点总数。在网络中节点的无线通信半径都相等的情况下,假设 $R=40$ m,锚节点密度为 20% 时,图 3-19 表示为网络的节点邻居关系图,其中,圆圈代表未知节点,星号代表锚节点,则此时网络的平均连通度 $Connectivity = 50.2655$。

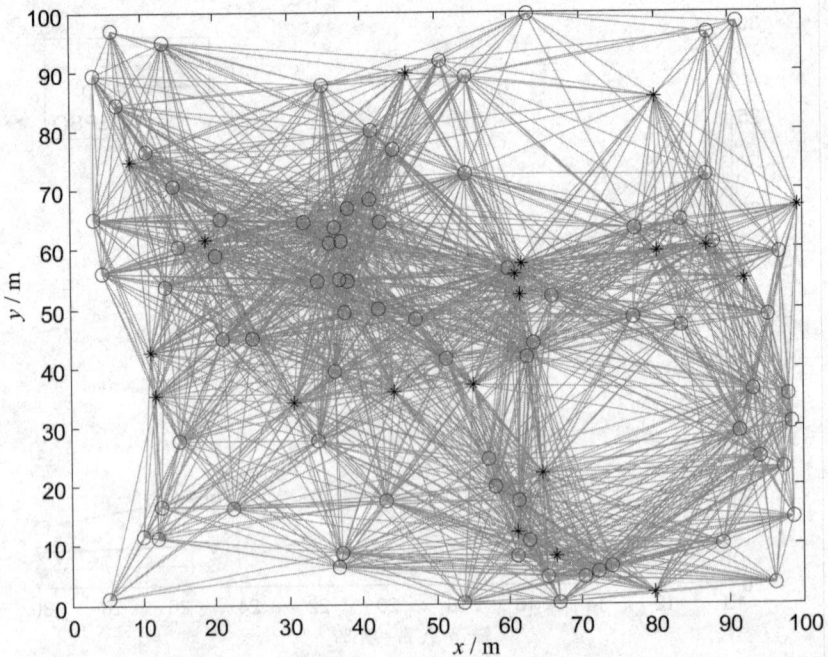

图 3-19　节点邻居关系分布图

从式(3-21)中可看出,在监测区域 S 和节点总数 $NodeAmount$ 保持不变的情况下,网络连通度与节点的通信半径 R 成正比关系,故在仿真实验过程中,节点部署的区域和其他参数保持不变的情况下,我们可以通过改变锚节点的无线射程 R 来改变网络连通度,则我们设定锚节点的无限射程 R 以 5m 的间隔从 20 m 增加到 45 m,来观察各种算法的定位误差大小。图 3-20 为锚节点的无限射程 R 对基于 DE 的定位算法、基于 PSO 的定位算法及基于 DEPSO 的定位算法的平均定位误差影响对比。从图 3-20 中,我们可以看出,这三种算法的平均定位误差都是随着锚节点的无线射程增大而减小,在相同锚节点无限射程下,基于 DEPSO 的定位算法的定位误差最小,而节点的无线射程的大小对应着节点的发射功率大小,由此可见,DEPSO 定位算法在满足定位精度的同时能够延长网络的寿命,且其误差曲线的变化趋势比较缓慢,验证了该定位算法的稳定性要优于另外两种算法,鲁棒性较好。

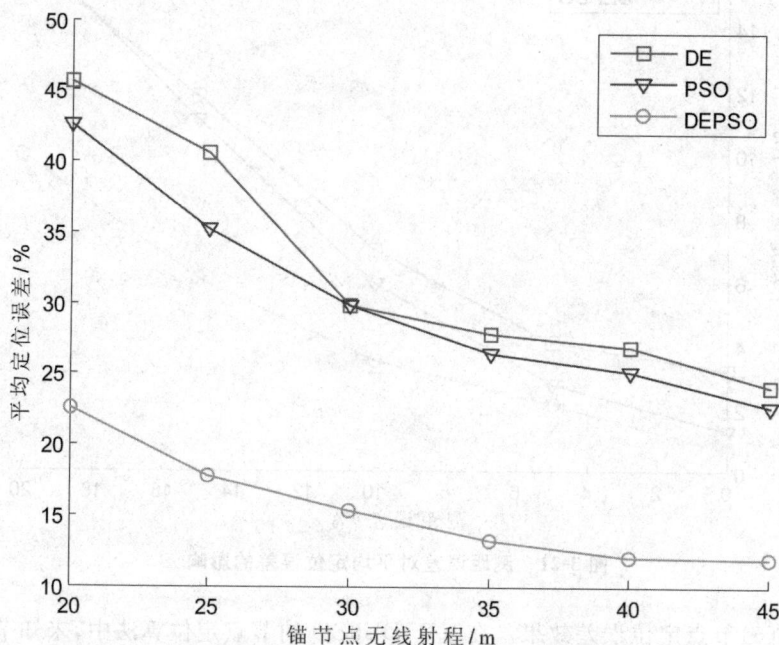

图 3-20 锚节点无线射程对平均定位误差的影响

(4)测距误差对定位误差的影响。由于外界环境存在干扰和测距技术本身的不精确性,使得锚节点和未知节点之间的距离测量存在误差,测距误差在现实中是无法避免的。未知节点和锚节点之间的实际测量距离与真实距离有所偏差,在这种情况下,可以采用式(3-11)和式(3-12)来计算它们之间的距离,故在仿真中,我们可以通过改变误差因子来改变测距误差,即可以在已设置的模拟仿真环境中,其他参数保持不变,通过改变误差因子 η 来对比提出的定位算法与相关定位算法的性能,设误差因子 η 取值范围从 0% 到 20%,步长选为 5%。图 3-21 为不同的测距误差对基于 DE 的定位算法和基于 PSO 的定位算法及基于 DEPSO 的定位算法的平均定位误差影响。从图 3-21 中可看出,这三种算法的平均定位误差都是随着测距误差的增大而增大,但 DEPSO 定位算法的性能要优于其他两种算法。在相同测距误差下,基于 DEPSO 的定位算法的定位误差最小,其平均定位误差曲线的斜率在这三种算法中最小,也就是说,此定位算法受到测距误差的影响最小,定位效果比较好。

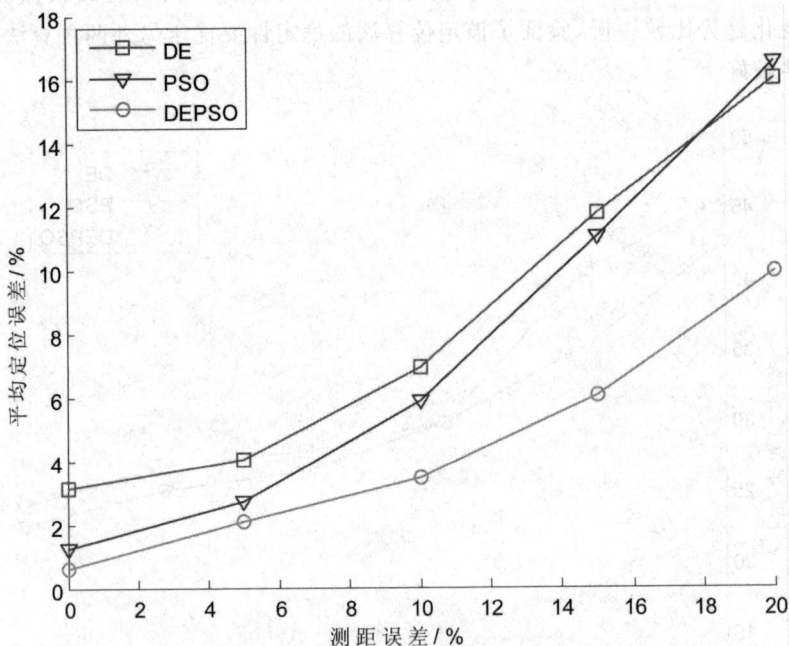

图 3-21 测距误差对平均定位误差的影响

(5)节点定位误差效果。在基于 DEPSO 的节点定位算法中,未知节点和锚节点之间的测量距离一般采用实际距离加误差的形式,误差因子 η 的取值对未知节点和锚节点之间的测量距离有着直接影响。图 3-22 为当误差因子 $\eta = 0\%$ 时,本节提出的定位算法的未知节点定位效果图。图 3-23 为当误差因子 $\eta = 5\%$ 时,本节提出的定位算法的未知节点定位效果图。在图 3-22 和图 3-23 中,星号代表锚节点的位置,圆圈代表未知节点的实际位置,方框表示定位后未知节点的估计位置。当误差因子 $\eta = 0\%$,即不考虑测距

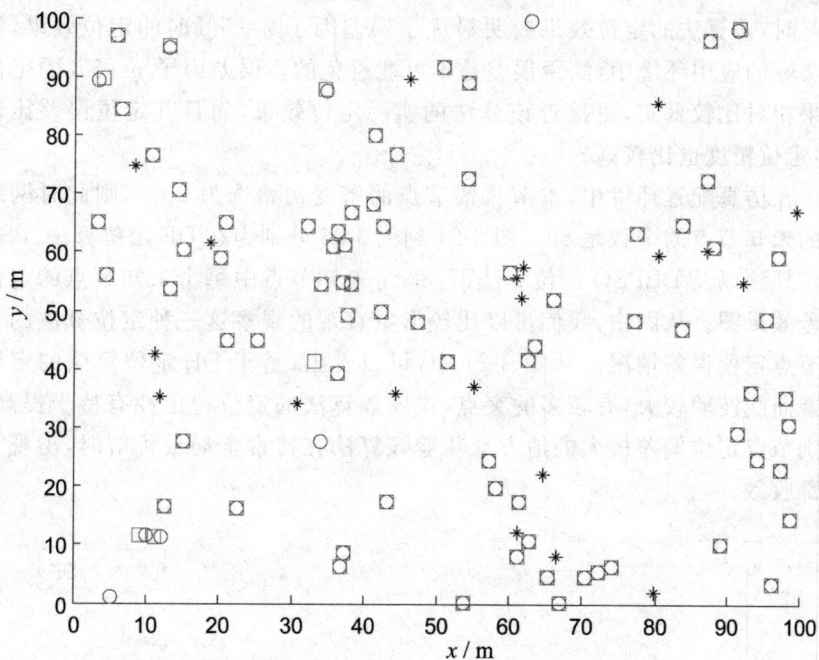

图 3-22　误差因子 $\eta=0\%$ 时，提出算法的定位效果图

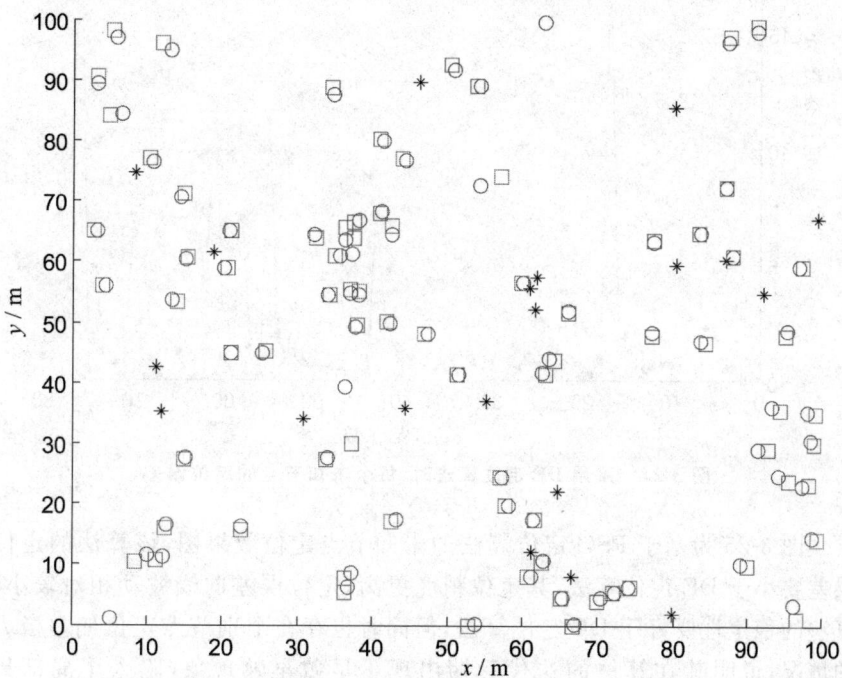

图 3-23　误差因子 $\eta=5\%$ 时，提出算法的定位效果图

误差时,该算法的定位效果要明显优于误差因子 $\eta=5\%$ 时的定位效果,但在实际的应用环境中,测距误差是不可能避免的。误差因子 $\eta=5\%$ 的定位效果相对比较真实,更接近该算法的实际定位效果,而且其定位误差比较小,定位精度也比较高。

在仿真配置环境中,本节将锚节点的密度初始选为 20%,则此时网络中的未知节点的个数是 80。图 3-24 到图 3-26 分别为在 DE 定位算法、PSO 定位算法以及 DEPSO 定位算法下,80 个未知节点中每个未知节点的定位误差效果图。从图中,我们可以比较形象直观的观察这三种定位算法的未知节点定位误差情况。从图 3-24 中,可以看出,基于 DE 定位算法的定位误差曲线波动较大,有较多的突点,说明该算法的定位稳定性有待于提高,个别节点定位偏差极大的地方意味着该算法在搜索全局最优解时,出现了局部收敛。

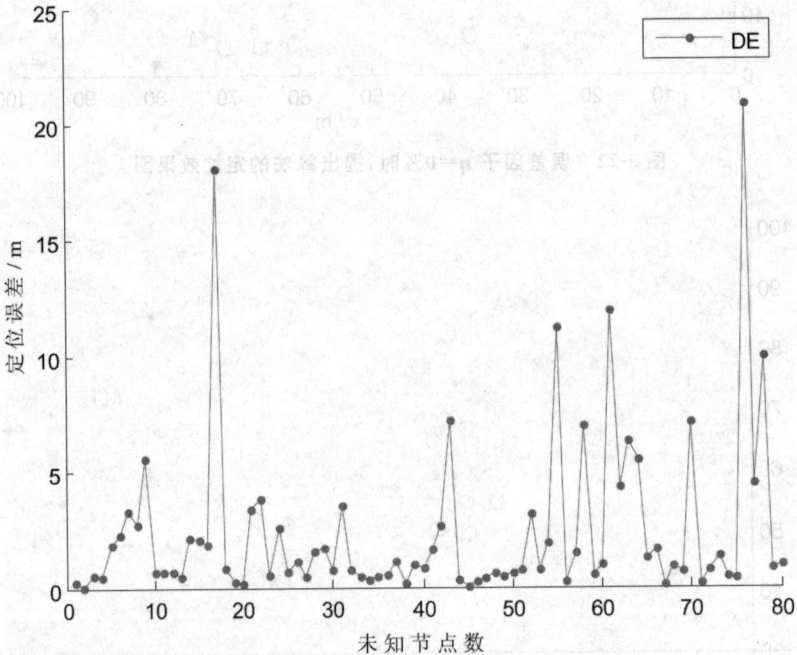

图 3-24　采用 DE 定位算法时,每个未知节点的定位误差

图 3-25 为基于 PSO 定位算法的未知节点定位效果图,该算法的定位误差要小于 DE 定位算法,其定位精度更高,定位误差曲线波动相对较小,算法的稳定性要好于 DE 定位算法,但同时也存在个别节点定位偏差极大的情况,说明其在算法的迭代后期出现了早敛早熟现象,陷入了局部最优解。

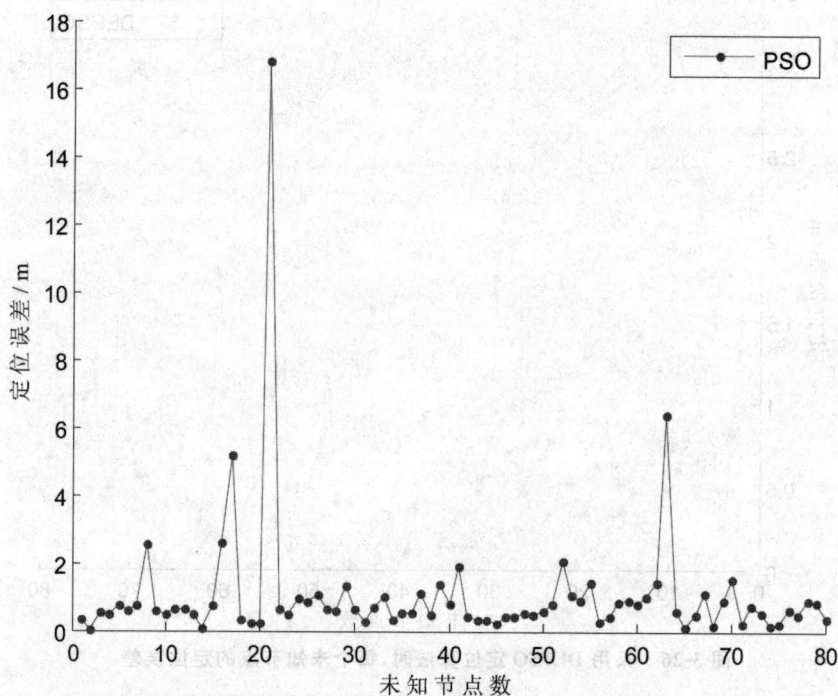

图 3-25 采用 PSO 定位算法时,每个未知节点的定位误差

图 3-26 为基于 DEPSO 定位算法的未知节点定位效果图,该算法的定位误差要明显小于上面两种定位算法,算法的定位效果比较稳定,虽然也存在个别节点的定位误差出现比较大的情况,但相对于上面两种定位算法来说,几乎可以忽略不计。从总体上来说,该算法的定位精度比较高,有效地抑制了算法陷入局部最优解的问题,具有较好的全局收敛特性。

为了更加方便对比这三种定位算法的性能,将这三种算法的未知节点定位效果放置到统一的纵坐标刻度下进行比较,如图 3-27 所示。从图 3-27 可知,基于 PSO 的定位算法的未知节点定位误差曲线波动比基于 DE 的定位算法要小的多,则 PSO 定位算法的稳定性能要优于 DE 定位算法。但 DE 定位算法和 PSO 定位算法都存在着个别节点的定位误差较大的情况,说明在该节点进行定位时,出现了局部极小值,而在这三条变化曲线中,基于 DEPSO 的定位算法的定位误差最小,其定位误差曲线的波动幅值及变化趋势要低于另外两种算法,由此可以得出,基于 DEPSO 的节点定位算法定位精度最高,定位效果也最好,验证了混合优化算法 DEPSO 在 WSN 定位中具有良好的全局搜索能力。

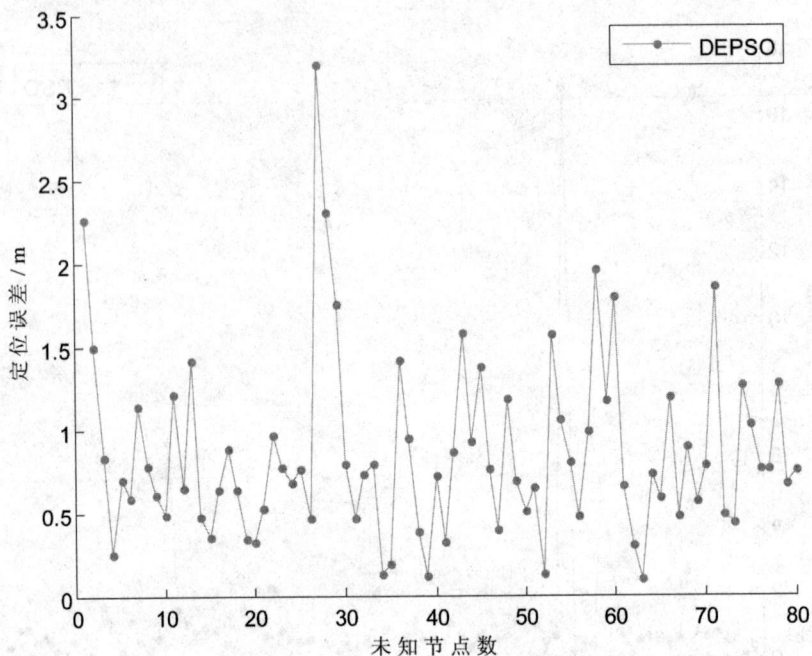

图 3-26 采用 DEPSO 定位算法时，每个未知节点的定位误差

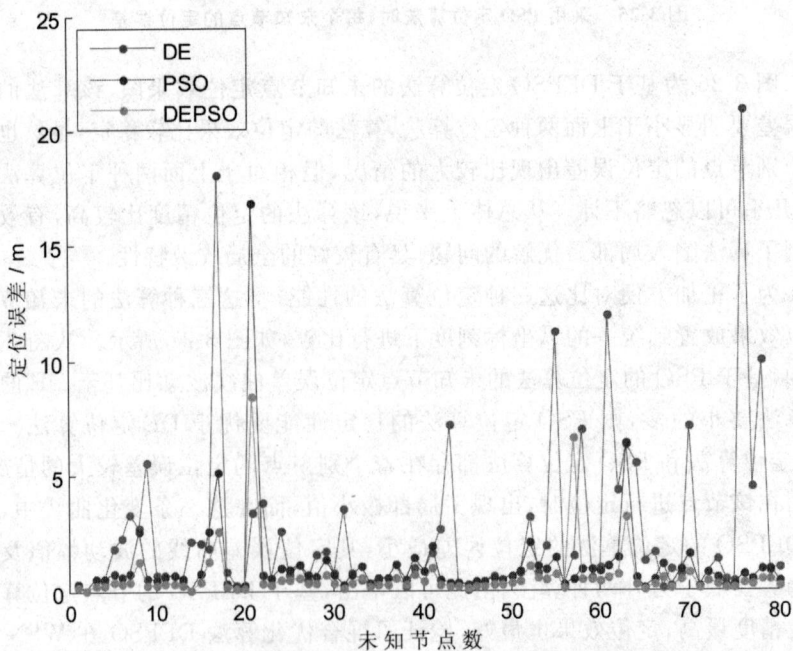

图 3-27 三种定位算法每个未知节点定位误差的对比

第 4 章　基于智能算法优化 LSSVR 的 WSN 节点三维定位技术

4.1　最小二乘支持向量机理论

4.1.1　支持向量机理论介绍

支持向量机（Support Vector Machines，SVM）是在 1990 年由美国 Vapnik 和 Corinna Cortes 教授提出的，在 1992 年的计算学习会上进入机器学习领域，支持向量机在解决小样本、非线性及高维模式识别中表现出较多特别的优势，并能够推广到函数拟合等其他机器学习问题中，因此备受广大研究学者的关注[①]。在 20 世纪 90 年代后得到了进一步的发展，从而成为统计机器学习领域若干标准的集合，是机器学习和数据挖掘的标准工具。支持向量机是一种新的机器学习方法，它建立在结构风险最小理论和统计学习 VC 维理论基础上的，根据有限的样本信息在对特定训练样本的学习精度即模型的复杂性和无错误的识别任意样本即学习能力直接寻求两者的最佳折中方案，从而获得最好的推广能力。

所谓机器学习问题指的是利用有限数量的观测数据来寻找输入和输出之间的依赖关系的问题。能够对输入和输出关系做出评估的函数或者程序被称为学习机器，它最重要的两个性能指标是学习能力和推广能力。学习能力是指学习机器调整其自身参数使之适应训练样本集的能力。推广能力又称为泛化能力，是指学习机器从当前训练样本上学习到知识（映射关系）的普遍能力，即对未知样本输出的预测能力。支持向量机具有良好的学习能力和推广能力。

SVM 主要为了解决分类问题和回归问题，回归问题也可转化成分类问

---

① 陈鸣. 基于智能算法优化 LSSVR 的三维 WSN 节点定位研究[D]. 桂林：桂林理工大学，2013.

题。SVM 求解分类问题的实质是找到一个把 n 维欧式空间分成两部分的规则,这称为分类函数。当分类函数是线性时,决策函数对应的超平面将 n 维欧式空间分成两部分,称为线性分类机;分类函数是非线性时,称为非线性超平面。支持向量机集成了最大间隔超平面、凸二次规划、Mercer 核、松弛变量和稀疏解等多项技术。

4.1.1.1 支持向量机的核方法和核函数

对于一些复杂的分类问题,线性支持向量机很难解决问题,但是根据支持向量机能够将输入样本集合变换到更高维空间使其分离能力得到改善的特点[44],将样本向量映射到更高维的特征空间,在空间建立一个最大间隔超平面,最大间隔超平面两边各有一个与之平行的超平面都能将样本向量分开而使得这两个平行的超平面间的距离最大,此时就得到了样本向量在高维特征空间的回归分类,然后返回到原空间,就得到了在原空间的非线性分类,这是构造分类规则的通用方法。最大间隔超平面是指由样本向量确定的 n 维数据点需要通过一个 $n-1$ 维的线性分类器分开。

SVM 为分类算法提供统一的理论框架,使原本在二维空间中不易分,不可分的样本在高维空间中构造出较好的分类规则。在高维线性空间中虽然分类能力得到加强,但是内积运算量非常大,如果有一种方法可以在特征空间中直接计算内积 $\langle \phi(x) \cdot \phi(y) \rangle$,这个直接计算的方法就是核方法。所谓的核方法就是找到一个核函数(Kernel Function) $K(x,y)$ 使其满足

$$K(x,y) = \langle \varphi(x) \cdot \varphi(y) \rangle \quad (x,y \in X) \tag{4-1}$$

式中,ϕ 为从 X 到内积特征空间的映射,用 $K(x,y)$ 代替特征空间的内积 $\langle \phi(x) \cdot \phi(y) \rangle$ 来计算后仍然可以得到决策函数。对于这样的函数 $K(x,y)$,就是核函数。

4.1.1.2 支持向量机的优点

支持向量机是统计学习理论的具体实现,它与以神经网络为代表的传统的机器学习理论相比,具有以下几个重要的优点:

(1)支持向量机解决了小样本学习问题。支持向量机具有坚实的数学和理论基础,是专门针对有限样本情况的,其目标是现有信息下的最优解而不仅仅是样本数趋于无穷大时的最优解,在解决小样本学习问题中表现出许多特有的优势。因此,支持向量机不需要利用样本趋于无穷大的渐进条件,实现的是结构风险最小化,因而在小样本情况下同样能得到具有推广价值的知识。

(2)支持向量机解决了高维问题。在解决高维问题中,神经网络往往容

易陷入一个又一个的局部极值,而支持向量机使用了大间隔因子来控制学习机器的训练过程,使其只能选择具有最大分类间隔的分类超平面,又叫最优超平面(在不可分情况下,又引入了松弛因子来控制经验风险),从而使其在满足分类要求的情况下,又具有较高的推广能力。

支持向量机通过引入一些具有特殊性质的核函数,将时间问题通过非线性变换转化到高维的特征空间,在高维空间中构造线性决策函数来实现原空间的非线性决策函数,使得求解支持向量机的过程只和训练样本数目有关,与样本维数无关,即算法复杂度与样本维数无关,从而巧妙有效地解决了传统学习机器不友好解决的高维问题。

(3)支持向量机解决了结构选择的问题。支持向量机的结构非常简单,采用固定的三层结构,隐层节点数由支持向量决定。从表面上看,它类似于三层前馈神经网络,但实际上它与神经网络有着根本性的不同。支持向量机通过求解凸二次规划优化问题,可以同时得到隐层节点数和权向量,因此,支持向量机的隐层是随着所要解决的问题和规模而自动调节的,从而使学习机器复杂度总是与实际问题相一致,因而可以自适应地解决各种不同的问题。

(4)支持向量机解决了局部极值问题。支持向量机的算法最终转化为凸二次规划的优化问题,从理论上说,得到的将是全局最优解,不存在局部最优,解决了神经网络方法无法避免的局部极值的问题。

4.1.2　最小二乘支持向量机理论介绍

4.1.2.1　回归型支持向量机

给定训练集:$D = \{(x_1, y_1), (x_2, y_2), \cdots, (x_n, y_n)\} \in (X \times Y)^n$,其中,$x_i \in X = R^n, y_i \in Y = R(i = 1, 2, \cdots, n)$。假定训练集是 $X \times Y$ 上的某个概率分布 $P(x, y)$ 选取的独立分布的样本点,同时给定损失函数 $c(x, y, f)$,回归问题就是寻求一个函数使得期望达到最小。

$$R[f] = \int c(x, y, f) \mathrm{d} P(x, y) \tag{4-2}$$

应当指出的是,概率分布 $P(x, y)$ 是未知的,仅仅知道的就是训练集 D。与分类问题在数学描述上不同的是变量 y 的取值。在分类问题中,变量 y 仅取两个值,即 $y = \{0, 1\}$ 或 $\{1, -1\}$;而回归问题中变量 y 可以取任意实数值,即 $y \in Y \in R$。

(1)回归型支持向量机的不敏感损失函数 ε。要建立回归函数就需要适当选择损失函数,在统计学中损失函数是一种衡量损失和错误程度的函数。Vapnik 提出了用于回归的 ε 不敏感损失函数为:

$$L(y,f(x,\alpha)) = L(|y-f(x,\alpha)|_\varepsilon) \tag{4-3}$$

式中,y 和 $f(x,\alpha)$ 分别为 x 点的实际值和预测值;ε 为一个事先的正数。

且 $|y-f(x,\alpha)|_\varepsilon = \begin{cases} 0, & |y-f(x,\alpha)| \leqslant \varepsilon \\ |y-f(x,\alpha)|-\varepsilon, & \text{其他} \end{cases}$。

常用的 ε 不敏感损失函数有以下两种形式。

①线性 ε 不敏感损失函数为:

$$L(y,f(x,\alpha)) = |y-f(x,\alpha)|_\varepsilon \tag{4-4}$$

线性 ε 不敏感损失函数如图 4-1 所示。

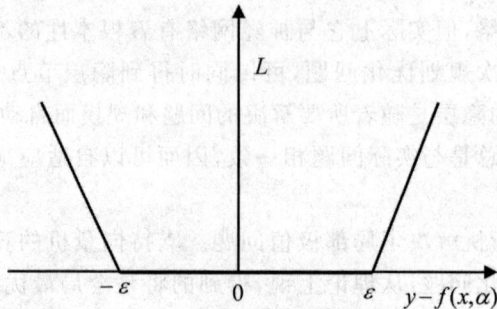

图 4-1 ε 不敏感损失函数/一元线性分类函数

②二次 ε 不敏感损失函数为:

$$L(y,f(x,\alpha)) = |y-f(x,\alpha)|_\varepsilon^2 \tag{4-5}$$

二次 ε 不敏感损失函数如图 4-2 所示。

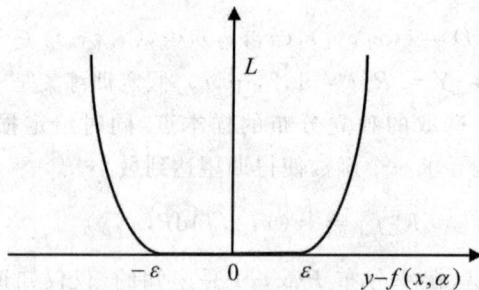

图 4-2 二次 ε 不敏感损失函数

ε 不敏感损失函数的含义是:如果在 x 点的预测值 $f(x,\alpha)$ 和实际值 y 之差不超过 ε,则认为预测值 $f(x,\alpha)$ 是损失的,即损失等于 0,尽管预测值

$f(x,\alpha)$ 和实际值 y 可能并不完全相等。因此,在 ε 以内区域中的点对于损失函数没有作用,这个特点是其他类型函数不具备的,所以该型函数可以保证得到的解具有较好的稀疏性。

(2)回归型支持向量机基本思想。回归型支持向量机(Support Vector Regression,SVR)是 SVM 在回归学习中应用的方法。它与 SVM 一样,需要构造核函数,采用不同的核函数可以构造不同类型的非线性决策回归算法。对于核函数的选用,需要根据实际问题的特点、训练样本的特点选用常用的核函数,或者直接构造新的核函数。在大部分的应用中常常选择常用的核函数,常用核函数有以下几种:

①线性核函数:$K(x,y) = x \cdot y$。

②多项式核函数:$K(x,y) = (x \cdot y + c)^d$。

③Sigmoid 和函数:$K(x,y) = \tanh[v(x,y) + c]$。

④径向基(Radial Basis Function,RBF)核函数:

$$K(x,y) = \exp\left\{-\frac{|x - y|^2}{2\sigma^2}\right\}。$$

⑤B 样条核函数:$K(x,y) = B_{2N+1}(x - y)$。

⑥Fourier 序列核函数:$K(x,y) = \dfrac{\sin\left(N + \dfrac{1}{2}\right)(x - y)}{\sin\left(\dfrac{1}{2}(x - y)\right)}$。

SVR 根据是否需要转到高维空间分为线性回归和非线性回归。对于给定训练集:$D = \{(x_1,y_1),(x_2,y_2),\cdots,(x_n,y_n)\} \in (X \times Y)^n$,其中,$x_i \in X = R^n, y_i \in Y = R(i = 1,2,\cdots,n)$,任意不敏感损失函数 $\varepsilon > 0$,如果在原始空间 R^n 存在超平面 $f(x) = \langle \omega,x \rangle + b, \omega \in R^n, b \in R$ 使得 $|y_i - f(x_i)| \leqslant \varepsilon, \forall (x_i,y_i) \in D$,则称 $f(x) = \langle \omega,x \rangle + b$ 是训练集 D 的 ε 线性回归。$|y_i - f(x_i)| \leqslant \varepsilon, \forall (x_i,y_i) \in D$ 等价于 D 中的任何一点 (x_i, y_i) 到超平面 $f(x) = \langle \omega,x \rangle + b$ 的距离不超过 $\dfrac{\varepsilon}{\sqrt{1 + \|\omega\|^2}}$。由于是分类,所以希望调整超平面的斜率 ω 使得与 D 中任意一点 (x_i,y_i) 距离都尽可能大。即 $\dfrac{\varepsilon}{\sqrt{1 + \|\omega\|^2}}$ 最大化,等价于要求 $\min\{\|\omega\|^2\}$。这样 ε-SVR 问题转化为优化问题:

$$\min \frac{1}{2}\|\omega\|^2 \quad s.t. \quad |\langle \omega,x \rangle + b - y_i| \leqslant \varepsilon (i = 1,2,\cdots,l) \tag{4-6}$$

然后引入松弛变量,使用 Lagrange 乘子法,得到优化问题的对偶形式:

$$\begin{cases} \min\left\{-\dfrac{1}{2}\sum_{i,j=1}^{l}(\alpha_i-\alpha_i^*)(\alpha_j-\alpha_j^*)\langle x_i,x_j\rangle+\sum_{i=1}^{l}(\alpha_i-\alpha_i^*)y_i-\sum_{i=1}^{l}(\alpha_i+\alpha_i^*)\varepsilon\right\} \\ s.t.\ \sum_{i=1}^{l}(\alpha_i-\alpha_i^*)=0(0\leqslant\alpha_i,\alpha_i^*\leqslant C;i=1,2,\cdots,l) \end{cases}$$

$$(4\text{-}7)$$

对于不可能在原使空间 R^n 线性分离的训练集,先用一个非线性映射 ϕ 将数据 D 映射到一个高维特征空间,使得 $\phi(D)$ 在特征空间 H 中具有良好的线性回归特征,先在该特征空间中进行线性回归,然后返回到原始空间 R^n 中,这就是非线性支持向量机。由上可得,支持向量机非线性回归的对偶优化问题如下:

$$\begin{cases} \min\left\{-\dfrac{1}{2}(\alpha_i-\alpha_i^*)(\alpha_j-\alpha_j^*)\langle\varphi(x_i),\varphi(x_j)\rangle+\sum_{i=1}^{l}(\alpha_i-\alpha_i^*)y_i-\sum_{i=1}^{l}(\alpha_i+\alpha_i^*)\varepsilon\right\} \\ s.t.\ \sum_{i=1}^{l}(\alpha_i-\alpha_i^*)=0(0\leqslant\alpha_i,\alpha_i^*\leqslant C;i=1,2,\cdots,l) \end{cases}$$

$$(4\text{-}8)$$

非线性回归的求解步骤如下:

① 寻找一个核函数 K,使得

$$K(x_i,x_j)=\langle\phi(x_i),\phi(x_j)\rangle \tag{4-9}$$

② 求优化问题的解 α_i、α_i^*。

$$\begin{cases} \min\left\{-\dfrac{1}{2}(\alpha_i-\alpha_i^*)(\alpha_j-\alpha_j^*)K(x_i,x_j)+\sum_{i=1}^{l}(\alpha_i-\alpha_i^*)y_i-\sum_{i=1}^{l}(\alpha_i+\alpha_i^*)\varepsilon\right\} \\ s.t.\ \sum_{i=1}^{l}(\alpha_i-\alpha_i^*)=0(0\leqslant\alpha_i,\alpha_i^*\leqslant C;i=1,2,\cdots,l) \end{cases}$$

$$(4\text{-}10)$$

③ 计算。

$$b=\begin{cases} y_j+\varepsilon-\sum_{i,j=1}^{l}(\alpha_i-\alpha_i^*)K(x_j,x_i),\ \text{当}\ \alpha_i\in(0,C) \\ y_j-\varepsilon-\sum_{i,j=1}^{l}(\alpha_i-\alpha_i^*)K(x_j,x_i),\ \text{当}\ \alpha_i^*\in(0,C) \end{cases} \tag{4-11}$$

④ 构造非线性函数。

$$f(x)=\sum_{i=1}^{l}(\alpha_i-\alpha_i^*)K(x_j,x)+b\ (x_i\in R^n,b\in R) \tag{4-12}$$

4.1.2.2 最小二乘支持向量机理论

(1)最小二乘支持向量回归机基本原理。由上节可知,ε-SVR 进行回归计算时需要求解二次规划问题，计算过程复杂。因此，Suykens J. A. K 提出了一种最小二乘支持向量回归机（Least Squares Support Vector Regression，LSSVR）算法。这种算法的核心是通过引入最小二乘线性系统，将优化目标中的松弛变量的一次惩罚项改为二次约束条件，然后把二次规划问题变成求解线性方程组从而简化计算过程，大大减轻计算量，提高计算效率。

假设给定训练集 $\{(u_1,v_1),(u_2,v_2),\cdots,(u_m,v_m)\}$，$u_i \in X = R^n$，$v_i \in Y = R$ 分别为输入和输出，运用 LSSVR 估计下面的公式：

$$v_i = \omega^T \varphi(u_i) + b + \zeta_i \quad (i = 1,2,\cdots,m) \tag{4-13}$$

式中，$\zeta_i(i=1,2,\cdots,m)$ 表示样本的随机误差，且有 $E[\zeta_i]=0$，$E[(\zeta_i)^2]=\sigma_{\zeta_i}^2 < \infty$，$\varphi(\cdot):R^n \to R^{n_k}$ 表示非线性映射函数（将输入空间映射为高维特征空间）；b 为偏差，ω 为权重。LSSVR 算法具体步骤如下：

①设已知训练样本集 $T = \{(u_1,v_1),(u_2,v_2),\cdots,(u_m,v_m)\} \in (X \times Y)^m$，其中，$u_i \in X = R^n$ 为输入变量，$v_i \in Y = R$ 是输出变量$(i = 1,2,\cdots,m)$。

②选择适当的规则化参数 $\gamma(\gamma > 0)$ 以及核函数 $K(u_i,u_j)$。

③构造并求最优化问题。

$$\begin{cases} \min\limits_{\omega,\zeta,b} \dfrac{1}{2}\|\omega\|^2 + \gamma \dfrac{1}{2}\sum\limits_{i=1}^m \zeta_i^2 \\ s.t.\ v_i = \omega^T \varphi(u_i) + b + \zeta_i (i = 1,2,\cdots,m) \end{cases} \tag{4-14}$$

通过引入 Lagrange 乘子 α，可以定义如下 Lagrange 函数：

$$L_f(\omega,b,\zeta,\alpha) = \frac{1}{2}\|\omega\|^2 + \gamma \frac{1}{2}\sum_{i=1}^m \zeta_i^2 - \sum_{i=1}^m \alpha_i(\omega^T \varphi(u_i) + b + \zeta_i - v_i) \tag{4-15}$$

其中，$\alpha_i \in R$。分别求 $L(\omega,b,\zeta,\alpha)$ 对 ω,b,ζ,α 偏微分，根据最优条件可得：

$$\begin{cases} \dfrac{\partial L_f}{\partial \omega} = 0 \to \omega = \sum\limits_{i=1}^m \alpha_i v_i \varphi(u_i) \\ \dfrac{\partial L_f}{\partial b} = 0 \to \sum\limits_{i=1}^m \alpha_i v_i = 0 \\ \dfrac{\partial L_f}{\partial \zeta_i} = 0 \to \alpha_i = \gamma\zeta \\ \dfrac{\partial L_f}{\partial \alpha_i} = 0 \to v_i - (\omega^T \phi(u_i) + b + \zeta_i) = 0 \end{cases} \tag{4-16}$$

进而可以表示为如下线性方程：

$$\begin{bmatrix} I & 0 & 0 & -u \\ 0 & 0 & 0 & -\overline{1}^{\mathrm{T}} \\ 0 & 0 & \gamma I & -I \\ u^{\mathrm{T}} & \overline{1} & I & 0 \end{bmatrix} \begin{bmatrix} \omega \\ b \\ \zeta \\ \alpha \end{bmatrix} = \begin{bmatrix} 0 \\ 0 \\ 0 \\ v \end{bmatrix} \qquad (4\text{-}17)$$

其中，$u = [u_1, u_2, \cdots, u_m]$，$v = [v_1, v_2, \cdots, v_m]^{\mathrm{T}}$，$\alpha = [\alpha_1, \alpha_2, \cdots, \alpha_m]^{\mathrm{T}}$，$\overline{1} = [1_1, 1_2, \cdots, 1_m]^{\mathrm{T}}$，$\zeta = [\zeta_1, \zeta_2, \cdots, \zeta_m]^{\mathrm{T}}$。将 ω、ζ 用 α 和 b 表示，可以得到：

$$\begin{bmatrix} 0 & \overline{1}^{\mathrm{T}} \\ \overline{1} & \Omega + \gamma^{-1} I \end{bmatrix} \begin{bmatrix} b \\ \alpha \end{bmatrix} = \begin{bmatrix} 0 \\ v \end{bmatrix}$$

式中，Ω 为一个方阵，其中，第 i 行 j 列的元素表示为：$\Omega_{ij} = \varphi(u_i)^{\mathrm{T}} \varphi(u_j) = K(u_i, u_j)$，$i, j = 1, 2, \cdots, m$。由于矩阵 $\Phi = \begin{bmatrix} 0 & \overline{1}^{\mathrm{T}} \\ \overline{1} & \Omega + \gamma^{-1} I \end{bmatrix}$ 可逆，可以得到 α、b 的解析表达式为：$\begin{bmatrix} b \\ \alpha \end{bmatrix} = \Phi^{-1} \begin{bmatrix} 0 \\ v \end{bmatrix}$，得到最优解 $\alpha = [\alpha_1, \alpha_2, \cdots, \alpha_m]^{\mathrm{T}}$ 和 b。

④构造决策函数。

$$v(u) = \sum_{i=1}^{m} \alpha_i K(u, u_i) + b \qquad (4\text{-}18)$$

由 $\alpha_i = \gamma \zeta$ 可知，在 LSSVR 中的 α 所有元素都不为零，对应训练数据集中地所有数据向量 u_i 都是支持向量。综上所述，LSSVR 比 ε-SVR 更有计算效率，但是 ε-SVR 可以用少量的支持向量来表示决策函数，具有稀疏性，而 LSSVR 让所有的数据向量作为支持向量，以稀疏性为代价获得较高的计算效率。

（2）LSSVR 在 WSN 定位中的优势分析。本章在 SVR 和 LSSVR 中选择后者作为 WSN 节点定位算法有以下几个方面的原因：

①从运算效率来看，SVR 在求解过程中凸优化的问题需要通过二次规划解决，而二次规划是计算密集型的，需要计算存储函数矩阵，其大小与训练样本数的平方有关，内存占有量大。而 LSSVR 将二次规划问题转化成求解一组线性关系式，从而简化成简单的矩阵逆运算。因此，LSSVR 有更高的效率。

②从支持向量的数目上看，LSSVR 采用的是所有学习样本都作为支持向量，对学习样本的回归建模能力有很大的提高。

③从算法参数上看，SVR 是由惩罚参数 C 和不敏感参数 ε 的不同组合来确定模型的复杂度，但是由于训练样本不存在有误差的样本，不会出现超出误差 ε 的样本，使得 ε 失去原有的功能，因此常用的参数寻优方法不适合

WSN 的节点定位,在参数选择上具有一定的难度。LSSVR 是由规则化参数 γ 和核函数参数 σ 来控制拟合误差的,可以通过合适地求取参数的方法来确定节点定位中的较好的参数。

4.2　布谷鸟搜索算法理论

布谷鸟搜索算法(Cuckoo Search Algorithm,CS)是一种新型的自启示智能算法,由 Yang Xin-she 和 DEB 于 2009 年提出,根据观察布谷鸟的繁殖行为,受其启发提出的[①]。随着人们对自然界的观察和学习,类似这种受自然界行为启发研究出的自启示算法还有很多,例如,狼群算法、蚁群算法等。

4.2.1　传统布谷鸟搜索算法介绍

布谷鸟搜索算法是受鸟类繁殖行为的启发而提出的,故为了模拟布谷随机寻找鸟窝产卵的繁殖行为,首先,设定以下三个理想的状态:

(1)布谷鸟每次只可以产一个卵,并寻找一个适合产卵的鸟窝来孵化它,寻找鸟窝是随机的。

(2)随机选择一组鸟窝,将其中最好的鸟窝保留到下一代。

(3)可利用的鸟窝数量 n 是固定的,被鸟窝主人发现并丢弃的概率 p_a $\in [0,1]$,在这三个理想状态的基础上,布谷鸟寻窝的路径和位置更新公式如下:

$$x_i^{t+1} = x_i^t + \alpha \cdot s_L \bigotimes (x_i^t - x_b) \bigotimes r_n \tag{4-19}$$

式中,α 为搜索步长调节因子;x_i^t 为进化到第 t 代时第 i 个鸟窝的坐标;x_b 为历史最优解;CS 算法的搜索策略为莱维飞行,它是一种随机运动,符合重尾分布,随着迭代次数的增加,其方差与迭代次数关系如式(4-20):

$$\sigma^2(t) \sim t^{3-\lambda}, \lambda \in (0,1) \tag{4-20}$$

故与布朗运动相比,莱维飞行在大范围空间搜索效率更高,因为布朗运动的方差与迭代次数呈线性关系。莱维飞行是布谷鸟算法的核心,其飞行步长如式(4-21):

$$s = \frac{\mu}{|\nu|^{\frac{1}{\beta}}} \tag{4-21}$$

---

① 季文军.基于自适应布谷鸟算法优化 DV-Hop 的 WSN 三维节点定位技术研究[D].桂林:桂林理工大学,2015.

式中，μ 和 ν 为正态分布随机数，如式（4-22）；β 一般取值 1.5。

$$\begin{cases} \mu \sim N(0,\sigma_{\mu}^2) \\ \nu \sim N(0,\sigma_{\nu}^2) \end{cases} \tag{4-22}$$

而 σ_{μ} 和 σ_{ν} 实际取值按照式（4-23）：

$$\begin{cases} \sigma_{\mu} = \left\{ \dfrac{\Gamma(1+\beta)\sin\left(\dfrac{\pi\beta}{2}\right)}{2^{\left(\frac{\beta-1}{2}\right)}\Gamma\left[\dfrac{(1+\beta)}{2}\right]\beta} \right\}^{\frac{1}{\beta}} \\ \sigma_{\nu} = 1 \end{cases} \tag{4-23}$$

  针对布谷鸟算法的研究已经有了一定的成果，它主要可以解决寻找某个函数的最优解问题，故应用其优化的问题转化为某个函数的 NP 问题解决问题是关键。Majid Aryanezhad 等人运用布谷鸟算法测试了一些布谷鸟算法优化基准测试函数，体现了其优化的优越性。大多数的应用都是通过对布谷鸟算法改进，以满足研究者的实际研究需求。

4.2.2 布谷鸟搜索算法的改进

  经过对前人研究的仔细揣摩，针对布谷鸟的改进，主要分为以下三个方面：

  （1）对步长的改进研究：布谷鸟的搜索步长与莱维飞行相关。

  （2）对参数 β 的改进研究：在布谷鸟算法中按不同的要求，可取不同的值，一般取值为 1.5。

  （3）对参数 p_a 的改进研究：在布谷鸟算法中一般取值为 0.25。也可按实际需求取合适的值。

  Patchara Nasa-ngium 等人研究了基于差分进化的布谷鸟搜索算法，增加两个带权值的差来对种群进行变异，从而提高了种群的多样性，增强了全局搜索能力；Patchara Nasa-ngium 等人提出了粒子群算法改进布谷鸟算法的方法，利用粒子群算法的粒子更新策略更新鸟窝，这样既保持了搜索的随机性，又降低了搜索过程中的盲目性，加快了算法的收敛速度，也不会陷入局部最优，仿真实验表明，算法的稳定性也很强。

  由于布谷鸟算法的全局搜索能力很强但其收敛速度很慢，本节针对这个问题，对传统的布谷鸟算法进行了改进，使其在寻求最优解时具有自适应性。关于布谷鸟搜索算法的自适应步长改进已有了一些研究成果，在寻优过程中，根据实际情况，自动地调整搜索步长，对于最优位置和其余鸟窝位置距离较远时，加长步长，反之则缩短步长，步长的更新策略如式（4-24）：

$$step_i = step_{min} + (step_{max} - step_{min}) \frac{\| n_i - n_{best} \|}{d_{max}} \qquad (4\text{-}24)$$

式中，$step_{min}$ 为最小步长；$step_{max}$ 为最大步长；n_i 为第 i 个鸟窝的位置；n_{best} 为最佳鸟窝的位置；d_{max} 为最佳鸟窝位置到其余鸟窝位置的最大值。在迭代过程中，步长将随着最优解与鸟窝位置的距离自动调整搜索步长，大大加快了布谷鸟算法的收敛速度。

本节提出一种改进方法是基于自适应步长布谷鸟算法的基础上改变参数 β 的值和提出一种新的遗弃被发现的鸟窝的位置策略。

在布谷鸟搜索算法中，因为莱维飞行有时会突然变大步长，从而跳出了最优解的范围，找到了次优解，这不是我们所需要的，故在自适应步长中，利用参数 β 对步长的影响，给参数 β 设置阈值，在研究中发现当 β 在 0.8 到 1.8 之间时，步长较为合理。

在鸟巢进化的过程中，鸟巢有一定的概率会被发现，传统的布谷鸟算法中，被发现的鸟巢将会被淘汰，然而这种淘汰机制直接影响了种群的多样性，在定位前期应保证种群的多样性，淘汰概率应该较小，尽可能多地保存种群的多样性，即最大可能地保存最优解。而在迭代的过程中，改变 p_a 的值，使其在迭代的过程中，越往后期越大，快速地抛弃不良鸟巢，加快收敛速度。p_a 随迭代的更新策略如式（4-25）：

$$p_a = 1.1 - 2.8^{\left(-\sqrt{\frac{k}{k_{max}}}\right)} \qquad (4\text{-}25)$$

式中，k 为当前迭代次数；k_{max} 为设定的最大迭代次数。

在遗弃鸟巢的过程中很可能把最优解也遗弃掉，得到的只能是次优解，故在遗弃鸟巢的过程中采取一个策略按概率回收鸟巢。可以很有效地回收可能被抛弃的最优解。回收策略如式（4-26）：

$$\begin{cases} X_{t,new}^k = X_{best}^k + randn(0, 0.001), 0 \leqslant r \leqslant 0.9 \\ X_{t,new}^k = X_{t,bd}^k, 0.9 < r \leqslant 1 \end{cases} \qquad (4\text{-}26)$$

4.3　DV-Hop 理论

APS(Ad Hoc Position System)是 DV-Hop、DV-Radial、DV-Distance、DV-Bearing、DV-Euclideane 以及 DV-Coordinate 六种无需测距的定位算法的总称，它是由 Dragos Niculescu 等研究人员在美国路泰格斯大学提出的。目前为止，DV-Hop 定位算法是其中应用最为广泛，研究最为成熟的定位算法。作为无需测距的定位算法，其不需要添加其他的硬件设施来参与定位，只是依赖于传感器网络中的连通性；这种定位算法还是一种分步式的定位算法,所以节点在传播数据信息的同时,也都在计算着自身的位置坐标[①]。

4.3.1 DV-Hop 定位算法的原理

DV-Hop 算法的基本思想是通过距离矢量交换协议,信标节点向网络中它的各个邻居节点以泛洪的方式广播一个数据包,该数据包中包括锚节点的标识,锚节点的位置坐标以及锚节点到该信息接收节点的跳数,初始值为 1,接着该信息接收节点将跳数加一,其他数据不变,将数据包广播到它的邻居节点,通过这简单地计算,可以测得各节点之间的最小跳数。各个信标节点在获得与其他信标节点跳数和距离后,可以得到网络中的平均每跳距离,未知节点到信标节点的距离可以由跳数和平均每跳距离之积估算出来。最后,若未知节点获得 3 个到信标节点或者 3 个以上到信标节点的距离之后,利用三边测量法、双曲线法、最小二乘法或极大似然估计法等定位方法进行自身定位。DV-Hop 定位算法的定位过程可分为以下几步:

(1)得到各节点对之间的最小跳数。信标节点向自己的相邻节点广播信标消息。信标消息包含用于存储的每个节点对之间的最小跳数的值和一个参数的坐标。参数的初始值是 0。当消息被发送一次,该参数的值增加 1。我们可以得到一个锚节点和其他信标节点的坐标,我们也知道了信标节点之间的最小跳数。可以使用式(4-27)来计算平均单跳距离。

$$averagehop = \frac{D_{ij}}{h_{ij}} \tag{4-27}$$

如图 4-3 所示,L1、L2 和 L3 是信标节点。于是知道了 L1、L2 和 L3 的坐标,可以计算它们之间的欧式距离。还可以得到每个信标节点对之间的最小跳数。然后我们可以使用式(4-27)来计算每个信标节点的平均单跳距离,得到:

$$averagehop = \frac{50 + 40}{5 + 2} \tag{4-28}$$

(2)信标节点广播包含平均单跳距离到网络的消息,并且未知节点还广播该消息。未知节点使用平均单跳距离。

---

① 季文军.基于自适应布谷鸟算法优化 DV-Hop 的 WSN 三维节点定位技术研究[D].桂林:桂林理工大学,2015.

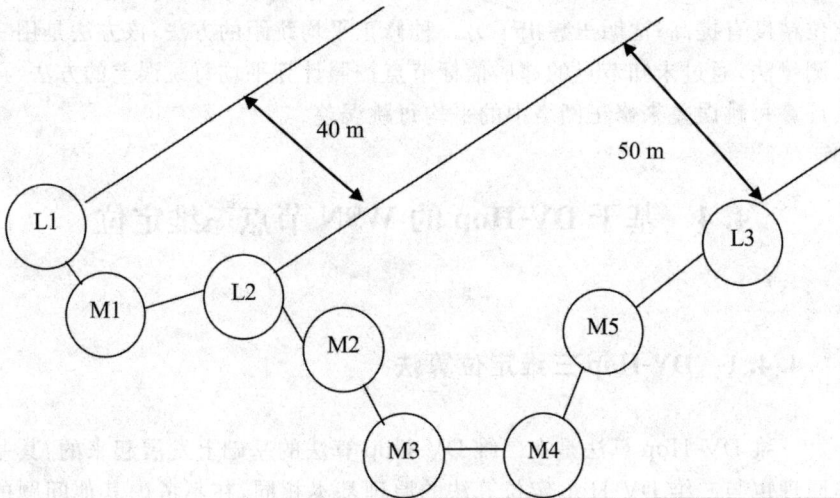

图 4-3　节点分布示意图

（3）当未知节点接收的单跳的值从第（2）步得到，并获得它们与信标节点之间最小跳数的值，就可以计算出未知节点和信标节点之间的可能距离。最后，我们可以使用多点定位技术来计算未知节点的位置。

4.3.2　DV-Hop 定位算法优缺点

DV-Hop 作为一种被广泛应用的无需测距的定位算法有着它特有的优势：

（1）算法实现简单，简单易懂，算法可行性很强。

（2）对硬件要求很低，不需要多余的基础设施参与定位。

（3）功耗小，节点间需要传递的信息很有限。

（4）可扩展性强，节点的随时加入，对算法都不会影响太大。

（5）定位精度较高，相比于其他的无需测距定位算法有较高的精度。

同样 DV-Hop 也存在一定的缺点：针对 DV-Hop 定位算法存在误差的改进，前人做出了一些成果，如温江涛等人研究了基于 RSSI 的针对跳数分级修正的定位精度改进，通过仿真实验表明算法简单，易于实现，且对定位精度有提升；刘毓等人提出了将 DV-Hop 定位算法结合概率统计方法改进方法，这种方法提高了定位精度；胡伟等人提出了针对三维 DV-Hop 定位算法的一种修正平均跳距的方法，仿真实验得出结论，该方法很大程度地提升了定位精度；刘少飞提出了一种基于平均跳距估计和位置修正的 DV-

Hop 定位算法,针对平均跳距做出了修正,通过仿真实验表明,这种方法对定位精度有提高;沈明玉想出了另一种修正平均跳距的方法,该方法是用三边测量法,通过未知节点的邻居信标节点按照计算平均每跳误差的方法,再次计算每跳误差来修正网络中的平均每跳误差。

4.4 基于 DV-Hop 的 WSN 节点三维定位

4.4.1 DV-Hop 三维定位算法

三维 DV-Hop 算法是在二维 DV-Hop 算法的基础上发展起来的,其基本原理也与二维 DV-Hop 定位算法的原理基本相同,在不考虑其他问题的情况下,可以直接将三维坐标代替二维坐标,其他参数不变,就可以完成定位[1]。三维 DV-Hop 算法的研究比二维 DV-Hop 算法更有意义,因为其更符合实际的需求。其算法过程也分为三个步骤。

4.4.1.1 三维 DV-Hop 算法的定位过程

就基本原理而言,三维 DV-Hop 定位算法和二维的是一样的。故其具体步骤如下:

(1)得到各节点对之间的最小跳数:信标节点向自己的相邻节点广播信标消息。信标消息包含用于存储的每个节点对之间的最小跳数的值和一个参数的坐标。参数的初始值是 0。当消息被发送一次,该参数的值增加 1。从而得到各节点间的最小跳数。

(2)在广播的数据包中,包含了锚节点的自身坐标和节点的 ID 号,利用公式(4-29)可计算得到网络中的平均每跳距离:

$$c_i = \frac{\sum\limits_{j \neq i} \sqrt{(x_i - x_j)^2 + (y_i - y_j)^2 + (z_i - z_j)^2}}{\sum\limits_{j \neq i} h_{ij}} \qquad (4\text{-}29)$$

式中,(x_i, y_i, z_i)、(x_j, y_j, z_j) 为锚节点的坐标;h_{ij} 为锚节点 i 和 j 间的最小跳数。

---

① 季文军.基于自适应布谷鸟算法优化 DV-Hop 的 WSN 三维节点定位技术研究[D].桂林:桂林理工大学,2015.

（3）用四边测量法计算未知节点的估计位置坐标：

假设有一个未知节点 a 坐标为 (x,y,z) 测得其与 n 个锚节点连通，而第 j 个锚节点的坐标为 (x_j,y_j,z_j)，d_i 为第 j 个锚节点与目标定位未知节点之间的距离，故可选取其中四个锚节点坐标和未知节点到它们的距离，得如下方程组：

$$\begin{cases} (x_1-x)^2+(y_1-y)^2+(z_1-z)^2=d_1^2 \\ (x_2-x)^2+(y_2-y)^2+(z_2-z)^2=d_2^2 \\ (x_3-x)^2+(y_3-y)^2+(z_3-z)^2=d_3^2 \\ (x_4-x)^2+(y_4-y)^2+(z_4-z)^2=d_4^2 \end{cases} \quad (4-30)$$

未知节点 u 的坐标是式（4-30）的解：

$$X=(A^{\mathrm{T}}A)^{-1}A^{\mathrm{T}}b \quad (4-31)$$

其中，

$$b=\begin{bmatrix} x_1^2-x_4^2+y_1^2-y_4^2+z_1^2-z_4^2+d_4^2-d_1^2 \\ x_2^2-x_4^2+y_2^2-y_4^2+z_2^2-z_4^2+d_4^2-d_2^2 \\ x_3^2-x_4^2+y_3^2-y_4^2+z_3^2-z_4^2+d_4^2-d_3^2 \end{bmatrix} \quad (4-32)$$

$$A=\begin{bmatrix} 2(x_1-x_4) & 2(x_2-x_4) & 2(x_3-x_4) \\ 2(y_1-y_4) & 2(y_2-y_4) & 2(y_3-y_4) \\ 2(z_1-z_4) & 2(z_2-z_4) & 2(z_3-z_4) \end{bmatrix} \quad (4-33)$$

$$X=\begin{bmatrix} x \\ y \\ z \end{bmatrix} \quad (4-34)$$

4.4.1.2　传统三维 DV-Hop 的不足

传统的三维 DV-Hop 定位算法在实际定位过程中存在一些不足，其局限性包括：

（1）障碍物造成的网络空洞。在实际定位过程中，障碍物的出现是不可避免的，在两传感器节点之间如果存在障碍物，那么信号在传递的过程中会减弱，甚至阻隔。

（2）不良节点的存在。孤立的未知节点，即周围不存在其他的节点，位置过偏，使得它完全游离于整个传感器网络之外；孤立的锚节点，即在通信半径内只存在少于或等于三个锚节点，如果存在这种情况，那么它周围的未知节点将无法定位，就出现了未知节点群；当超过四个锚节点处于一个或接近形成一个平面时，用这些锚节点定位的未知节点将存在很大的误差。

（3）通信开销。无线传感器网络是一个低功耗的网络，这一特点是由无线传感器节点的特性决定的，其低廉的成本决定了其硬件方面存在缺陷，有限的能量存储是缺陷之一,所以,控制和尽量节约传感器网络的通信开销非常重要,它的有效控制和节约可以延长整个无线传感器网络的使用寿命。

(4)平均每跳的估计值。网络中如何选择平均跳距,对算法的定位精度影响很大,无论使用怎样的方法计算网络中的平均每跳的距离,都会存在定位误差,故如何尽量地减少平均跳距的误差是成功定位的关键。

(5)传统的三维 DV-Hop 定位算法和很多的定位算法一样,对网络拓扑有一定的要求,良好的网络拓扑对定位精度的提升有很大的帮助,如节点分布密集且均匀的网络。

4.4.2　DV-Hop 三维定位算法改进策略

4.4.2.1　三维 DV-Hop 定位算法的关键问题

针对以上不足,一些关键问题已经明朗:

(1)在部署锚节点时,以障碍物为中心,对空间区域先分成四块,然后在分块的空间区域中均匀布置锚节点个数从而减少不良节点;在定位过程中,使用一个参数控制对锚节点的选取,选择符合条件的锚节点对未知节点定位,从而减少定位误差。

(2)减少通信开销,控制 DV-Hop 的第一次泛洪广播,让一个节点避免重复向另一个节点传播数据,这对节点也是一种很好的保护方式,还可以延长节点的使用寿命。

(3)设置节点优先级,将可由锚节点定位的未知节点定义为一级节点,在之后的定位过程中,如未找到符合条件的锚节点对未知节点进行定位计算,可根据实际需要,将一级节点当作备用的锚节点参与定位,其参与定位计算出来的未知节点则为二级节点,以此类推可分为三级、四级等节点,直到所有未知节点都被定位。

(4)在 DV-Hop 中,平均跳距的计算对定位误差的影响很大,故在计算平均每跳距离时,应当考虑怎样修正每跳距离,减少定位误差,提高定位精度。

4.4.2.2　改进策略

(1)控制泛洪广播。每个节点先向自己的一跳节点广播数据,然后把所有邻居节点的 ID 记录下来,产生该节点的邻节点集用 $\{ID_1, ID_2, \cdots, ID_n\}$ 来表示;然后每个节点作为监测节点可构建一个信息表 $\{ID_i \{ID_1, ID_2, \cdots, ID_n\}\}$,即表示监测点 i 的邻居节点集合;所有锚节点的相邻节点都开通,未知节点则把点集中与自己具有相同 ID 的 ID 号闭合,其中被重复记为闭合的 ID 保存为半闭合,其余的 ID 则记为开通;在第一次泛洪广播中,每个接收到数据包的节点只转发数据包则记为开通和半闭合的相邻节点,如果半闭合的节点收到多个数据包时,只保留最先收到的数据包。在第二次泛洪广播中,所有节点只把接收到的数据包传递给记为开通的邻节点。为了使这种泛洪广播更加可靠,在将所有节点成功收到分组后,增加一个包含简单信息的应答包回应,表示其已经成功收到了分组信息。

(2)控制网络拓扑。由式(4-30)可知,$A^{\mathrm{T}}A$ 必须是可逆的,当 $|A^{\mathrm{T}}A|=0$ 或 $|A^{\mathrm{T}}A|\approx 0$ 时,矩阵将会出现多重共线性现象,即在矩阵 A 中出现准确的线性关系或近似线性关系,其几何意义为四个锚节点在一个平面上或者接近处于一个平面上,这也是不良节点产生的原因之一,对定位精度有影响,产生很大的定位误差,特别是本节针对未知节点定位使用的是四边测量法,在节点的部署中若存在完全的多重共线性现象时,四边测量法将会完全失效。然而仅仅存在不完全多重共线性现象时,尽管还是可以对未知节点进行定位计算,但其计算出来的值是不稳定的,同时估计值的方差将变大,变大的程度则取决于多重共线性的严重程度。为了避免这种情况发生,选择适当的锚节点非常重要,在三维空间中四信标节点的多重共线性程度则可以用四面体的网格质量来评价。

对四面体质量的判断准则有很多,如最小立体角、半径比、系数 Q 等,在此选用系数 Q 评判四面体的质量。

$$Q = C_d \frac{V}{\left[\displaystyle\sum_{1 \leqslant i < j \leqslant 4} l_{ij} \right]^3} \tag{4-35}$$

式中,V 为由四个锚节点 A、B、C、D 构成的一个四面体的体积;l_{ij} 为四面体的六条棱长之一;$C_d = 1\,832.820\,8$ 是一个常数,这参数只是为了使四面体质量的度量值为 $1.0 \leqslant Q \leqslant 1$,当 $Q \to 0$ 时,四个锚节点接近共面。

(3)修正平均每跳距离。如果和传统的三维 DV-Hop 定位算法一样,用第一个锚节点到最后一个锚节点之间的距离计算平均每跳距离,各个节点之间的距离必然存在差异,定位误差会比较大,所以,必须有一个方法修正平均每跳误差时,由上一小节可知,在本节对未知节点的定位计算时,需要选取四个锚节点,这里使用这四个锚节点之间的距离修正平均每跳距离,可以很有效地改善 DV-Hop 定位算法在平均跳距上的误差,具体的方法如下:

$$s_i = \frac{\displaystyle\sum_{i \neq j} \left| c_i \cdot h_{ij} - \sqrt{(x_i - x_j)^2 + (y_i - y_j)^2 + (z_i - z_j)^2} \right|}{h_{ij}} \tag{4-36}$$

式中，c_i 为锚节点 i 的平均跳距；h_{ij} 为信标节点 i 和 j 之间的跳数；s_i 为平均每跳距离的修正值；锚节点 i 和锚节点 j 是四个选定的锚节点按照序列顺序的第一个锚节点和最后一个锚节点。故估算得到两节点之间的距离为 $d = (c_i + s_i) \cdot h$。h 为需要定位的未知节点到参与定位的锚节点之间的跳数。

4.4.3 基于 DV-Hop 的 WSN 节点三维定位实现

通过对改进具体方法的介绍，整合传统的 DV-Hop 定位算法，具体的实现步骤分为如下几步：

(1)初始化参数和场景，在本节的仿真场景中，设定无线传感器节点总数为 100 个，将所有传感器节点放置在 100 m×100 m×100 m 的三维立体空间，空间中存在一个 10 m×10 m×10 m 的障碍物。在初始化时，将这个三维立体的空间中分成四块区域，随机生成 200 个传感器节点，其中将 50 个信标节点均匀放置在四块区域内，150 个未知节点随机放置，设置 Q 值的最小值。

(2)获得各节点之间的最小跳数，每一个信标节点都将生成一个数据包 $\{ID, Hopnum, x_i, y_i, z_i\}$。Hopnum 即为未知节点与信标节点之间的跳数，初值设定为 0。每个信标节点的邻居节点都可以接收到该信标节点发出的数据包，并将收到的数据包中的跳数自动加 1；接收到不同的信标节点的数据包时，其中的跳距也不一定相同，为保证得到最小跳数，舍弃较大的跳数的数据包信息，保存较小的跳数的数据包信息。(x_i, y_i, z_i) 表示空间中信标节点的坐标。

(3)使用式(4-29)计算每跳的距离。

(4)选择四个信标节点来对其中任一信标节点一跳以内的未知节点进行定位，然后根据式(4-35)计算 Q 值，看这四个信标节点是否大于 Q 值的最小值，若满足则进行第(5)步；若不满足则重新选取，直到可以取到符合条件的信标节点组合，接着进行第(5)步，若有未知节点穷尽所有组合都没有符合条件的信标节点组合，则放弃对这个未知节点的定位，然后结束。

(5)修正平均每跳距离，先由式(4-29)得到每跳的平均距离，为了降低误差，将 DV-Hop 算法中的估算距离减去欧氏距离的差除以两传感器节点之间的跳数，便可以得到一个每跳距离的修正值，即式(4-36)，再用每跳的距离修正值修正两锚节点之间每跳的平均距离。

(6)用四边测量法计算未知节点的坐标，修正后的平均每跳距离与两传感器节点之间的跳数之积便是两传感器节点之间的最终估算距离。由式(4-31)～式(4-34)可以计算出未知节点的坐标。

（7）将定位完成的定位节点升级为新的信标节点并返回第（4）步。

如图 4-4 为改进的三维 DV-Hop 定位算法的流程图。

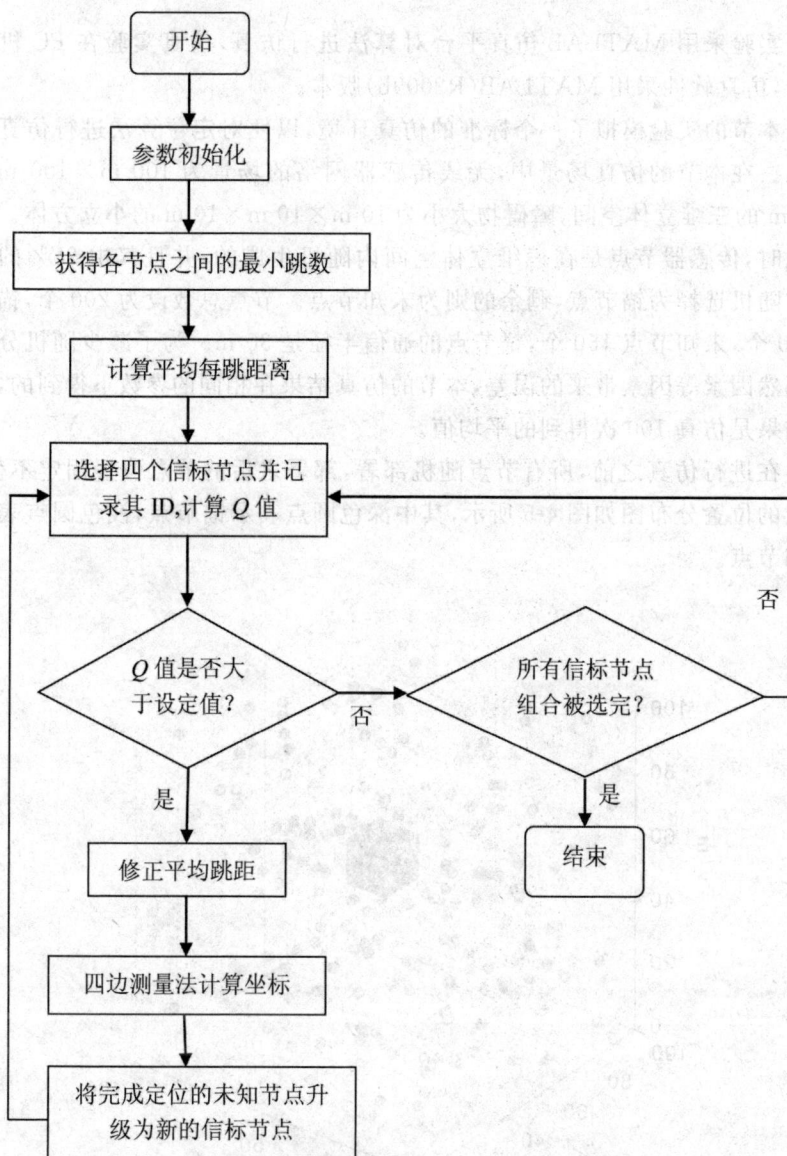

图 4-4　改进的三维 DV-Hop 定位算法的流程图

4.4.4 实验仿真及结果分析

4.4.4.1 仿真实验的初始参数设置

实验采用 MATLAB 仿真平台对算法进行仿真,仿真实验在 PC 机上进行,仿真软件采用 MATLAB(R2009b)版本。

本节的实验模拟了一个标准的仿真环境,以便对定位算法进行仿真和对比。在本节的仿真场景中,无线传感器网络的场景为 100 m×100 m×100 m 的三维立体空间,障碍物大小为 10 m×10 m×10 m 的小立方体。初始化时,传感器节点是在三维立体空间内随机生成的,并且其中 25% 的节点被随机选择为锚节点,剩余的则为未知节点。节点总数设为 200 个,锚节点 50 个,未知节点 150 个,锚节点的通信半径是 30 m。为了减少随机分布和偶然因素等因素带来的误差,本节的仿真结果在相同的参数下得到的,仿真结果是仿真 100 次得到的平均值。

在进行仿真之前,所有节点随机部署,部署之后的节点位置固定不变。节点的位置分布图如图 4-5 所示,其中深色圆点表示锚节点,浅色圆点表示未知节点。

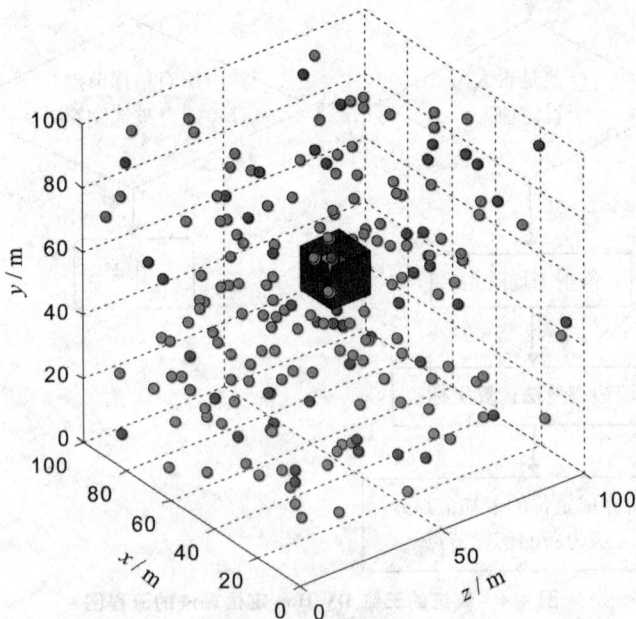

图 4-5 节点的位置分布图

接着通过仿真实验总结多重共线性的参数值设置变化对不良节点比例的影响;然后从锚节点个数、通信半径、节点总个数和各未知节点定位误差这几个方面来比较传统的三维 DV-Hop 和改进的三维 DV-Hop 的定位效果。

4.4.4.2　不良节点比例图

Q 值是一个控制网络拓扑的参数,从图 4-6 中的曲线可以看出,当 $Q=0$ 时,不良节点比例为 50%,当 $Q=0.1$ 时,不良节点比例为 9%,说明 Q 值的设定很好地控制了不良节点的产生,从而对定位误差产生一定的影响,但是当 Q 值达到 0.1 后继续增大时,不良节点的比例基本不变,而且,Q 值的增大意味着选取定位所需的信标节点的要求变得苛刻,当 Q 值过大时,可能找不到合适的信标节点组合对未知节点进行定位,会大幅度地降低定位的成功率,反而不适合实际的应用,所以 Q 值的选择应该合理,其作用只是为了控制不良节点。当考虑定位成功率和不良节点的比例后,Q 值取 0.1是最合理的。故在后面的仿真实验中均取 0.1。

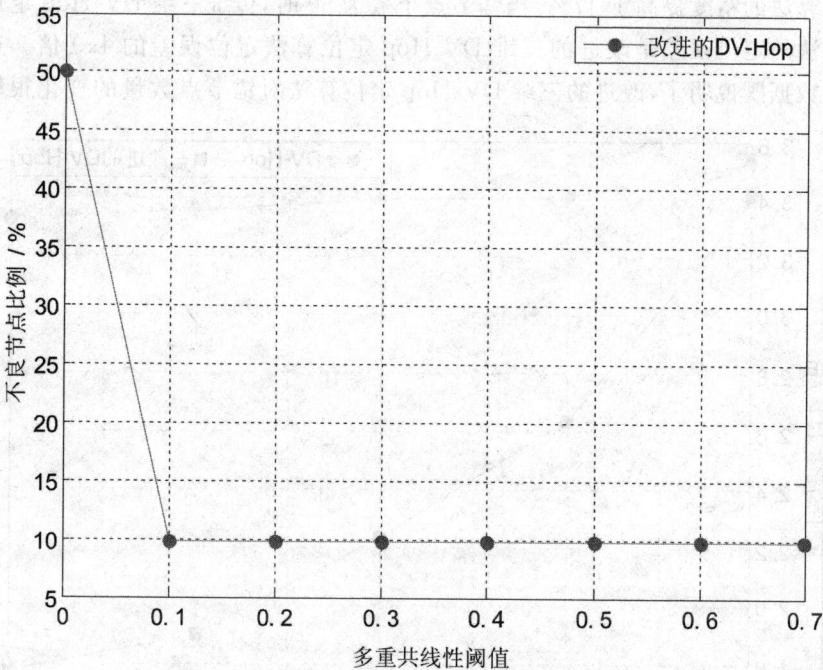

图 4-6　多重共线性与平均定位误差的关系

4.4.4.3　锚节点个数对定位误差的影响

锚节点的个数是影响定位误差的大小的一个重要因素。随着锚节点数目的增多,定位误差变小,定位精度就会越高,反之,定位误差则越大,定位会精度减小。然而随着锚节点数目的增多,无线传感器网络中的硬件成本会增高,功耗也会变大,这些客观因素就限制了锚节点的个数。对于定位精度和这些因素的矛盾,就需要找到一个平衡点,选择一个合适的定位算法,使得在满足定位精度要求的情况下尽可能地减少锚节点的个数。图 4-7 表示无线传感器节点的通信半径为 30 m,总节点个数为 200 时,锚节点的个数和平均定位误差之间的关系图。图中带圆圈的曲线代表传统三维 DV-Hop 定位算法的锚节点个数与平均定位误差的关系,带方框的曲线代表改进的三维 DV-Hop 定位算法的锚节点个数与平均定位误差的关系,从两条曲线的走势可以看出,平均定位误差会随着锚节点个数的增加而降低,然而传统的三维 DV-Hop 定位算法随着锚节点个数的增加,平均定位误差减少的并不明显,改进的三维 DV-Hop 定位算法随着锚节点个数的增加,平均定位误差减少的很明显,在锚节点个数从 10 个增长到 50 个的过程中,传统的三维 DV-Hop 定位算法的精度提高了 0.6%,而改进的三维 DV-Hop 定位算法的精度提高了 47%,当锚节点个数为 50 时,传统三维 DV-Hop 定位算法的定位误差是改进的三维 DV-Hop 定位算法定位误差的 1.9 倍。这些数据既说明了,改进的三维 DV-Hop 定位算法对锚节点数量的变化很敏

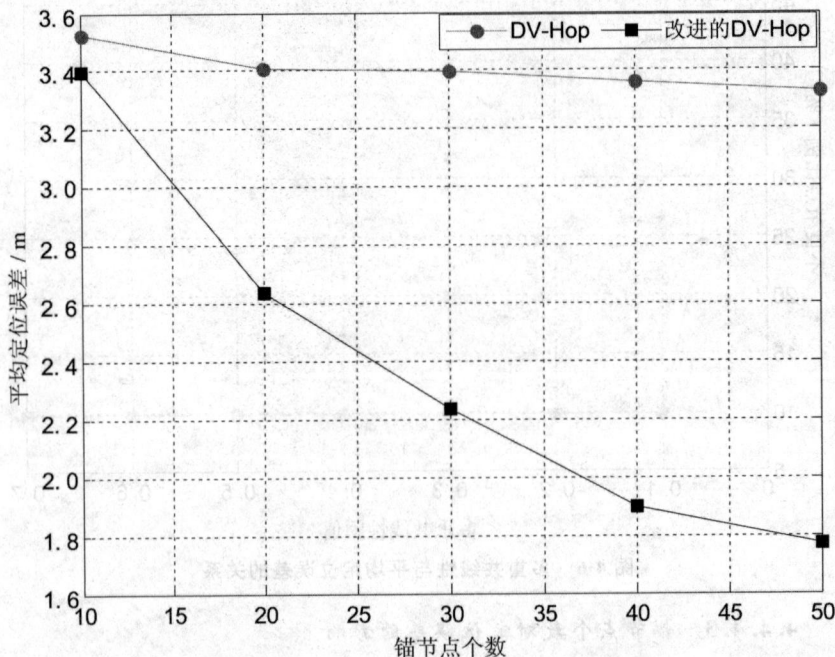

图 4-7 平均定位误差与锚节点个数之间的关系图

感,也说明了改进的三维DV-Hop 定位算法的定位效果优于未改进的三维 DV-Hop 定位算法,传统的三维 DV-Hop 定位算法使用 50 个锚节点达到的定位精度,改进的三维 DV-Hop 定位算法只需要 10 个,而当锚节点的使用个数超过 10 个后,改进的三维 DV-Hop 定位算法的定位精度远远高于传统的三维 DV-Hop 定位算法。所以,在相同的精度要求下,改进的三维 DV-Hop 定位算法使用的锚节点个数少于未改进的三维 DV-Hop 定位算法,显著地降低了定位成本。

4.4.4.4　通信半径对平均定位误差的影响

无线传感器节点通信半径的大小对定位误差的影响很大。图 4-8 表示锚节点个数为 50,总节点个数为 200 时,平均定位误差与通信半径的关系图。图中带圆圈的曲线代表传统三维 DV-Hop 定位算法的通信半径与平均定位误差的关系,带方框的曲线代表改进的三维 DV-Hop 定位算法的通信半径与平均定位误差的关系,从图中可知通信半径从 10 m 增长到 50 m 时,传统三维 DV-Hop 定位算法的精度提高了 26%,改进的三维 DV-Hop 定位算法精度提高了 53%,而在通信半径为 50 m 时,改进的三维 DV-Hop 定位算法的定位误差是传统三维 DV-Hop 定位算法定位误差的 55%。通

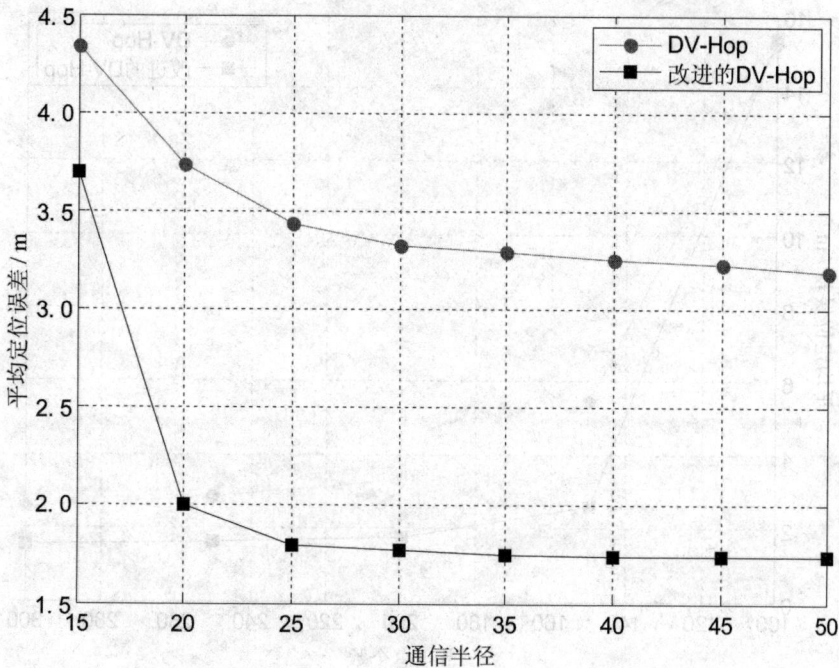

图 4-8　平均定位误差与通信半径之间的关系

信半径在DV-Hop定位算法中对其定位精度影响很大的原因是它是基于距离矢量路由的定位算法,很依赖于传感器网络的连通度,通信半径越大,连通度越好,节点的覆盖区域越大,可测得的邻居节点就越多,邻居节点中存在的锚节点个数的可能性会增大,故定位误差就会越小,定位的精度就会越高。从图中的两条曲线还可分析得出,两种DV-Hop定位算法随着通信半径的持续增大,定位误差会趋于稳定,而在通信半径在 15 m 增大到 25 m 的过程中,定位精度提升得较快,故无限增大通信半径没有太大意义。改进的三维 DV-Hop 定位算法在相同的通信半径下,平均定位误差远远小于传统的三维 DV-Hop 定位算法,故改进的三维 DV-Hop 定位算法在通信半径这个性能指标上定位效果优于传统的三维 DV-Hop 定位算法。

4.4.4.5　节点总个数与定位误差

在仿真空间大小不变,信标节点占所有节点的百分比为 25%,通信半径为 30 m,总节点个数从 100 个开始,以 50 个为步长递增到 300 个的情况下,平均定位误差和节点总个数的关系如图 4-9 所示,图中带圆圈的曲线代表传统的三维 DV-Hop 定位算法的节点总个数与平均定位误差的关系,带方框的曲线代表改进的三维 DV-Hop 定位算法的节点总个数与平均定位

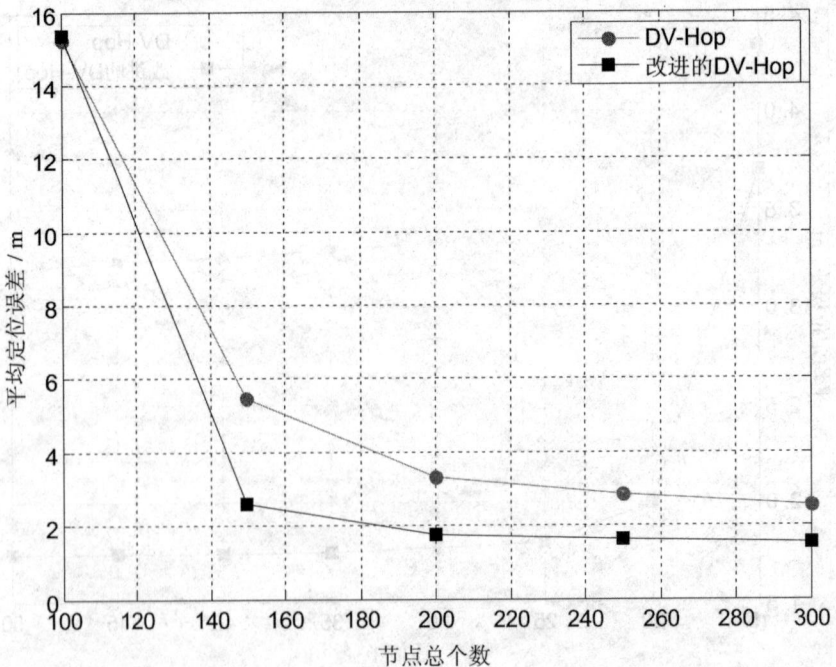

图 4-9　节点总个数与平均定位误差的关系

误差的关系,由这两条曲线可分析得,随着节点总数的增长,平均定位误差在减小,其中,传统的三维 DV-Hop 定位算法的精度提高了 83%,改进的三维 DV-Hop 定位算法的精度提高了 90%,而在总节点个数为 300 时,改进的三维 DV-Hop 定位算法的定位误差是传统的三维 DV-Hop 定位算法定位误差的 60%。由于节点总数的增长,在空间不变、信标节点占节点总数的百分比不变和通信半径不变等其他参数不变的情况下,单位空间内节点的平均密度在增大,信标节点的邻居节点在变多,从而平均每跳距离的误差在减小,故平均定位误差在减小;故在相同总节点个数相同的情况下,改进的三维 DV-Hop 定位算法的定位效果更好,换言之,相对于传统的三维 DV-Hop 定位算法,在保证满足定位精度的情况下,改进的三维 DV-Hop 定位算法可以使用更少的节点。

4.4.4.6　各未知节点定位误差

图 4-10 是节点总个数为 200,通信半径为 30 m,锚节点个数为 50 个时,传统的三维 DV-Hop 定位算法和改进的三维 DV-Hop 定位算法的各未知节点定位误差图。显然,改进的三维 DV-Hop 定位算法的整体定位效果优于传统的三维 DV-Hop 定位算法。

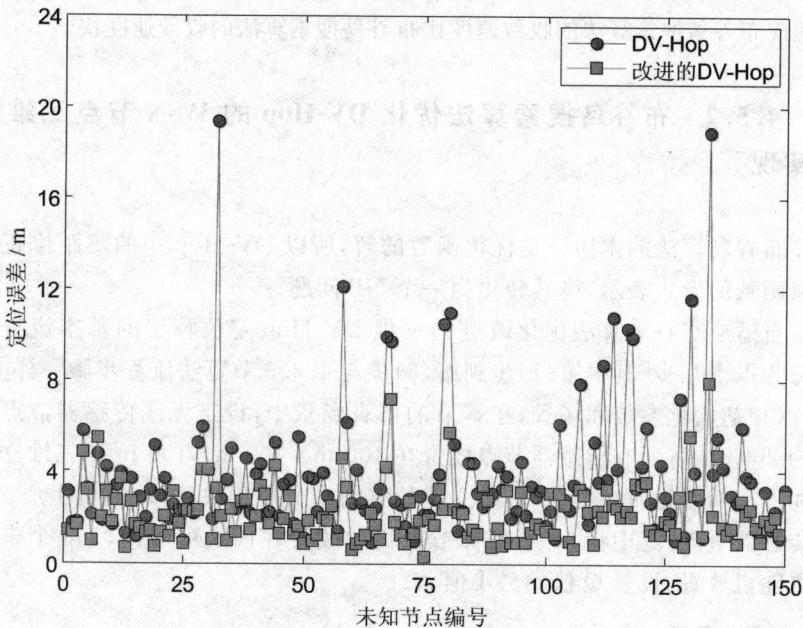

图 4-10　各未知节点定位误差图

4.5 基于布谷鸟搜索算法优化 DV-Hop 的 WSN 节点三维定位

4.5.1 自适应布谷鸟算法优化 DV-Hop 三维定位基本原理

针对布谷鸟搜索算法的步长和淘汰机制的改进,本节提出了自适应的布谷鸟搜索算法,接着通过一个测试函数,比较两种算法的收敛性[①]。取式(4-37)作为测试函数。

$$f(x) = 10d + \sum_{i=1}^{d} \left[x_i^2 - 10\cos(2\pi x_i) \right] \tag{4-37}$$

基本参数设置如下:维度为 20,搜索范围为 $[-5.12, 5.12]$,目标精度取 200,迭代次数 100;步长阈值 $\beta \in [0.8, 1.8]$,仿真结果如图 4-11 所示。

图 4-11 中,带圆圈的曲线代表了布谷鸟搜索算法对函数 f 求最优解的曲线,带方框的曲线代表了自适应布谷鸟搜索算法对函数 f 求最优解的曲线,随着迭代次数的增加,带方框的曲线总是在带圆圈的曲线下方,正说明了自适应布谷鸟搜索算法的收敛速度比布谷鸟搜索算法的收敛速度快。

4.5.2 布谷鸟搜索算法优化 DV-Hop 的 WSN 节点三维定位实现

布谷鸟算法的本质还是优化函数的解,所以 DV-Hop 中的跳距修正可以以函数的形式表示,将其转化为一个 NP 问题。

自适应布谷鸟算法优化改进的三维 DV-Hop 定位算法的基本流程主要分为以下几步[其中第(1)步到第(6)步与 4.4.3 节算法流程步骤一样]:

(1)初始化参数和场景,在本节的仿真场景中,设定无线传感器节点总数为 200 个,将所有传感器节点放置在 100 m×100 m×100 m 的三维立体空间。在初始化时,将这个三维立体的空间中分成四块区域,随机生成 200 个传感器节点,其中将 50 个信标节点均匀放置在四块区域内,150 个未知节点随机放置,设置 Q 值的最小值。

---

① 季文军.基于自适应布谷鸟算法优化 DV-Hop 的 WSN 三维节点定位技术研究[D].桂林:桂林理工大学,2015.

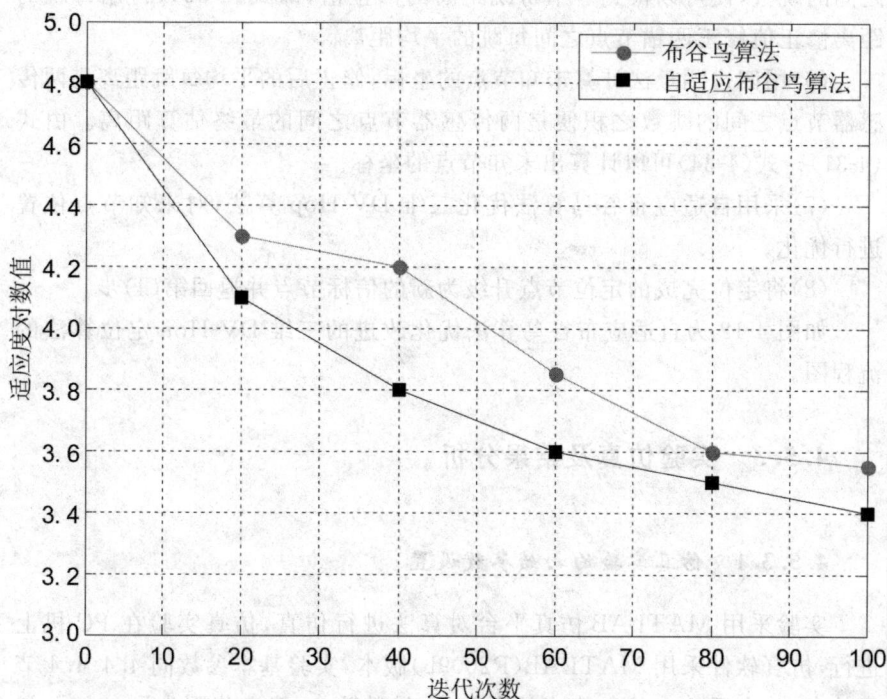

图 4-11　函数 f 函数值的进化曲线

　　(2)获得各节点之间的最小跳数,每一个信标节点都将生成一个数据包 $\{ID, Hopnum, x_i, y_i, z_i\}$。Hopnum 即为未知节点与信标节点之间的跳数, 初值设定为 0。每个信标节点的邻居节点都可以接收到该信标节点发出的 数据包,并将收到的数据包中的跳数自动加 1;接收到不同的信标节点的数 据包时,其中的跳距也不一定相同,为保证得到最小跳数,舍弃较大的跳数 的数据包信息,保存较小的跳数的数据包信息。(x_i, y_i, z_i) 表示空间中信 标节点的坐标。

　　(3)使用式(4-29)计算每跳的距离。

　　(4)选择四个信标节点来对其中任一信标节点一跳以内的未知节点进 行定位,并记录四个信标节点的 ID,不得重复使用,然后根据式(4-35)计算 Q 值,看这四个信标节点是否大于 Q 值的最小值,若满足则进行第(5)步; 若不满足则重新选取,直到可以取到符合条件的信标节点组合,接着进行第 (5)步,若有未知节点穷尽所有组合都没有符合条件的信标节点组合,则放 弃对这个未知节点的定位,然后结束。

　　(5)修正平均每跳距离,先由式(4-29)得到每跳的平均距离,为了降低 误差,将 DV-Hop 算法中的估算距离减去欧氏距离的差除以两传感器节点之间的跳数,便可以得到一个每跳距离的修正值,即式(4-36),再用每跳的距离修正值修正两锚节点之间每跳的平均距离。

(6)用四边测量法计算未知节点的坐标,修正后的平均每跳距离与两传感器节点之间的跳数之积便是两传感器节点之间的最终估算距离。由式(4-31)~式(4-34)可以计算出未知节点的坐标。

(7)采用自适应布谷鸟算法优化三维 DV-Hop 算法,对未知节点位置进行优化。

(8)将定位完成的定位节点升级为新的信标节点并返回第(4)步。

如图 4-12 为自适应布谷鸟算法优化改进的三维 DV-Hop 定位算法的流程图。

4.5.3 实验仿真及结果分析

4.5.3.1 仿真实验的初始参数设置

实验采用 MATLAB 仿真平台对算法进行仿真,仿真实验在 PC 机上进行,仿真软件采用 MATLAB(R2009b)版本,实验基本参数同 4.4.4.4 节中的参数,自适应布谷鸟算法的参数为,维数为 3,搜索范围为 $[-5,5]$,初始鸟巢个数为 20,迭代次数 100,目标精度 1,步长阈值 $\beta \in [0.8,1.8]$。节点的初始位置分布图如图 4-5 所示,其中深色圆点表示锚节点,浅色圆点表示未知节点。

下面从锚节点个数、通信半径、节点总个数和各未知节点定位误差这几个方面来比较传统的三维 DV-Hop 定位算法、改进的三维 DV-Hop 定位算法和自适应布谷鸟算法优化的 DV-Hop 定位算法的定位效果。

4.5.3.2 锚节点个数对定位误差的影响

锚节点的个数是影响定位误差的大小的一个重要因素。随着锚节点数目的增多,定位误差变小,定位精度就会越高,反之,定位误差则越大,定位会精度减小。然而随着锚节点数目的增多,无线传感器网络中的硬件成本会增高,功耗也会变大,这些因素就限制了锚节点的个数。对于这一对矛盾,就需要找到一个平衡点,选择一个合适的定位算法,使得在满足定位精度要求的情况下尽可能地减少锚节点的使用。图 4-13 表示的是传感器节点的通信半径是 30 m,总节点个数为 200 时,锚节点的个数和平均定位误差之间的关系图。图中带圆圈的曲线代表三维 DV-Hop 定位算法的锚节点个数与平均定位误差的关系,带方框的曲线代表改进的三维 DV-Hop 定

```
                    ┌──────────┐
                    │   开始    │
                    └────┬─────┘
                         │
                    ┌────┴─────┐
                    │ 参数初始化 │
                    └────┬─────┘
                         │
              ┌──────────┴──────────┐
              │ 获得各节点之间的最小跳数 │
              └──────────┬──────────┘
                         │
              ┌──────────┴──────────┐
              │   计算平均每跳距离      │
              └──────────┬──────────┘
                         │
         ┌───────────────┴───────────────┐
         │ 选择四个信标节点并记录其 ID,计算 Q 值 │
         └───────────────┬───────────────┘
                         │
                      ◇ Q 值是否大于          否         ◇ 所有信标节点
                        设定值?      ─────────────────  组合被选完?
                         │是                              │是
              ┌──────────┴──────────┐              ┌──────┴─────┐
              │     修正平均跳距      │              │    结束     │
              └──────────┬──────────┘              └────────────┘
                         │
              ┌──────────┴──────────┐
              │   四边测量法计算坐标    │
              └──────────┬──────────┘
                         │
              ┌──────────┴──────────┐
              │ 自适应布谷鸟算法优化    │
              │   未知节点坐标         │
              └──────────┬──────────┘
                         │
              ┌──────────┴──────────┐
              │ 将完成定位的未知节点升  │
              │   级为新的信标节点      │
              └─────────────────────┘
```

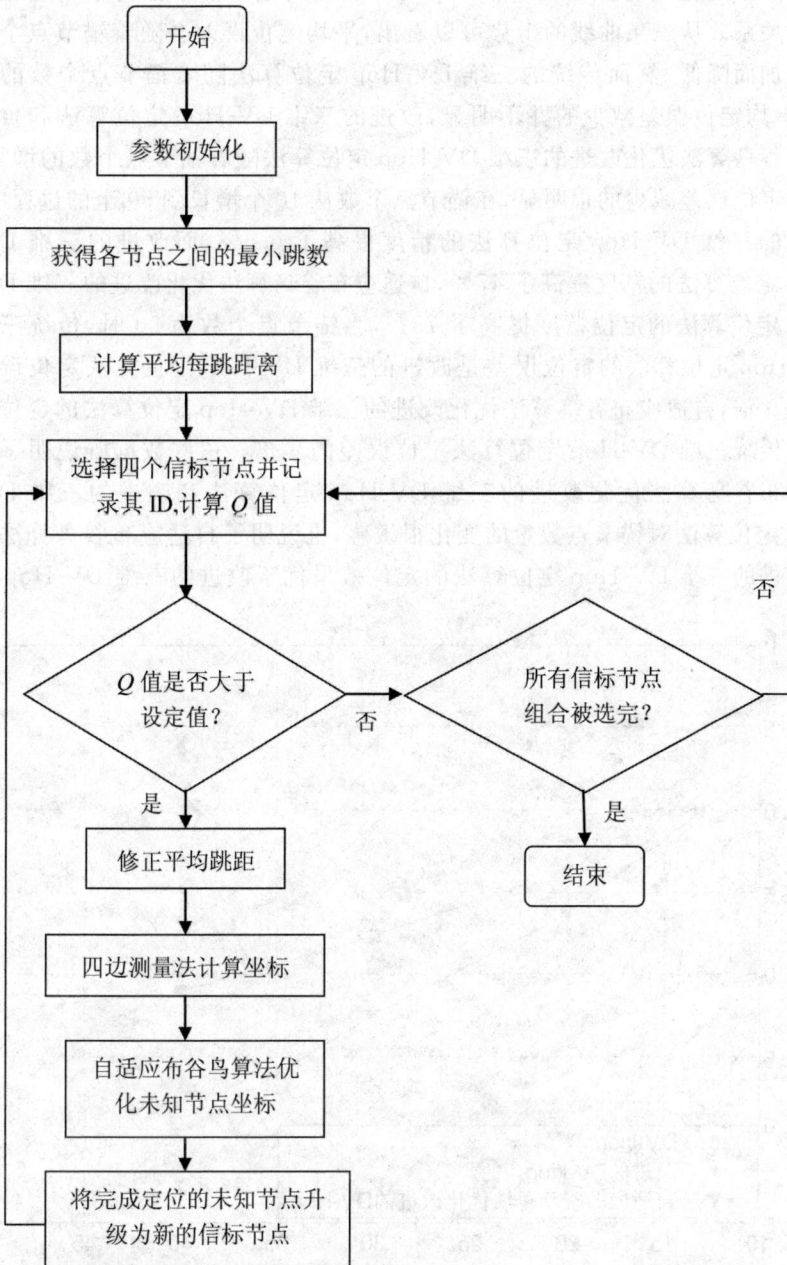

图 4-12　自适应布谷鸟算法优化改进的三维 DV-Hop 定位算法的流程图

位算法的锚节点个数与平均定位误差的关系,带三角的曲线代表自适应布谷鸟算法优化改进的三维 DV-Hop 定位算法的锚节点个数与平均定位误差的关系。从三条曲线的走势可以看出,平均定位误差会随着锚节点个数的增加而降低,然而传统的三维 DV-Hop 定位算法随着锚节点个数的增加,平均定位误差减少的并不明显,改进的三维 DV-Hop 定位算法和自适应布谷鸟算法优化改进的三维 DV-Hop 定位算法随着锚节点个数的增加,平均定位误差减少的很明显,在锚节点个数从 10 个增长到 50 个的过程中,传统的三维 DV-Hop 定位算法的精度提高了 0.6%,而改进的三维 DV-Hop 定位算法的精度提高了 47%,自适应布谷鸟算法优化改进的三维 DV-Hop 定位算法的定位精度提高了 75%,当锚节点个数为 50 时,传统三维 DV-Hop 定位算法的定位误差是改进的三维 DV-Hop 定位算法定位误差的 1.9 倍,自适应布谷鸟算法优化改进的三维 DV-Hop 定位算法的定位误差是传统三维 DV-Hop 定位算法定位误差的 4 倍。这些数据既说明了自适应布谷鸟算法优化改进的三维 DV-Hop 定位算法和改进的三维 DV-Hop 定位算法对锚节点数量的变化很敏感,也说明了自适应布谷鸟算法优化改进的三维 DV-Hop 定位算法的定位效果优于改进的三维 DV-Hop 定

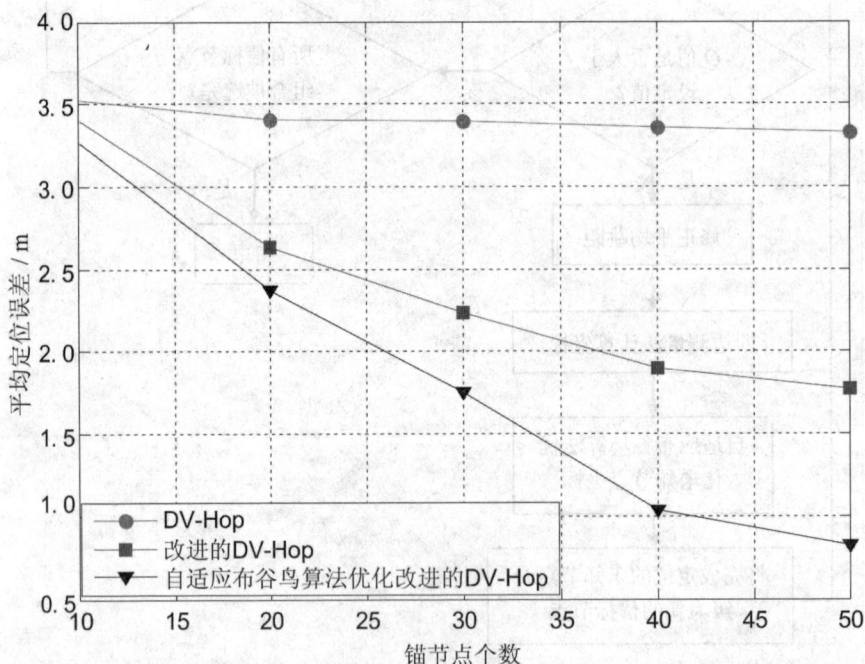

图 4-13 平均定位误差与锚节点个数之间的关系图

位算法和传统的三维DV-Hop定位算法,传统的三维 DV-Hop 定位算法使用 50 个锚节点达到的定位精度,改进的三维 DV-Hop 定位算法只需要 10 个,而自适应布谷鸟算法优化改进的三维 DV-Hop 定位算法在只有 10 个锚节点定位的情况下,定位精度依旧比改进的三维 DV-Hop 定位算法高,而当锚节点的使用个数超过 10 个后,改进的三维 DV-Hop 定位算法的定位精度远远高于传统的三维 DV-Hop 定位算法,而自适应布谷鸟算法优化改进的三维 DV-Hop 定位算法的定位精度又远远高于其他两个定位算法。所以,在相同的精度要求下,自适应布谷鸟算法优化改进的三维 DV-Hop 定位算法使用的锚节点个数少于改进的三维 DV-Hop 定位算法和传统的三维 DV-Hop 定位算法,大大地降低了定位成本。

4.5.3.3 通信半径对平均定位误差的影响

节点的通信半径的大小对定位误差的影响很大。在 DV-Hop 定位算法中,表现得尤为明显,因为这是一种基于距离矢量路由而被提出的,很依赖传感器网络的连通度,通信半径越大,连通度越好,节点的覆盖区域越大,可测得的邻居节点就越多,邻居节点中存在的锚节点个数也可能会增加,故定位误差就会越小,定位的精度就会越高。图 4-14 表示锚节点个数为 50,总节点个数为 200 时,平均定位误差与通信半径的关系图。图中带圆圈的曲线代表三维 DV-Hop 定位算法的通信半径与平均定位误差的关系,带方框的曲线代表改进的三维 DV-Hop 定位算法的通信半径与平均定位误差的关系,带三角的曲线代表自适应布谷鸟算法优化改进的三维 DV-Hop 定位算法的通信半径与平均定位误差的关系,从图中可知通信半径从 10 m 增长到 50 m 时,传统三维 DV-Hop 定位算法的精度提高了 26%,改进的三维 DV-Hop 定位算法精度提高了 53%,自适应布谷鸟算法优化改进的三维 DV-Hop 定位算法精度提高了 70%,而在通信半径为 50 m 时,改进的三维 DV-Hop 定位算法的定位误差是传统三维 DV-Hop 定位算法定位误差的 55%,自适应布谷鸟算法优化改进的三维 DV-Hop 定位算法的定位误差是传统三维 DV-Hop 定位算法定位误差的 25%。从图中的三条曲线还可分析得出,随着通信半径的持续增大,定位误差会趋于稳定,而在通信半径由 15 m 增大到 25 m 的过程中,定位精度提升得较快,故无限增大通信半径没有太大意义。自适应布谷鸟算法优化改进的三维 DV-Hop 定位算法在相同的通信半径下,平均定位误差远远小于改进的三维 DV-Hop 定位算法和传统的三维 DV-Hop 定位算法,故自适应布谷鸟算法优化改进的三维 DV-Hop 定位算法在通信半径这个性能指标上定位效果优于改进的三维 DV-Hop 定位算法和传统的三维 DV-Hop 定位算法。

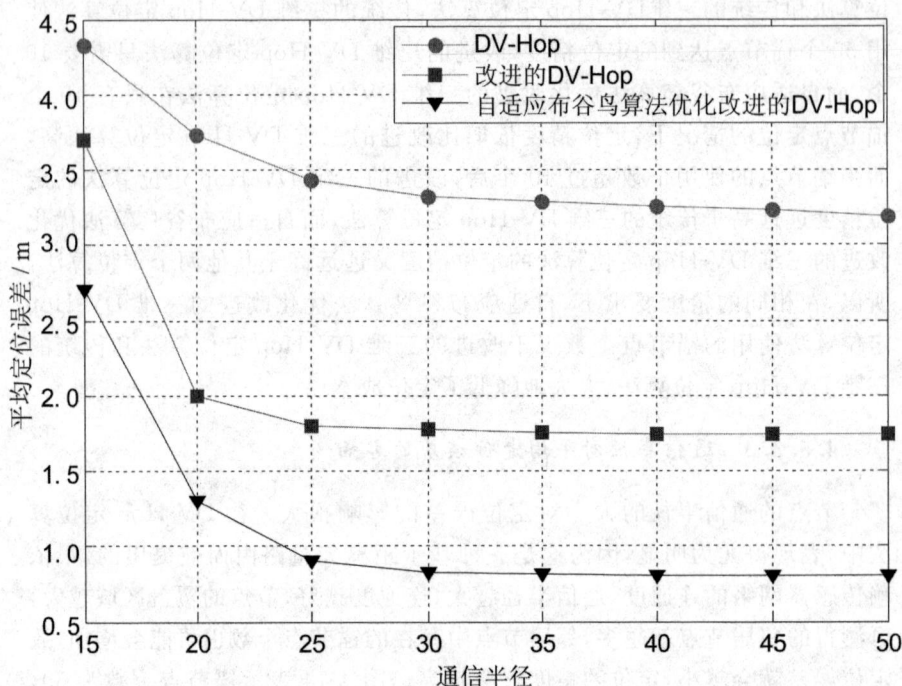

图 4-14 平均定位误差与通信半径之间的关系图

4.5.3.4 节点总个数与平均定位误差

在仿真空间大小不变的情况下,改变节点总个数,信标节点占所有节点的百分比为 25%,总节点数从 100 个开始,以 50 个为步长递增到 300 个,仿真图如图 4-15 所示,图中带圆圈的曲线代表传统的三维 DV-Hop 定位算法的节点总个数与平均定位误差的关系,带方框的曲线代表改进的三维DV-Hop 定位算法的节点总个数与平均定位误差的关系,带三角的曲线代表自适应布谷鸟优化改进的三维 DV-Hop 定位算法的节点总个数与平均定位误差的关系,由这三条曲线可分析得出,随着节点总数的增长,平均定位误差在减小,其中,传统的三维 DV-Hop 定位算法的精度提高了 83%,改进的三维 DV-Hop 定位算法的精度提高了 90%,自适应布谷鸟优化改进的三维 DV-Hop 定位算法的精度提高了 96%,而在总节点个数为 300 时,改进的三维 DV-Hop 定位算法的定位误差是传统的三维 DV-Hop 定位算法定位误差的 60%,自适应布谷鸟优化改进的三维 DV-Hop 定位算法的定位误差是传统的三维 DV-Hop 定位算法定位误差的 22%。由于节点总数的增长,在空间不变、信标节点占节点总数的百分比不变和通信半径不变等其他参数不变的情况下,单位空间内节点的平均密度在增大,信标节点的邻居节点在变多,从而平均每跳距离的误差在减小,故平均定位误差在减小;故在总节点个数相同的情况下,自适应布谷鸟优化改进的三维 DV-Hop 定位算法的定位效果更好,换言之,相对于改进的三维 DV-Hop 定位算法和传统的三维 DV-Hop 定位算法,在保证满足定位精度的情况下,自适应布谷鸟优化改进的三维 DV-Hop 定位算法可以使用更少的节点。

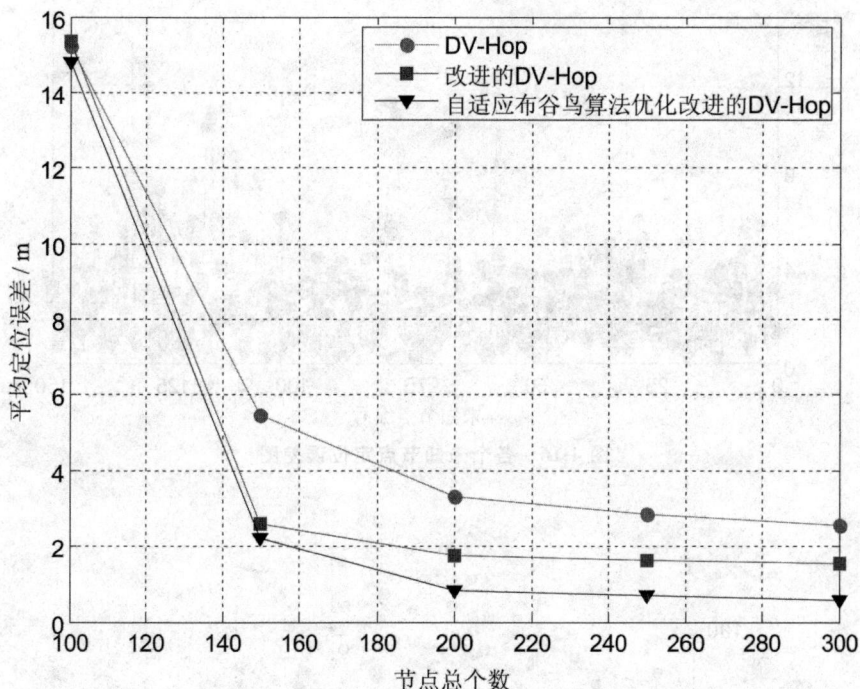

图 4-15　节点总个数和平均定位误差的关系

4.5.3.5　未知节点定位误差

图 4-16 是节点总个数为 200,通信半径为 30 m,锚节点个数为 50 个时,传统的三维 DV-Hop 定位算法、改进的三维 DV-Hop 定位算法和自适应布谷鸟优化改进的三维 DV-Hop 定位算法的各未知节点定位误差图。显然自适应布谷鸟优化改进的三维 DV-Hop 定位算法的定位效果整体上优于传统的三维 DV-Hop 定位算法和改进的三维 DV-Hop 定位算法。

4.5.3.6　节点定位效果图

如图 4-17 为节点定位效果图,通信半径为 30 m,信标节点为 50 个。图中深色圆圈为信标节点,浅色圆圈为未知节点,星号为本节提出的自适应布谷鸟算法优化改进的三维 DV-Hop 定位算法估算的未知节点。

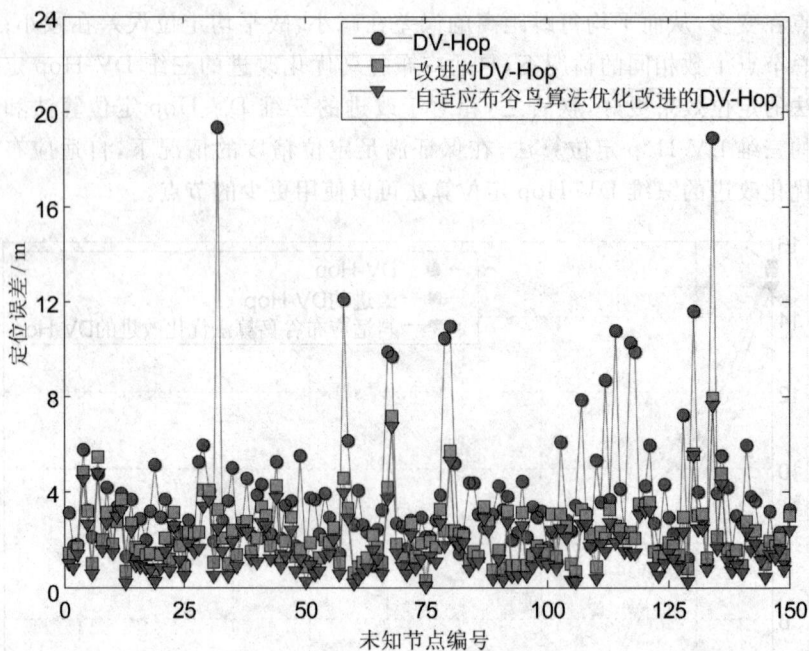

图 4-16　各个未知节点定位误差图

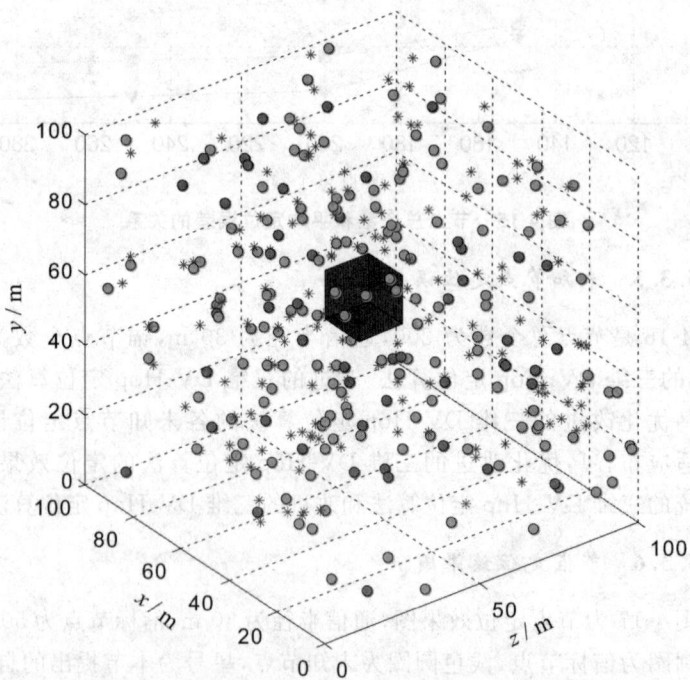

图 4-17　节点定位效果图

4.6　基于 LSSVR 的 WSN 节点三维定位算法

4.6.1　规则化参数和核函数参数对定位模型影响分析

4.6.1.1　传统的参数寻优方法

SVM 的回归问题可以转换成分类问题,因此用于分类问题的支持向量机的相关参数的选择方法也同样适用于回归问题。现在来介绍几种常用的 SVM 参数寻优方法。这些方法都是基于交叉验证(CV,Cross Validation)思想基础上的。采用 CV 的思想可以在某种意义下得到最优参数,可以有效地避免过学习和欠学习状态的发生,最终对于预测集合的预测达到较理想的准确率。交叉验证是目前应用较为普遍的一种 SVM 参数选取方法,且易于实现,缺点是计算量大,尤其对于大样本问题。CV 是用来验证分类器性能的一种统计分析方法,其基本思想是把在某种意义下将原始数据进行分组,一部分作为训练集,另一部分作为验证集,其方法是首先用训练集对分类器进行训练,再利用验证集来测试训练得到的模型,以得到分类准确率作为评价分类器的性能指标[①]。常见的基于 CV 思想的参数寻优方法如下:

(1)Hold-Out Method。原始数据被随机的分为两组,一组作为训练集,一组作为验证集,利用训练集训练分类器,然后利用验证集验证模型,记录最后的分类准确率作为 Hold-Out Method 下分类器的性能指标。此方法的好处是处理简单,只需随机把数据分为两种即可,其实严格意义上来说 Hold-Out Method 并不能算真正意义上的 CV,因为这种方法没有达到交叉的思想,由于是随机地将原始数据分组,所以最后验证集分类准确率的高低与原始数据的分组有很大的关系,所以这种方法的结果其实并不具备说服力。

(2)K-fold Cross Validation(K-CV)。原始数据被分成 K 组(一般是均分),将每个子集数据分别做一次验证集,同时其余的 $K-1$ 组数据作为训练集,这样会得到 K 个模型,用这 K 个模型最终的验证集的分类准确率的

---

① 陈鸣.基于智能算法优化 LSSVR 的三维 WSN 节点定位研究[D].桂林:桂林理工大学,2013.

平均值作为此 K-CV 下分类器的指标。K 一般大于等于 2,实际操作时一般从 3 开始取,只有在原始数据集合量较小的时候才会尝试取 2。K-CV 可以有效地避免过学习和欠学习状态的发生,最后得到的结果也比较具有说服力。

(3)Leavr-One-Out Cross Validation(LOO-CV)。如果原始数据有 N 个样本,那么 LOO-CV 就是 N-CV,即每个样本单独作为验证集,其余的 $N-1$ 个样本作为训练集,所以,LOO-CV 会得到 N 个模型,用这 N 个模型最终的验证集的分类准确率的平均值作为在 LOO-CV 下的分类器的性能指标。相比 K-CV,LOO-CV 有两个明显的优点。第一,集合中几乎所有的样本皆用于训练模型,因此最接近原始样本的分布,这样评估所得结果比较可靠。第二,实验过程中没有随机因素影响实验数据,确保实验过程是可以复制的。但 LOO-CV 的缺点是计算成本太高,因为需要建立的数据模型与原始样本数据相同,当原始数据样本数量相当多时,LOO-CV 在实际的操作上会很困难,几乎不可实现,除非每次训练分类器得到模型的速度很快,或许可以用并行化计算减少计算所用的时间。

传统的针对规则化参数和核函数参数选取方法主要有:经验选择法、实验试凑法、梯度下降法、交叉验证法、Bayesian 法等。经验选择要求对所研究问题拥有很好的经验和十足的知识,否则并不容易获得合适的参数。实验试凑是通过大量的实验来获得较优的参数比较费时,而且获得的参数也不一定是最优的。Chapelle 等采用梯度下降法来完成 SVM 参数的选择,虽然在计算时间上得到了明显的改善,但是梯度下降法对初始点要求较高,而且是一种线性搜索法,因此极易陷入局部极小。Bayesian 法需要一定的参数空间的先验知识,而且每次确定最优参数均需要多次迭代,与交叉验证法相比,在计算量与计算复杂度上优势不大,实现起来并不容易。

由上面的分析可知,这些参数寻优方法具有一定的缺陷。

4.6.1.2 规则化参数和核函数参数对定位模型影响分析

在本节中,基于 LSSVR 的三维无线传感器网络节点算法中有一些参数需要预先设定,好的参数能够使得算法的效率和结果达到最优。本节采用的是最常用的径向基(RBF)核函数,模型参数有核函数参数 σ 和规则化参数 γ,分析规则化参数和核函数参数对定位模型影响。

在定位模型中,规则化参数 $\gamma > 0$ 能够使训练误差和模型的复杂度之间选取一个折中,以便使所求的函数具有较好的泛化能力。γ 过小,学习能力就小,训练误差就会变大;γ 过大,学习精度相对提高,但是模型变得复杂,其泛化能力变差。另外,γ 取值还影响着非正常数据的处理,选择合适

的 γ 还起到一定的抗干扰能力,保证模型的稳定性。

在定位模型中,核函数参数 σ 直接影响着模型的性能,当 σ 很小时,训练误差小,测试误差接近于 1,此时几乎所有的训练样本都是支持向量,LSSVR 的泛化能力极差,随着 σ 的增大,支持向量减少,训练误差减少,LSSVR 泛化能力增强,当 σ 达到一定值后,随着支持向量的增加,测试误差和训练误差也增大,LSSVR 对泛化能力又变差。在 σ 由小到大的过程中,模型的泛化能力经历了由低到高再到低的过程。

综上所述,传统参数方法的问题在于其效率不高,且盲目性较大,支持向量机的拟合能力过于依赖初始值的确定。由于支持向量机的参数选择问题实质上正是一个多目标优化的问题,因此近年来许多学者相继提出了各种多目标优化算法来选择参数,这些智能算法缩短了计算时间,降低了对初值选取的依赖度与盲目性,但其缺点则在于算法复杂性过高,并不易于实现,使得其实用价值受到了极大限制。因此本章分别利用 PSO 算法和 DE 算法流程简单,易于实现且算法性能好的特点来进行参数的选择,解决支持向量机参数选择这一难题。

4.6.2　基于 LSSVR 的 WSN 节点三维定位实现

4.6.2.1　三维 WSN 节点定位问题描述

假设传感器节点 $S = \{(x_1,y_1,z_1), (x_2,y_2,z_2),\cdots, (x_N,y_N,z_N)\}(N \geqslant 1)$ 随机投放在三维空间环境中,N 为网络中所有节点的个数,$(x_i,y_i,z_i)(i = 1,2,\cdots,N)$ 为第 i 个节点的坐标,网络中含有 L 个锚节点,可以通过 GPS 等手段获得位置的坐标信息 $S_j = \{(x_1,y_1,z_1),(x_i,y_i,z_i),\cdots,(x_L,y_L,z_L)\}$,其余节点是位置坐标待求的未知节点,在这种节点分布的基础上,无线传感器网络还需要满足几个前提条件:

(1)假设网络节点采用无线全向天线进行同步通信,所有网络节点共享无线信道,节点的信号传输模型为理想球体,通信半径为 R,即节点间距离小于等于 R 时,节点连通,为邻居节点。

(2)网络中传输的各种数据类型统一以数据包形式传递。

(3)网络中所有的节点是相互独立、功能对等、性质相同的。它们具有全网唯一的 ID 与之对应,不存在类似基站的中心节点,所有节点以一定的分布率随机分布在三维空间中。

(4)不考虑网络分割情况,网络中任意两个节点直接都存在通路。

(5)网络中的所有节点都具有足够的计算和处理信息的能力。

(6)在定位过程中,所有的网络节点处于静止状态。

在上述假设的前提下,三维空间内节点定位问题即在三维坐标系内,利用网络拓扑结构,节点连通信息,跳数距离信息以及锚节点位置等实现对未知节点的位置求解。

三维节点定位与二维平面定位的主要区别如下:

(1)三维空间中,节点的理想通信模型是一个球体,这个球体以节点自身位置为球心,最大通信距离为半径。而在二维平面中,由于节点仅仅散布在同一平面上,因此其通讯模型仅需要考虑为一个半径为其最大通讯范围的圆。

(2)在二维平面中,节点通信的过程中无须考虑地形和障碍等问题,信号传输不会受到类似的干扰,而三维空间中根据实际应用场合的不同,地理地形因素对节点传输信号的影响不可忽略。

(3)由于三维立体坐标系比二维平面坐标多一维,因此三维空间节点分布的可能性更多,定位节点需要的参数和已知条件更多,需要处理的数据信息也更多,其计算复杂度要远远高于二维平面。

综上所述,由于三维环境的复杂性,在实际网络拓扑中锚节点到未知节点往往不是直线路径,使用传统的 DV-Hop 进行节点定位时,节点间的估计距离误差对定位精度影响很大。因此,本节运用未知节点到各锚节点的距离和未知节点坐标获得训练样本集,利用 LSSVR 的定位模型,并将未知节点到各锚节点经多跳得到的距离作为模型的输入向量进行定位计算,从而降低了距离估计误差对定位准确度的影响,减小定位误差。

4.6.2.2 基于 LSSVR 的三维 WSN 节点定位方法

基于 LSSVR 的三维 WSN 节点定位过程主要包括锚节点数据包广播阶段、平均每跳距离的计算和广播阶段、节点建模阶段和节点定位阶段四个阶段。

(1)锚节点数据包广播阶段。锚节点向邻居节点广播包含自身分组信息的数据包,这些数据包括自己的坐标、ID 以及一个初始值为 0 的跳数,当接收到该分组信息时,该节点的数据包信息的跳数值加 1,并继续向它的邻居节点广播,直至通过洪泛的方式广播到整个网络。如果一个阶段从一个锚节点接收到一个以上的数据包,从锚节点到节点之间有多个路径,那么节点就忽略来自这个锚节点的相对较大的跳数,只记录到锚节点的最小跳数。直到最后,所有的节点记录了每个锚节点的坐标、ID 和直锚节点的最小跳数。

(2)平均每跳距离的计算和广播阶段。每一个锚节点根据其余信标节

点坐标和最小跳数计算平均每跳距离,其锚节点 S_j 的平均每跳距离的计算公式如公式(4-38)所示:

$$c_j = \frac{\sum\limits_{j \neq j'} \sqrt{(x_j - x_{j'})^2 + (y_j - y_{j'})^2 + (z_j - z_{j'})^2}}{\sum\limits_{j \neq j'} h_{j,j'}} \quad (j, j' \in \{1, 2, \cdots, L\})$$

(4-38)

式中,$h_{j,j'}$ 为锚节点 S_j 到 $S_{j'}$ 的最小跳数。然后,锚节点将平均每跳距离加入到自身的分组信息,第二次洪泛广播至传感器网络中,此时未知节点仅记录收到的第一个平均每跳距离,之后收到的分组信息只转发不保存,这样就能保证未知节点 S_i 记录的是从最近的信标节点接收到平均每跳距离值,并用该值乘以到锚节点 S_j 的最小跳数,这就可以估计 S_i 到各个锚节点的距离。

(3)节点建模阶段。设 N 个传感器节点 $(S_1, S_2, \cdots, S_N)$ 随机分布在探测区域 $Q = [0, D] \times [0, D] \times [0, D]$ 的三维环境中,其中锚节点 L 个,未知节点为 $N - L$ 个,所有的节点都具有相同通信半径,对无线传感器网络进行节点定位,也就对未知节点的位置进行估计。假设在探测的区域 Q 有虚拟节点 S'。当 $S'(x', y', z')$ 不同时,它到各个锚节点的距离 $d_i'(i = 1, 2, \cdots, L)$ 和距离向量 $R' = [d_1', d_2', \cdots, d_L']$ 也随着发生了变化。因此,在 Q 内对 S' 的位置进行采样,从而获得训练样本集,利用 LSSVR 对训练样本进行回归学习,得到定位模型 X-LSSVR,Y-LSSVR 和 Z-LSSVR,即是基于 LSSVR 的三维无线传感器网络节点定位模型,其中,X-LSSVR、Y-LSSVR、Z-LSSVR 模型的输入、输出分别为距离向量、坐标估计值 $\hat{x}, \hat{y}, \hat{z}$。LSSVR 定位算法的实现过程如图 4-18 所示。

①虚拟节点采样获取训练样本集。使用步进为 t 的立体方格对探测区域 Q 进行网格化,得 M 个网格结点。假设每一个结点为设置的一个虚拟节点。假设从虚拟的节点 $S_l'(x_l', y_l', z_l')(l = 1, 2, \cdots, M)$ 到锚节点 $S_j(j \in 1, 2, \cdots, M)$ 的距离是 d_{ij}',那么,任何一个虚拟节点 S_l' 到每个锚节点的距离向量 $R_l' = [d_{i1}', d_{i2}', \cdots, d_{iL}']$。将 M 个虚拟节点的距离向量 R_l' 和它的坐标 (x_l', y_l') 构成训练的样本集 $U_X = \{(R_l', x_l') \mid l = 1, 2, \cdots, M\}$,$U_Y = \{(R_l', y_l') \mid l = 1, 2, \cdots, M\}$,$U_z = \{(R_l', z_l') \mid l = 1, 2, \cdots, M\}$,通过输入向量标准归一化预处理样本集,得到无偏性回归模型的输出坐标。

②训练定位模型。利用 LSSVR 对样本集 U_X、U_Y、U_Z 分别进行训练。对 U_X,构造并求解最优化问题如式(4-39)所示:

$$\begin{cases} \min\limits_{\omega, \xi, b} \dfrac{1}{2} \|\omega\|^2 + \gamma \dfrac{1}{2} \sum\limits_{i=1}^{M} \xi^2 \\ s.t. \ x_l' = \omega^{\mathrm{T}} \phi(R_l') + b + \xi_l \ (l = 1, 2, \cdots, M) \end{cases}$$

(4-39)

式中，$\phi(i)$ 为非线性映射函数；b 为偏差，ω 为权重，ω 为规则化参数，ξ_i 为随机误差。本节选择了最常用的径向基（RBF）核函数 $K(R'_m,R'_n) = \exp\left(\dfrac{-\|R'_m,R'_n\|^2}{2\sigma^2}\right)$ $(m,n=1,2,\cdots,M)$，以上问题转换为求解下面式（4-40）中的 Lagrange 算子 a 和 b。

$$\begin{bmatrix} 0 & \overline{1}^{\mathrm{T}} \\ \overline{1} & \Omega+\gamma^{-1}I \end{bmatrix}\begin{bmatrix} b \\ a \end{bmatrix}=\begin{bmatrix} 0 \\ x' \end{bmatrix} \tag{4-40}$$

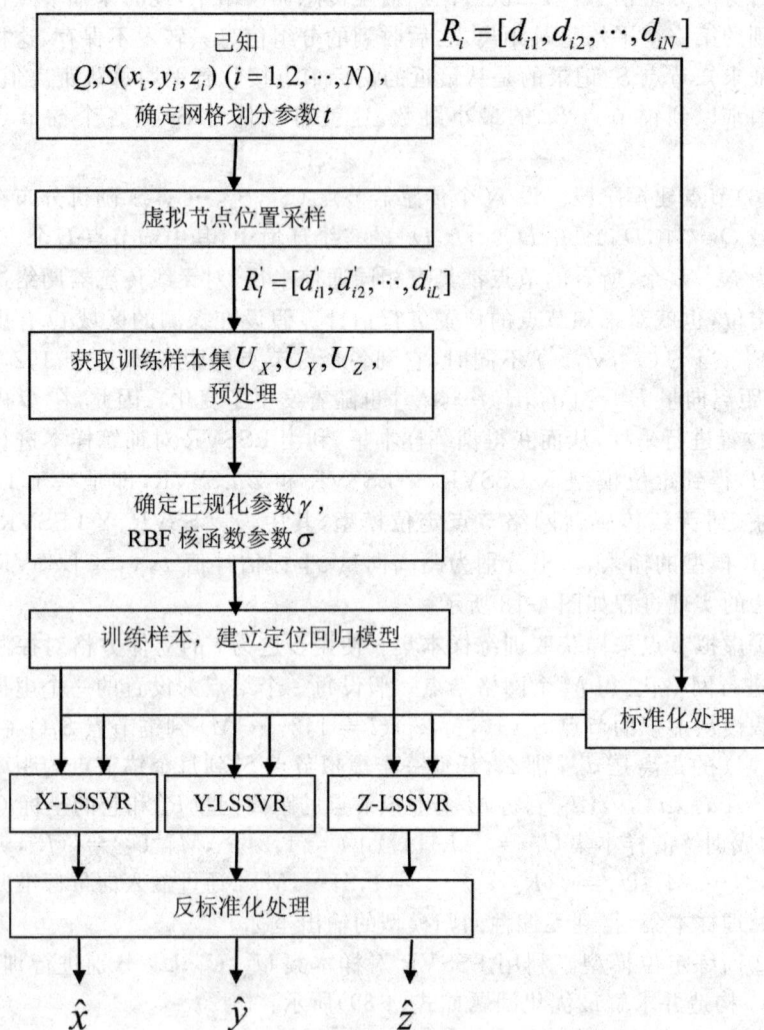

已知
$Q,S(x_i,y_i,z_i)\,(i=1,2,\cdots,N)$，
确定网格划分参数 t

$R_i=[d_{i1},d_{i2},\cdots,d_{iN}]$

虚拟节点位置采样

$R_l'=[d_{i1}',d_{i2}',\cdots,d_{iL}']$

获取训练样本集 U_X,U_Y,U_Z，预处理

确定正规化参数 γ，RBF 核函数参数 σ

训练样本，建立定位回归模型

标准化处理

X-LSSVR　Y-LSSVR　Z-LSSVR

反标准化处理

$\hat{x}$　$\hat{y}$　$\hat{z}$

图 4-18　基于 LSSVR 三维 WSN 节点定位建模过程示意图

其中, $x' = [x'_1, x'_2, \cdots, x'_M]^T, a = [a_1, a_2, \cdots, a_M]^T, \overline{1} = [1, 1, \cdots, 1]^T, \Omega(m, n) = K(R'_m, R'_n)$。

由 $\begin{bmatrix} b \\ a \end{bmatrix} = \begin{bmatrix} 0 & \overline{1}^T \\ \overline{1} & \Omega + \gamma^{-1}I \end{bmatrix} \begin{bmatrix} o \\ x' \end{bmatrix}$,可以得出 a 和 b,从而得到决策函数:

$$\hat{x} = f_x(R) = \sum_{l=1}^{M} a_i K(R_i, R'_i) + b \qquad (4\text{-}41)$$

这就是定位模型 X-LSSVR。同样,可以得到 f_y 和 f_z,即定位模型 Y-LSS-VR 和 Z-LSSVR。

（4）节点定位阶段。假设各个未知节点已经探测区域的范围值 D,并确定网格参数 t,规则化参数 γ 和核函数参数 σ,由后面章节中使用算法优化后获得最优参数。未知节点 S_i 到每个锚节点的的距离为 $d_{ij}(j=1, 2, \cdots, L)$,构成了距离向量 $R_i = [d_{i1}, d_{i2}, \cdots, d_{iL}]$,为了简化计算进行标准化处理也就是归一化处理,之后分别输入 X-LSSVR、Y-LSSVR 和 Z-LSSVR,输出的值再进行反标准化处理,得到 $\hat{x}_i$、$\hat{y}_i$ 和 $\hat{z}_i$,并且将 $(\hat{x}_i, \hat{y}_i, \hat{z}_i)$ 作为未知节点 S_i 的估计未知坐标。

4.7　基于粒子群算法优化 LSSVR 的 WSN 节点三维定位

4.7.1　基于粒子群算法优化 LSSVR 的 WSN 节点三维定位实现

4.7.1.1　粒子群优化算法理论

为了解决许多复杂维问题,人们通过对大自然的观察研究从中获取解决问题的灵感。粒子群优化（Particle Swarm Optimization, PSO）算法就是 1995 年由 J. Kennedy 博士和 R. C. Eberhart 教授源于对鸟类和昆虫群的社会行为的研究而提出的,它是一种基于群体智能的新型进化计算技术[①]。PSO 算法本质上是一种随机搜索算法,适合于动态、多目标优化环境的寻优。与传统的优化算法相比,有更快的计算速度和更好的全局搜索的能力。其特点如下:

---

①　陈鸣.基于智能算法优化 LSSVR 的三维 WSN 节点定位研究[D].桂林:桂林理工大学,2013.

（1）PSO算法是基于群体智能理论的优化算法，通过群体粒子间的合作与竞争产生的群体智能指导优化搜索，是一种高效的并行搜索算法，它对种群大小不敏感，即使种群数目下降时，性能也不会下降很大。

（2）PSO算法是随机初始化种群使用适应度函数值来评价个体的优劣程度，根据自身粒子的速度来决定搜索的，采用全部搜索策略和简单的速度-位移操作，避免了复杂的遗传操作。

（3）PSO算法有良好的机制来有效地平衡搜索过程的多样性和方向性。PSO算法中 G_{best} 采用单向信息流动的形式将信息传递给其他的粒子，在大部分情况下粒子能更快地收敛于最优解。

（4）即使同时使用连续变量和离散变量，对位移和速度同时采用离散坐标，对搜索的过程也不冲突，所以 PSO 算法可以自然地、容易地处理混合整数非规划问题。

（5）PSO算法的原理简单，容易实现，需要调整的控制参数较少，可以减少不少的工作量，且其收敛速度快；对优化问题的适应度函数模型没有特殊要求，通用性比较强，可以用来解决许多函数优化问题；该算法没有具体的控制约束条件，虽然存在个别个体的突变，但不影响整个问题的求解；具有较强的扩充性，可以与其他算法进行混合，以达到预期的目的要求；粒子群算法开始是随机产生初始群体的，不易陷入局部最优，对于复杂的函数优化问题，特别是多峰高维的优化计算问题具有很强的优越性。

正是由于 PSO 算法具备的这么多优点，因而从问世以来已得到迅速的发展，尤其在各类多维连续空间优化问题、机器人路径规划及图像处理等领域取得了非常好的效果。

在粒子群优化算法中，把一些相互作用的个体定义为一个种群，粒子就是这个种群中的一个成员，也就代表着优化过程的一个潜在的解，而且种群中的每个成员都会根据自己的经验来不断地调整搜索的方式，在空间中的每个粒子不仅具有一定的速度还代表一个位置，粒子以一定的速度搜索，粒子曾经到过的最佳位置就是该粒子所搜寻到的最优解，然后所有粒子则在当前最优粒子的解空间中进行搜索，经逐代搜索后就可以得到个体极值 P_{best}。所有种群当前经历过的最好位置就是整个种群当前为止找到的最优解，即全局极值 G_{best}。在每一次迭代进化中，粒子将根据自己的适应度值来更新个体极值 P_{best} 和全局极值 G_{best} 这两个极值。

PSO 算法的基本原理可以描述为：搜索空间中的每个粒子就代表一个可行解，通过搜索多维空间找到全局最优解。在搜索的过程中，每个粒子通过自身的经历和其他粒子的经历来调整它的速度，因此，每个粒子都被随机性的吸引到它自己最好的位置和整个粒子群所找到的最佳位置。例如在一

个 D 维空间,作为一个问题候选解的粒子,能够记忆它自己的学习经历和其他粒子的学习经历。每个粒子可以根据经历来动态地调整其速度,以改变其在搜索空间中的轨迹。$X_i = [x_{i1}, x_{i2}, \cdots, x_{iD}]$ 可以表示为第 i 个粒子的位置向量,$V_i = [v_{i1}, v_{i2}, \cdots, v_{iD}]$ 表示第 i 个粒子的速度向量。第 i 个粒子历史访问的最优位置(个体极值 P_{bset})为 $P_i = (P_{i1}, P_{i2}, \cdots, P_{iD})$,整个种群所经历的最优位置(全局极值 G_{bset})表示为 $P_g = (P_{g1}, P_{g2}, \cdots, P_{gD})$。种群中第 i 个粒子将按照按式(4-42)和式(4-43)更新自己的速度和位置。

$$v_{id}(t+1) = \omega * v_{id}(t) + C_1 * rand() * (P_{id} - x_{id})$$
$$+ C_2 * rand() * (P_{gd} - x_{id}) \tag{4-42}$$

$$x_{id}(t+1) = x_{id}(t) + v_{id}(t+1)(1 \leqslant i \leqslant m, 1 \leqslant d \leqslant D) \tag{4-43}$$

式中,ω 为惯性权重;v_{id} 为第 i 个粒子的速度;x_{id} 为第 i 个粒子的位置;C_1 和 C_2 为加速系数,又称为学习因子;$rand()$ 为 $0 \sim 1$ 之间的随机数。

此时的算法成为基本的粒子群算法,式(4-42)的中 $\omega * v_{id}(t)$ 表示的是粒子对自身当前速度的信任程度,由惯性权重 ω 提供。$C_1 * rand() * (P_{id} - x_{id})$ 表示的是粒子对自身速度的思考,促使其运动到局部最佳位置。$C_2 * rand() * (P_{gd} - x_{id})$ 表示的是粒子位置与全局最优位置的距离,体现粒子之间信息的全局共享,指导粒子走向全局最优位置。

PSO 算法的流程如下:

(1)初始化所有粒子,设定粒子的评价函数,在定义空间中随机传送 m 个粒子 $x_1, x_2, \cdots, x_m$,组成初始种群 $X(t)$,生成粒子的初始速度 $v_1, v_2, \cdots, v_m$,组成速度矩阵 $V(t)$。每一个粒子的初始位置是粒子的 P_{bset},所有粒子中最后的 P_{bset} 设为 G_{bset}。

(2)计算每个粒子的适应值。

(3)对于每个粒子,将个体适应值与其最好位置 P_{bset} 对应的适应值做比较,如果小于 P_{bset} 的适应值,则将当前位置替换 P_{bset},否则保持 P_{bset} 不变。

(4)对于每个粒子,将个体适应值与群体全局最好的适应值 G_{bset} 做比较,如果个体适应值大于 G_{bset},则将个体适应值作为群体最优位置赋值给 G_{bset},否则保持 G_{bset} 不变。

(5)根据式(4-42)和式(4-43)调整每个粒子的速度与位置。

⑥检测是否满足终止条件,比如最大的迭代次数,或者粒子的适应度值达到设定的要求,如满足给定的调节,终止迭代,否则返回(2)继续执行。

4.7.1.2　粒子群优化算法的参数选取

在 PSO 算法中没有很多需要调节的控制参数,影响 PSO 算法性能的参数主要有种群规模 NP、学习因子 C_1 和 C_2、惯性权重 ω,各个参数的选取原则如下：

(1)种群规模 NP。NP 的值越小，PSO 算法就越容易出现早熟、局部收敛现象；NP 的值较大时，算法的计算时间就会变延长。NP 值的大小可以根据问题的复杂程度来决定，具体可以在实验中进行调节，按照经验来说一般取 20~40，当然，对于比较复杂的问题或者特定的一些情况，NP 的值可能取到 100~200，甚至更大。

(2)学习因子 C_1 和 C_2。学习因子 C_1 和 C_2 又可以称为加速系数，从 PSO 算法的速度公式中，可以看出，C_1 和 C_2 可以调节粒子的速度，进而影响粒子的搜索方向是趋于它自身最好的位置，还是整个粒子群所找到的最佳位置。一般设定为 $C_1 = C_2 = 1$，不过在一些比较特殊的情况下，学习因子也会有其他的取值，但通常学习因子 C_1 和 C_2 的取值都是相等的。

(3)惯性权重 ω。从 PSO 算法的速度公式中，可以看出，惯性权重 ω 可以调节粒子的当前速度和它的上代速度之间的关系，惯性权重 ω 起到平衡算法全局搜索与局部搜索能力的作用，它决定了粒子对当前速度继承的多少。较大的 ω 值有利于全局搜索，使算法保持较强的全局搜索能力，在迭代后期，较小的惯性权重有利于算法进行更精确的局部寻优。因此，选择合适的 ω 值可以使粒子具有均衡的全局和局部的搜索能力，惯性权重的选取方法一般有常数法、线性递减法、自适应法等。目前采用最多的惯性权重公式如下：

$$\omega(t) = \frac{t_{\max} - t}{t_{\max}}(\omega_{\max} - \omega_{\min}) + \omega_{\min} \tag{4-44}$$

$$\omega(t) = \omega_{\max} - \frac{t}{t_{\max}}(\omega_{\max} - \omega_{\min}) \tag{4-45}$$

式中，$\omega_{\max}$ 为初始惯性权重；$\omega_{\min}$ 为终止惯性权重；t 为当前迭代次数；$t_{\max}$ 为最大迭代次数，本节取为 100。经过多次实验，指出当权重 ω 为 1.4 到 0.4 线性变化时，算法的优化性能比较好，并建议采用 $\omega_{\max} = 0.9$，$\omega_{\min} = 0.2$。然而，非线性优化问题相对比较复杂，惯性权重 ω 值的选取应该根据多次试验进行不断地调整来确定。

4.7.2 基于 PSO 算法的 LSSVR 核函数参数和规则化参数优化

首先定义适应度函数，考虑到参数寻优计算的复杂性，根据若干虚拟节点定位的预测估计位置与实际位置的均方差构造适应度函数值，通过有限次建模参数迭代寻优使得适应度函数值达到最小。构造的适应度函数如下：

$$f_{fitness} = \sqrt{\sum_{l=1}^{M}((f_x(R'_l) - x'_l)^2 + (f_y(R'_l) - y'_l)^2 + (f_z(R'_l) - z'_l)^2)}$$

$$(4\text{-}46)$$

式中，x'、y'、z' 为探测区域内虚拟采样点 $S'_l(x'_l, y'_l, z'_l)(l \in 1,2,\cdots,M)$ 的实际位置坐标；R' 为采样点到锚节点的距离向量；f_x、f_y、f_z 为利用优化建模参数建立的回归模型的估计值。

PSO 优化核函数参数和规则化参数算法的具体步骤描述如下：

(1)初始化种群，随机产生(γ,σ)的初始位置，规则化参数 γ 的变换范围是$[0.1, 1\,000]$，核参数 σ 的范围是$[0.01, 1\,000]$，初始化速度为随机产生的 $0\sim1$ 的随机数。

(2)对每个粒子进行 LSSVR 的回归训练，记录每个粒子的个体最优值，把初始位置作为每个粒子的个体极值位置 P_{best}，把适应值最优的位置作为粒子群的全局最优位置 G_{best}。

(3)根据式(4-42)和式(4-43)更新粒子的速度和位置，使得更新后的数值也要在设定的范围里面。

(4)由式(4-46)计算每次迭代粒子的适应度函数值，如果粒子的适应度函数值优于原来的个体极值，设置当前的适应值为全局极值，即当前位置为全局极值位置，否则保留原先值。

(5)若不满足终止条件，返回循环执行(3)，直到满足最大的迭代次数或者达到误差要求，则终止迭代，输出此刻的全局最优值的位置。

(6)得到全局最优解，返回 LSSVR 定位模型进行定位计算。

如图 4-19 为粒子群算法优化规则化参数 γ 和核函数参数 σ 的示意图。

4.7.3 实验仿真及结果分析

4.7.3.1 运行环境和定位算法参数的设置

实验采用 MATLAB 仿真平台对算法进行仿真，仿真实验在 PC 机上进行，仿真软件采用 MATLAB(R2009a)版本，配套的工具箱为台湾大学林智仁博士等人开发的 MATLAB 支持向量工具箱 Libsvm。

为方便对定位算法进行仿真和对比，实验模拟了一个标准的仿真环境。无线传感器网络节点总数为 100，随机分布在 100 m×100 m×100 m 的三维平面内；传感器节点随机产生，并从其中随机选取一定比例的节点作为锚节点，剩余的则为未知节点，初始化时，锚节点 40 个，未知节点 160 个，锚节点的通信半径是 40 m，网格间距 $t = 25$，测距误差因子 η 为 5%，最优的规

则化参数 γ 和核函数参数 σ 由 PSO 算法获得。为了减少随机分布和偶然因素带来的影响，仿真的结果是在相同的参数下仿真 100 次的平均值，采用平均定位误差公式评价算法的性能，其误差公式如下：

$$Error = \frac{100}{N \times R} \sum_{i=1}^{N} \sqrt{(x_i - \hat{x}_i)^2 + (y_i - \hat{y}_i)^2 + (z_i - \hat{z}_i)^2} \% \, (i = 1, 2, \cdots, N)$$

$$(4\text{-}47)$$

式中，N 为未知节点的总数；(x_i, y_i, z_i) 和 $(\hat{x}_i, \hat{y}_i, \hat{z}_i)$ 分别为未知节点 i 的实际坐标和估计坐标。

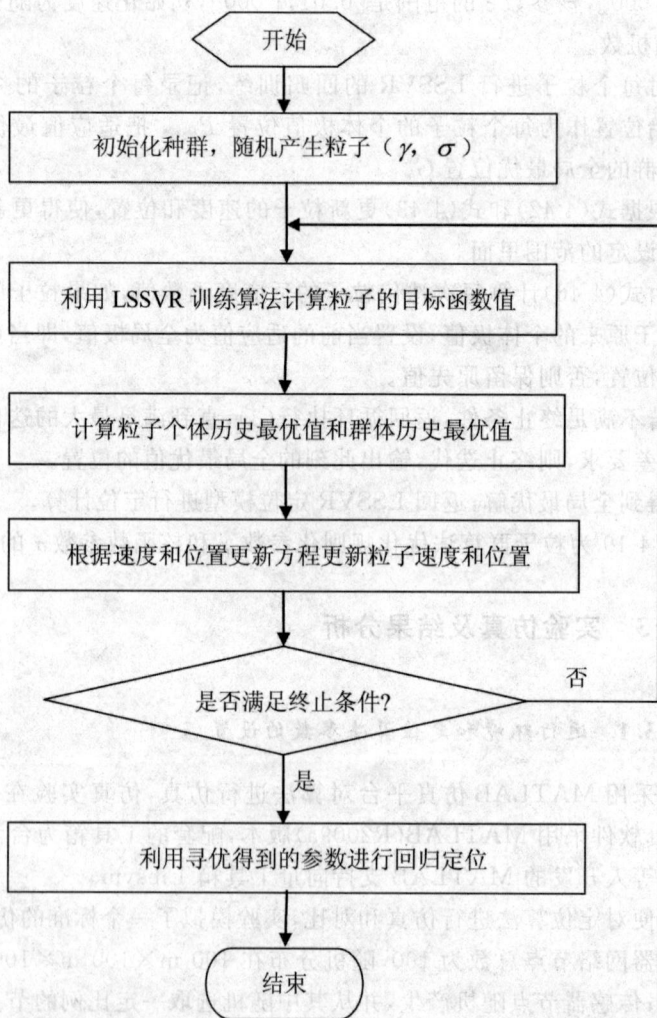

```
                    ┌─────────┐
                    │  开始   │
                    └─────────┘
                         │
     ┌───────────────────────────────────────┐
     │   初始化种群，随机产生粒子（γ，σ）      │
     └───────────────────────────────────────┘
                         │
     ┌───────────────────────────────────────┐
     │  利用 LSSVR 训练算法计算粒子的目标函数值 │
     └───────────────────────────────────────┘
                         │
     ┌───────────────────────────────────────┐
     │  计算粒子个体历史最优值和群体历史最优值  │
     └───────────────────────────────────────┘
                         │
     ┌───────────────────────────────────────┐
     │  根据速度和位置更新方程更新粒子速度和位置 │
     └───────────────────────────────────────┘
                         │
              是否满足终止条件?    ── 否
                         │
                         是
     ┌───────────────────────────────────────┐
     │   利用寻优得到的参数进行回归定位         │
     └───────────────────────────────────────┘
                         │
                    ┌─────────┐
                    │  结束   │
                    └─────────┘
```

图 4-19　粒子群算法优化规则化参数 γ 和核函数参数 σ 的示意图

根据经验及大量的反复试验,定位算法的参数设置为:种群规模 $NP=$ 20,种群规模过大,则算法的计算时间就过长,对于 LSSVR 节点定位来说不可取,但也不能过小,否则无法搜索到最优解,有悖于迭代循环求精的思想;为了能够和其他的定位算法在相同的迭代次数下进行对比,设定最大迭代次数 $t_{max}=100$,初始惯性权重 $\omega_{max}=0.9$,终止惯性权重 $\omega_{min}=0.2$,$C_1=$ $C_2=1$。

在进行仿真之前,所有节点随机部署,部署之后的节点位置固定不变。仿真节点随机部署如图 4-20 所示。

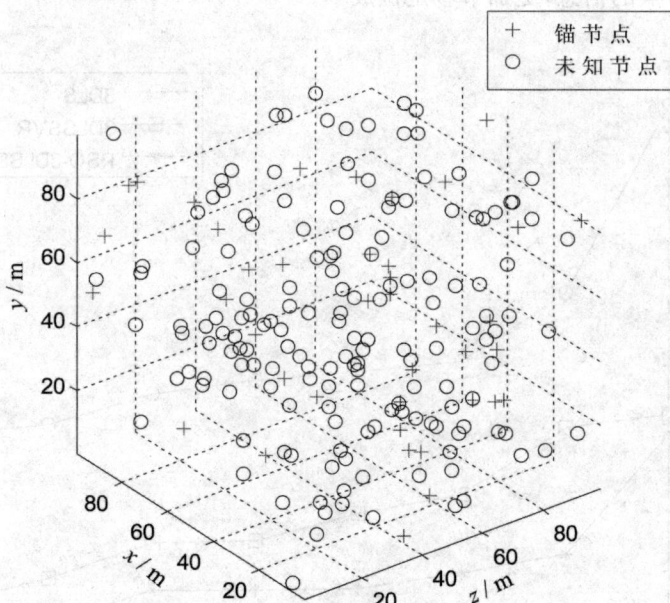

图 4-20　仿真节点随机分布图

下面从不同的锚节点密度、不同的通信半径、不同的测距误差这几个方面来比较三维最小二乘(3DLS),三维最小二乘支持向量回归机(3DLSSVR)和基于 PSO 参数优化后的三维 LSSVR 定位算法(PSO-3DLSSVR)的定位效果。

4.7.3.2　锚节点密度对定位误差的影响

锚节点的密度对定位精度有很大的影响。一般来说,当锚节点的密度比较高的时候,更容易覆盖整个需要监测的区域,未知节点较容易被检测到,定位误差相对较小,定位性能较好。但是锚节点的增多,功耗就会相对变高,网络的硬件成本就会增加,这就需要减少锚节点数量。因此,这两者之间是不可避免的矛盾,一般是在能够达到定位需求的情况下尽量减少锚节点数量。在节点数目不变的情况下,观察锚节点密度对定位误差的影响。图 4-21 表示的是节点的通信半径为 40 m 时锚节点密度对三种算法定位误差的影响。从图中的曲线可以看出,随着锚节点密度的增加,未知节点的定位误差逐渐减少,也就是说定位精度不断提高。但是,基于 PSO 参数优化后的三维 LSSVR 定位算法随着锚节点密度的变化,定位误差的变化比较平缓。这说明,基于 PSO 参数优化后的三维 LSSVR 定位算法用较少的锚节点,就能保证所需要的精度,由此可见,本节使用的定位算法充分地利用已知锚节点的信息,更加节省定位成本。

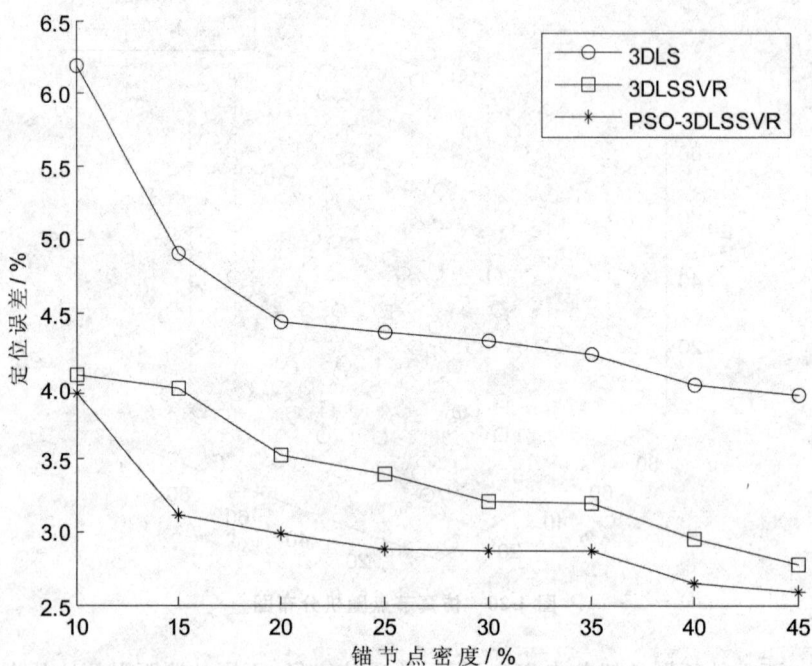

图 4-21　锚节点密度对定位误差的影响

4.7.3.3　节点通信半径对定位误差的影响

节点的通信半径也是直接影响定位效果的重要因素,节点的通信范围较小,节点能够覆盖的区域就比较小,相反来说,节点通信范围越大能够覆盖的范围就相对较大,节点可能监测到的锚节点的个数就可能较多,定位误差就较小,定位精度就较高。图 4-22 表示的是节点的通信半径从 25 m 增加到 60 m 时三种算法的平均定位误差情况。从图中的曲线可以看出,随着通信半径的增加,节点的定位误差都有所下降,但是,基于粒子群参数优化后的三维 LSSVR 定位算法的曲线幅度较小,曲线比较平缓,同时在相同的通信半径的情况下时,基于 PSO 参数优化后的三维 LSSVR 定位算法的定位误差低一些。这说明基于 PSO 参数优化后的三维 LSSVR 定位算法与前面两种算法相比对节点通信半径的要求较低。因此,节点的通信半径在较小的情况下就能达到所需的定位精度,而从能量角度来看,在要达到相同定位精度的情况下,所需的能量消耗更低一些。

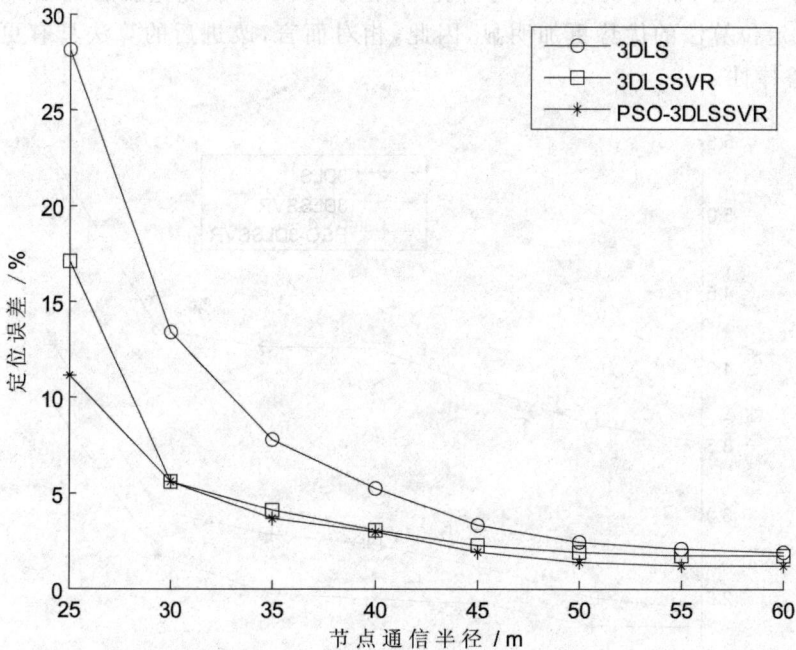

图 4-22 节点通信半径对定位误差的影响

4.7.3.4 距离误差对定位误差的影响

在实际环境中,由于存在噪声干扰及多径传播、NLOS 等问题,使得网络的实际拓扑结构复杂,锚节点到未知节点往往不是直线路径,因此,传感器估计节点之间测量的距离并不代表其真实距离,故在实验中,为了更加接近实际情况,跳段距离采用实际距离加高斯误差的形式,即

$$d_i = d_{ij}(1 + randn \times \eta) \tag{4-48}$$

$$d_{ij} = \sqrt{(x_i - x_j)^2 + (y_i - y_j)^2 + (z_i - z_j)^2} \tag{4-49}$$

式中,d_{ij} 为两个节点之间距离的真实值;η 为误差因子,与距离测量的精度有关;$randn$ 是服从均值为 0、方差为 1 的标准正态分布的随机变量。

在 DV-Hop 算法中,锚节点到节点之间有多个路径,跳段长度采用最先得到的平均跳段距离表示,在实际环境中,跳段长度不是平均分配的,通过此方法计算得到的未知节点到锚节点的距离有较大误差。在这种情况下使用式(4-48)和式(4-49)来计算节点之间的跳段距离,在仿真中通过改变误差因子 η,来达到改变距离误差。图 4-23 表示的是距离误差对定位误差的影响。从图中曲线可以看出,虽然三种算法随着距离误差的增大定位误差都有所增加,但是很明显改进后算法定位误差增大的幅度要小,可见在距离误差较大的情况下,基于 PSO 参数优化后的三维 LSS-VR 定位算法的优势更加明显,因此,相对而言,改进后的算法具有更好的鲁棒性。

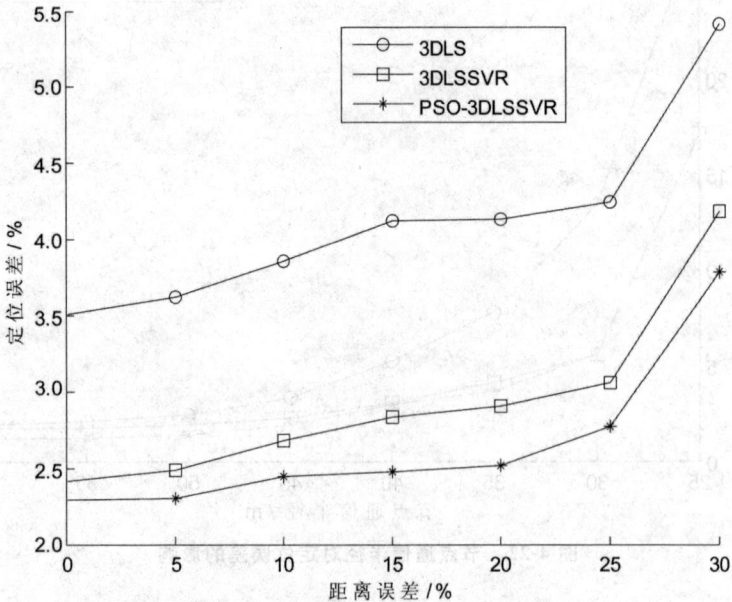

图 4-23 距离误差对定位误差的影响

4.7.3.5 定位误差效果

在测距因子 η 为 5%,锚节点密度为 20%,锚节点的通信半径是 40 m 时,基于 PSO 参数优化后的三维 LSSVR 定位算法的定位效果图如图 4-24 所示。

在仿真配置环境中,本节将锚节点的密度初始选为 20%,则此时网络中未知节点的个数是 160。图 4-25 为三维最小二乘(3DLS)定位算法、三维最小二乘支持向量回归机(3DLSSVR)定位算法和基于 PSO 参数优化后的三维 LSSVR 定位算法(PSO-3DLSSVR)下,160 个未知节点中每个未知节点的定位误差效果图。从图中,我们可以比较形象直观地观察这三种定

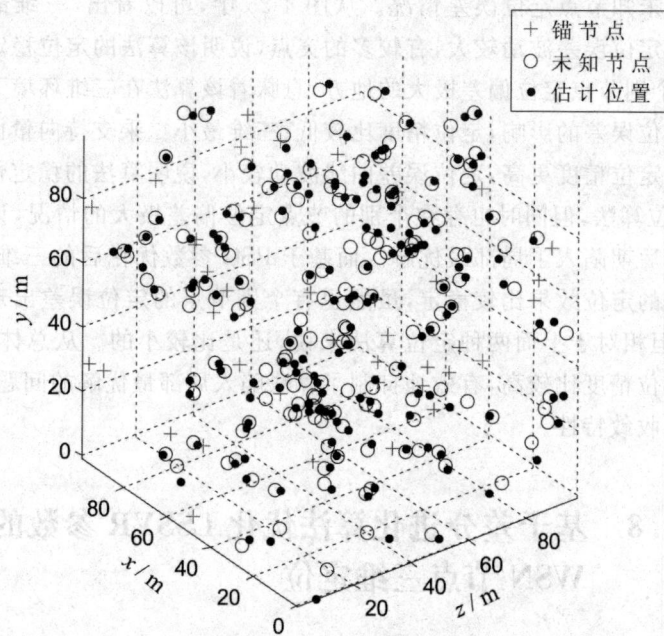

图 4-24 算法的定位效果图

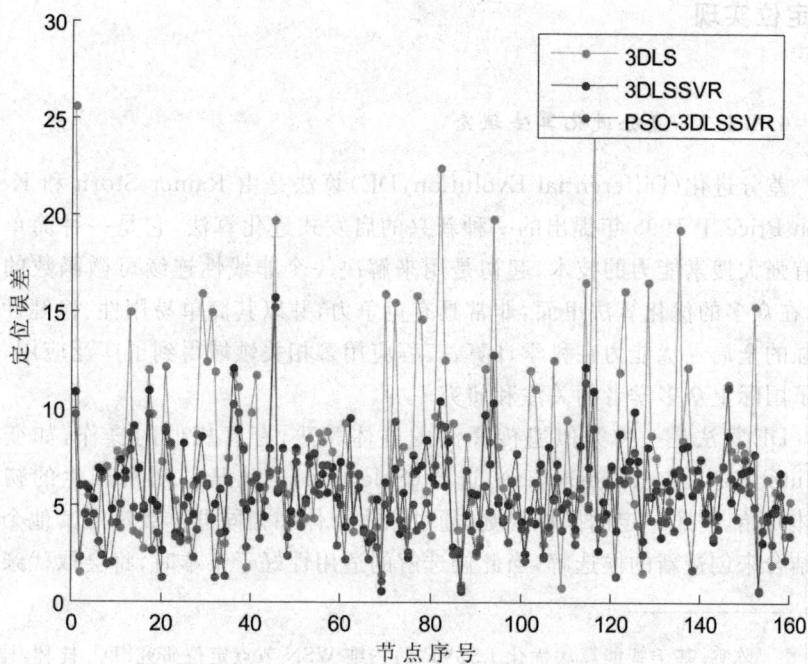

图 4-25 三种定位算法每个节点定位误差的对比

位算法的未知节点定位误差情况。从图 4-25 中,可以看出,三维最小二乘定位算法定位误差波动较大,有较多的突点,说明该算法的定位稳定性有待于提高,个别节点定位偏差极大的地方,意味着该算法在三维环境下更容易受节点定位误差的影响,定位精度比较低;三维最小二乘支持向量回归机定位算法其定位精度更高,定位误差曲线波动较小,说明算法的稳定性要好于3DLS 定位算法,但同时也存在个别的节点定位偏差极大的情况,说明其算法在迭代后期陷入了局部最优解。而基于 PSO 参数优化后的三维 LSSVR 定位算法的定位效果比较稳定,虽然也有个别节点的定位误差出现比较大的情况,但相对于上面两种定位算法来说,还是比较小的。从总体来说,该算法的定位精度比较高,有效地抑制了算法陷入局部最优解的问题,具有较好的全局收敛特性。

4.8 基于差分进化算法优化 LSSVR 参数的 WSN 节点三维定位

4.8.1 基于差分进化算法优化 LSSVR 参数的 WSN 节点三维定位实现

4.8.1.1 差分进化算法理论

差分进化(Differential Evolution,DE)算法是由 Rainer Storn 和 Kenneth Price 于 1995 年提出的一种新兴的启发式进化算法,它是一种简单但具有强大搜索能力的技术,起初是用来解决一个非线性连续可微函数的问题,在众多的优化算法里面,非常具有竞争力,并以其简单易用性、稳健性和较强的全局寻优能力在科学计算、工程应用等相关领域得到了广泛应用,引起了国际上众多学者的关注和研究[①]。

DE 算法是一种类似遗传算法的群体算法,有着相似的操作,如变异(Mutation)、杂交(Crossover)、选择(Selection)。从某一随机产生的初始群体开始,按照一定的操作规则,通过亲本个体和相同群体数量的其他个体相结合来创造新的候选解,当此候选解的适用性好于亲本时,将会取代亲本

进入到下一代中,直到满足终止条件。从本质上讲,它是一种基于实数编码的具有保优思想的贪婪遗传算法,主要用于求解多维连续函数的全局优化问题。与遗传算法的主要区别是,遗传算法依赖于交叉操作,而差分进化依赖于变异操作。DE 算法使用变异操作作为一种搜索机制,选择操作用来引导算法朝着预期的区域方向进行搜索,交叉操作可以高效地对群体中的个体进行重组,以寻找到一种更好的解决方案。研究表明,DE 算法具有以下特点:

(1)算法的通用性较强,并不依赖于所求问题的梯度信息。

(2)算法原理简单,容易实现。

(3)算法采用种群的方法进行搜索,是从多个点开始搜索,而不是从一个点开始,这使得 DE 算法能够以较大的概率找到整体最优解。

(4)算法是利用个体适应值信息而不是函数的导数或者其他相关知识来指导搜索的。

(5)易于与其他算法结合,构造出具有更优性能的混合算法。

正是由于 DE 算法具有的这些优点,使得算法提出来以后就得到了迅速的发展,尤其在复杂系统优化问题的求解、模式识别和工程模型设计优化等方面得到了广泛的应用。众多的科研机构和高校都对差分进化算法进行了较为深入的研究,提出了许多改进策略,尤其在变异算法方面,很多学者提出了不同的差分变异算式,以提高差分进化的算法性能。目前采用最广的两种差分变异策略分别是:DE/best/ * / * 策略和 DE/rand/ * / * 策略,DE/best/ * / * 策略采用群体中最优个体作为变异矢量,有着良好的收敛速度,但随着进化后期的群体多样性的降低,导致算法容易出现早熟早敛现象。DE/rand/ * / * 策略是以随机方式生成变异矢量的,因此具有较好的群体多样性,但由于没有方向的引导和条件的约束,使得算法的收敛速度比较低。所以在具体的应用中,只有采取适合求解问题的差分变异策略,才能达到预期的良好效果。针对最小优化问题,DE 算法的主要步骤如下:

最小优化问题为:

$$\begin{cases} \min f(x^1, x^2, \cdots, x^D) \\ s.t.\ x_{\min}^j \leqslant x^j \leqslant x_{\max}^j\ (j = 1, 2, \cdots, D) \end{cases} \quad (4\text{-}50)$$

式中,D 为问题空间维数;$x_{\min}^j$,$x_{\max}^j$ 分别为第 j 个分量 x^j 取值范围的最大值和最小值。

(1)初始化种群。假设种群 $P_G = \{X_{i,G} | i = 1, 2, \cdots, NP\}$,$X_{i,G} = \{X_{i,G}^j | j = 1, 2, \cdots, D\}$ 为第 G 代种群中的第 i 个个体。NP 为种群规模。当 $G=0$ 时,按照式(4-51)随机产生初始群体:

$$x_{i,0}^j = x_{\min}^j + rand(0,1) * (x_{\max}^j - x_{\min}^j)\ (j = 1, 2, \cdots, D) \quad (4\text{-}51)$$

式中，$rand(0,1)$ 为 $(0,1)$ 区间内服从均匀分布的随机数。

(2)变异操作。DE 算法中最初用的进化（变异）策略为 DE/rand/1/bin，从种群中随机选择 4 个不同个体生成差分矢量对每代最优个体进行变异操作，这样既能提高算法的收敛速度，又能在一定程度上保持较高的种群多样性。变异操作方式为：

$$v_{i,G+1} = x_{best,G+1} + F[(x_{s_1,G+1} - x_{s_2,G+1}) + (x_{s_3,G+1} - x_{s_3,G+1})] \quad (4\text{-}52)$$

式中，$v_{i,G+1}$ 为对每一个 G 代个体 $x_{i,G}$ 利用式(4-52)进行变异操作而得到的变异个体；$x_{best,G+1}$ 是 $G+1$ 中的最优个体；G 为当前种群代数；$s_1,s_2,s_3,s_4 \in \{1,2,\cdots,N\}$ 是互不相同与 i 不同的随机数；F 为缩放因子，是对差分量进行放大和缩小控制。

(3)交叉操作。为了提高种群的多样性，对 $G+1$ 代种群中第 i 个个体 $X_{i,G+1}$ 与相对应的变异个体 $V_{i,G+1}$ 执行交叉操作，得到试验个体 $U_{i,G+1} = (u_{i,G+1}^1, u_{i,G+1}^2, \cdots, u_{i,G+1}^D)$，如式(4-53)所示：

$$u_{i,G+1}^j = \begin{cases} v_{i,G+1}^j, & \text{if } rand(0.1) \leqslant CR \text{ or } j = j_{rand} \\ x_{i,G+1}^j, & \text{otherwise} \end{cases} \quad (4\text{-}53)$$

式中，CR 为交叉概率；$j_{rand} \in [1,D]$ 为一个随机数。

(4)选择操作。DE 算法采用"贪婪"的选择策略，试验个体 $U_{i,G+1}$ 与原种群个体 $X_{i,G}$ 竞争，当 $U_{i,G+1}$ 的适应值较 $X_{i,G}$ 更优时，被选作子代；否则，直接将 $X_{i,G}$ 作为子代，如式(4-54)所示：

$$X_{i,G+1} = \begin{cases} U_{i,G+1}, & f(U_{i,G+1}) \leqslant f(X_{i,G}) \\ X_{i,G}, & \text{otherwise} \end{cases} \quad (4\text{-}54)$$

式中，$X_{i,G+1}$ 为种群下一代个体；f 为适应度函数。

4.8.1.2　差分进化算法的参数选取

参数值的选取直接影响着全局优化算法的性能，差分进化算法的参数可以依据一些经验规则来设置，差分进化算法的主要控制参数有：种群规模 NP、缩放比例因子 F、交叉概率 CR、最大迭代次数 t_{max}。

(1)种群规模 NP。较大的 NP 值有利于提高群体中全局最优解的搜索，但是算法的计算量和程序的运行时间也会相应地增加，而且全局的最优解并不会随种群规模的增大而变得更加精确，有时会随着种群规模的增大反而使最优解的精度变低。根据经验，种群规模 NP 选择在问题空间维数 D 的 5~10 倍之间，但最小值不得小于 4，以确保 DE 变异操作时具有足够的不同的变异向量，为了不使算法计算时间太长，NP 的值一般取 20~50，至于 NP 的值到底取多大，要根据具体的要求和不断地进行试验。

(2)缩放比例因子 F。缩放比例因子 F 的取值范围一般在 0~2 之间，由变异操作中的公式可以看出，F 的取值对产生变异个体有着直接的影响。F 的值越小，产生的变异个体变化就越小，则就有利于算法的局部搜索；F 的值较大，有利于保持种群的多样性和全局搜索能力，算法也容易收敛到全局最优点，但是当 $F > 1$ 时，搜索速度将变慢。当种群出现早熟收敛现象时，缩放因子 F 应该适当地给予增大。

（3）交叉概率 CR。CR 主要作用在交叉操作中，如果 CR 的值越大，则 $V_{i,G+1}$ 对 $U_{i,G+1}$ 的贡献越多，收敛速度加快，但易于陷入局部最优，不利于保持种群多样性，易于早熟收敛，稳定性变差；如果 CR 的值越小，则 $X_{i,G}$ 对 $U_{i,G+1}$ 的贡献越多，收敛速度降低，成功率提高，稳定性变好。因此，针对不同的函数优化问题，交叉概率 CR 的取值也会有所不同。

（4）最大迭代次数 $t_{\max}$。在 DE 的选择操作之后，如果算法没有到达最大迭代次数 $t_{\max}$，则算法继续执行下去；如果达到了 $t_{\max}$，那么就输出所求得的全局最优解。迭代次数的取值没有固定的标准，一般取值在 $100 \sim 200$ 之间，迭代的次数越大，所求的结果就越准确，但同时也增加了算法的运行时间。

DE 算法控制参数的选取并没有具体的要求，针对不同的问题，参数的选取也不尽相同，而且参数之间也是相互影响的。一般可通过选取不同值进行试验，根据反复的试验和表现出的效果，最终设定算法参数 F、CR 和 NP 值的大小。

4.8.2　基于 DE 算法的 LSSVR 核函数参数和规则化参数优化

首先定义目标适应度优化函数，构造的目标函数仍然为 4.7.2 节中的式（4-46）。

DE 优化核函数参数和规则化参数算法的具体步骤描述如下：

（1）初始化种群规模 NP，缩放因子 F，交叉因子 CR，最大迭代次数 $t_{\max}$，随机产生 (γ, σ) 的初始位置。

（2）以当前的 (γ, σ) 参数组合值作为 LSSVR 的参数，利用 LSSVR 对样本数据进行训练和检验，并得到检验结果，即样本的预测结果。

（3）根据（2）得到的预测结果与实际值对比，根据式（4-46）计算目标适应度优化函数值，并判断其值是否达到预定精度或满足 $t = t_{\max}$，即达到最大进化代数，若满足其中任意一项，则转到（9）；否则进行下一步。

（4）$G = G + 1$，即进入下一代进化。

（5）从当前 G 代种群中随机选四个不同个体 $X_{i,G}$，利用式（4-51）进行变异操作，产生 $G+1$ 变异个体 $V_{i,G+1}$。

（6）按照式（4-53）对 $G+1$ 变异个体 $V_{i,G}$ 进行交叉操作，生成试验个体

$U_{i,G+1}$。

(7)按照式(4-54)对 $G+1$ 试验个体 $U_{i,G+1}$ 进行选择操作,生成 $G+1$ 个体 $X_{i,G+1}$ 作为下一代。

(8)在 $G+1$ 代种群中,计算产生新的 (γ,σ),然后转至(2)。

(9)得到 LSSVR 最优参数 (γ,σ),并利用 LSSVR 对样本数据进行训练和检验,以此进行预测。

基于 DE 算法的 LSSVR 参数优化流程图如图 4-26 所示。

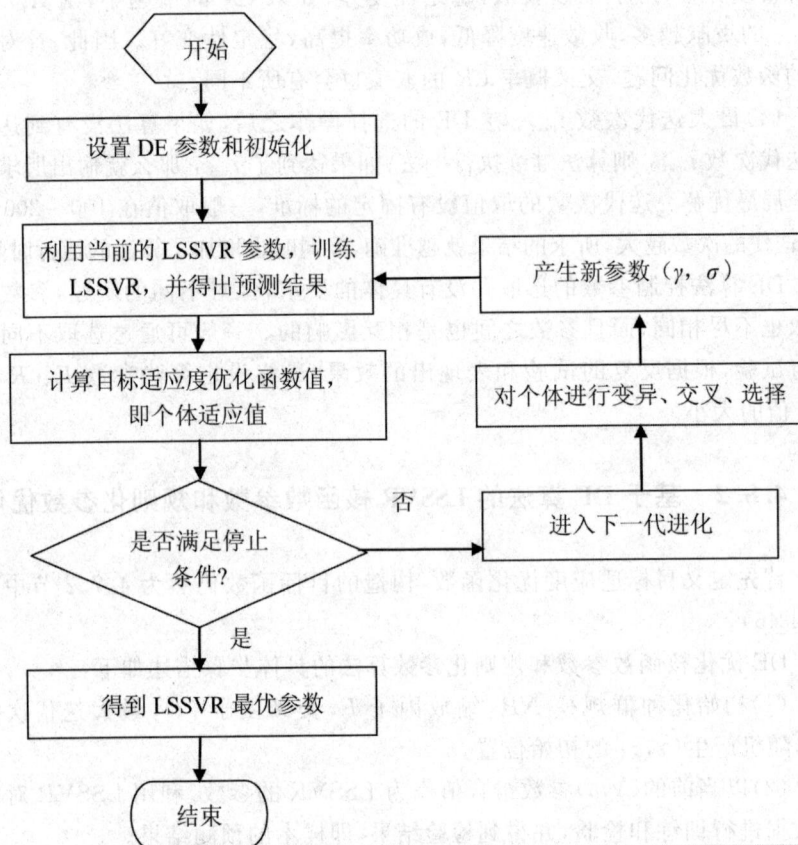

图 4-26　基于 DE 算法的 LSSVR 参数优化流程图

4.8.3　实验仿真及结果分析

4.8.3.1　运行环境和定位算法参数的设置

仿真环境与 4.7.3.1 节中设置相同,假设三维空间范围是 100 m×

100 m×100 m,初始化时,节点数目为 200 个,通信半径为 40 m,锚节点密度为 20%,误差因子 η 为 5%。所有的实验结果均是 100 次独立仿真的平均值,采用平均定位误差公式评价算法的性能,其误差公式如式(4-47)所示。

根据经验及大量的反复试验,定位算法的参数设置为:种群规模 $NP=20$,种群规模过大,则算法的计算时间就过长,对于 LSSVR 节点定位来说不可取,但也不能过小,否则无法搜索到最优解,有悖于迭代循环求精的思想;为了能够和其他的定位算法在相同的迭代次数下进行对比,设定最大迭代次数 $t_{max}=100$;缩放比例因子 $F=0.5$,交叉概率 $CR=0.4$。在进行仿真之前,所有节点随机部署,部署之后的节点位置固定不变。仿真节点随机部署如图 4-27 所示。

下面从不同的锚节点密度、不同的通信半径、不同的测距误差这几个方面来比较三维最小二乘(3DLS)、三维最小二乘支持向量回归机(3DLSSVR)和基于 DE 参数优化后的三维 LSSVR 定位算法(DE-3DLSSVR)的定位效果。

4.8.3.2　锚节点密度对定位误差的影响

在上述网络环境中,分别利用三维最小二乘(3DLS)、三维最小二乘支持向量回归机(3DLSSVR)和基于 DE 参数优化后的三维 LSSVR 定位算法(DE-3DLSSVR)对未知节点进行三维定位,考察锚节点密度对定位误差的影响。从图 4-27 的曲线可以看出,随着锚节点密度的增加,三种算法的定

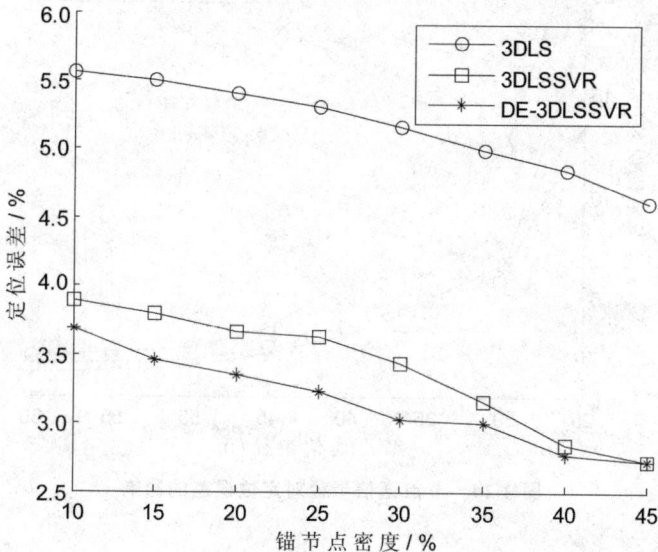

图 4-27　锚节点密度对定位误差的影响

位误差都变得越来越小,这是因为当锚节点密度不断增大的时候,锚节点数量也不断增多,未知节点从锚节点获得的信息也越多,定位误差也就变小了。但是基于 DE 参数优化后的三维 LSSVR 定位算法比其他两种算法在定位误差上得到了更大程度的降低,因此,在相同的锚节点密度下,相对于其他两种算法而言,基于 DE 参数优化后的三维 LSSVR 定位算法的定位误差最低,定位精度最高。这说明,基于 DE 参数优化后的三维 LSSVR 定位算法的定位精度均高于其他两种算法。

4.8.3.3 节点的通信半径对定位误差的影响

不同的节点通信半径对定位误差影响如图 4-28 所示。由图可知,通信半径增加,节点定位误差降低,定位精度提高,在节点的通信半径为 25 m 的时候,三维最小二乘算法、三维最小二乘支持向量回归机算法和基于 DE 参数优化后的三维 LSSVR 定位算法定位误差分别为 24%、13% 和 11%,因此,在相同的通信半径下,基于 DE 参数优化后的三维 LSSVR 定位算法的定位误差最低。也就是说,当节点的通信半径较少,网络连通度较低的时候,基于 DE 参数优化后的三维 LSSVR 定位算法能够更充分地利用有限的资源辅助未知节点进行定位,使网络更加可靠。

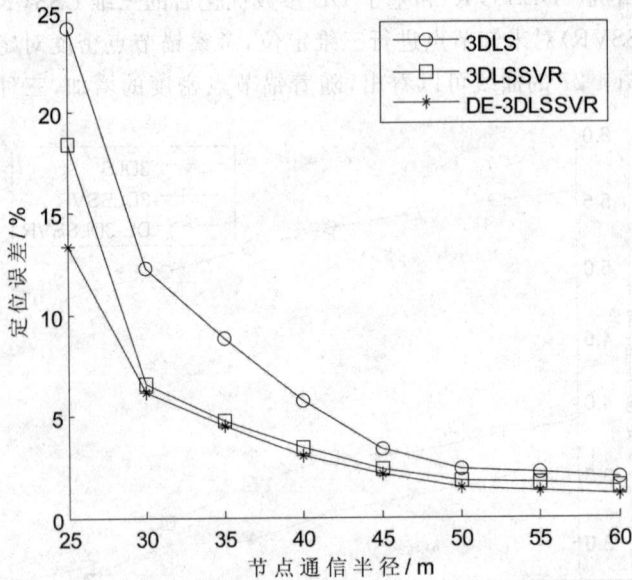

图 4-28 节点通信半径对定位误差的影响

4.8.3.4 距离误差对定位误差的影响

由于在本节所提出的算法中需要估算锚节点与未知节点之间的距离，处于环境影响而产生的跳段距离误差。在仿真中距离误差采用实际距离加高斯误差的形式，如式(4-48)和式(4-49)所示，通过改变误差因子 η 来改变跳段距离误差来模拟实际中存在的跳段距离误差。图 4-29 表示的是不同的跳段距离误差对定位误差的影响。由图可知，随着距离误差增大，定位误差也逐渐增大，定位进度逐渐降低，但在相同的距离误差下，基于 DE 参数优化后的三维 LSSVR 定位算法的定位误差最小，定位精度最高，具有更好的容错性。

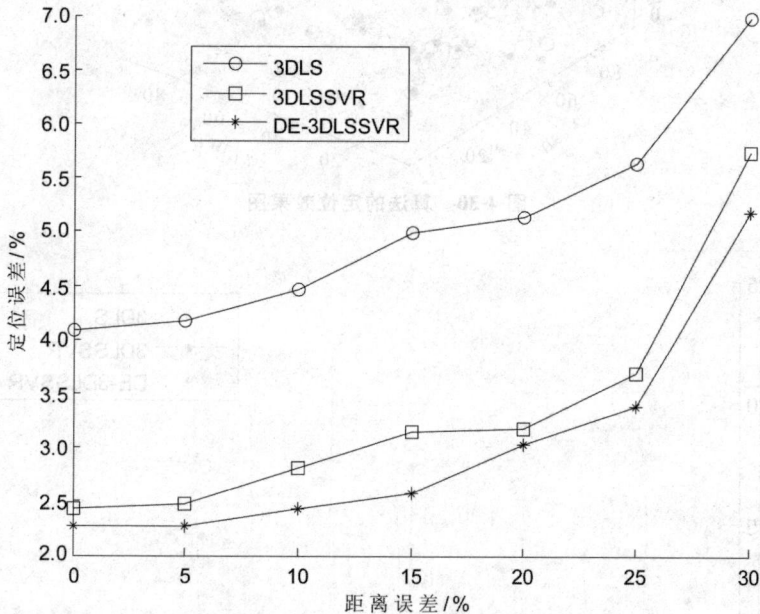

图 4-29 距离误差对定位误差的影响

4.8.3.5 定位误差效果

综上所述，在测距因子 η 为 5％，锚节点密度为 20％，锚节点的通信半径是 40 m 时，基于 DE 参数优化后的三维 LSSVR 定位算法的定位效果图如图 4-30 所示。

在仿真环境中，本节将锚节点的密度初始选为 20％，则此时网络中未知节点的个数是 160。图 4-31 为三维最小二乘(3DLS)定位算法、三维最小二乘支持向量回归机(3DLSSVR)定位算法和基于 DE 参数优化后的三维 LSSVR 定位算法(DE-3DLSSVR)下，160 个未知节点中每个未知节点的定

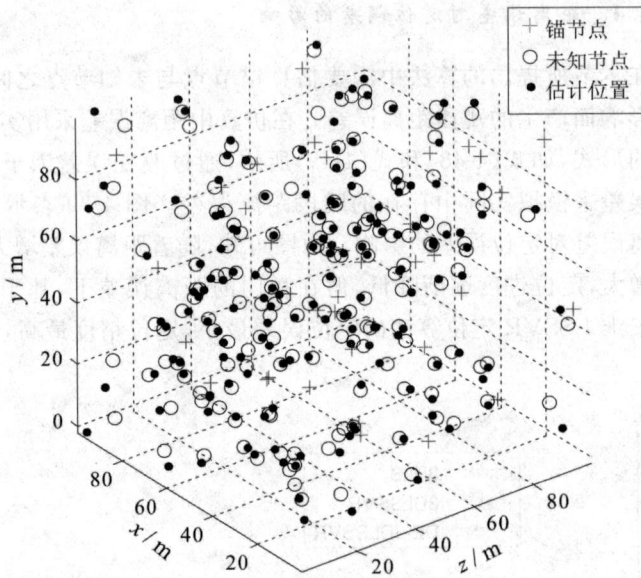

图 4-30　算法的定位效果图

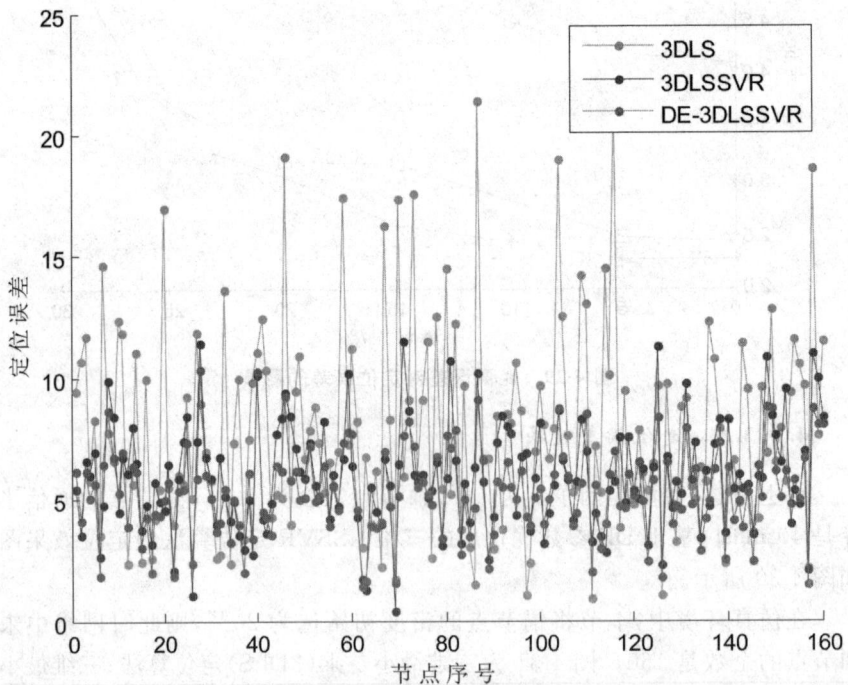

图 4-31　三种定位算法每个节点定位误差的对比

位误差效果图。从图 4-31 的曲线可以看出，三维最小二乘定位算法曲线波动较大，有较多的突点，这是由于在 DV-Hop 算法中简单地把跳数和平均每跳距离的乘积作为未知节点到锚节点的距离，这样会由于跳数相同、实际距离远近不同而选用错误的锚节点定位从而引起较大误差；三维最小二乘支持向量回归定位算法的定位曲线波动较小，这说三维最小二乘支持向量回归定位算法比较稳定，但是也存在个别点突出明显的现象；基于 DE 参数优化后的三维 LSSVR 定位算法节点误差分布落差比较小，这说明该算法能够有效地利用周围锚节点信息，未知节点计算的定位误差相对于其他两种算法来说误差较小。从总体上来说，该算法定位精度较高，能够有效地利用锚节点信息，迭代累积的误差较小，具有较好的容错性。

第 5 章　基于 KF-LSSVR 的 WSN 三维移动节点定位技术

5.1　移动节点定位算法介绍

　　随着网络技术的飞速发展,在很多应用和日常生活中都越来越需要 WSN,这就使静止的传感器节点已经不能满足应用的需要,传感器节点必须要运动起来,比如说跟踪移动的目标,甚至有时为了更快地获取有用的信息,需要移动地去收集数据,所以对移动节点的定位就显得尤为重要[①]。

5.1.1　常见的移动节点定位算法

　　由于移动 WSN 应用的越来越广泛,随之也就产生了很多移动定位算法。目前,针对节点移动性的定位算法主要分为两类:一类是 MCL 算法以及基于 MCL 而衍生出来的定位算法;另一类是运用非统计方法的节点定位算法。其中第一类是当前 WSN 研究领域中的一个研究热点。下面将对由 MCL 算法衍生出来的几种典型的定位算法进行简单介绍。

　　在 MCL 算法基础上,Baggio 等人提出了 MCB(Monte Carlo Localization Boxed)算法,通过构建锚盒子和采样盒子,有效地解决了传统 MCL 算法采样效率低下的问题,该算法的实现能够有效降低定位的误差。但是节点需要配置测距部件,增加了模块硬件的成本。

　　继 MCB 算法之后,提出了一种新的计算锚盒子的方法——MCBE(Monte Carlo Localization Boxed Using Estimation)算法。首先由待定位节点的邻居锚节点来确定锚盒子,直至达到锚盒子上限,这时再通过锚盒子比较小的待定位节点来减小采样区域,并把其设定为最终采样区域。该算法比 MCB 算法采样区域更小一些,这样对待定位节点定位的精度也会有所提高。

---

① 马征征.基于蒙特卡罗的移动节点定位算法研究[D].石家庄:河北师范大学,2013.

基于锚节点选择模型的 MCL 定位算法——MCLAS(Monte Carlo Lo-calization based Anchor Node Select Model)。首先建立一个锚节点选择模型,并且把待定位节点的邻居节点也加入到这个模型内,然后再构建一个由均匀分布且距离待定位节点比较近的锚节点组成的采样盒,这样所得到的采样区域会非常小。由于节点几乎不会在很短的时间内改变运动状态,因此就从上一时刻所预测节点运动方向的角度来考虑权重的设置,只有这样才能提高定位精度。

在很大程度上把整个部署区域中的锚节点的信息全部利用起来,提出了多跳蒙特卡罗定位算法——MMCL(Multi-hop-based Monte Carlo Lo-calization)算法,它结合了 MCL 算法和 DV-Hop(Distance Vector-hop)算法,实现了在锚节点密度比较低的区域对节点进行精确定位,这是因为该算法在定位过程中根本就不需要知道节点的通信半径。

Dual-MCL(Dual Monte Carlo Localization)算法是将蒙特卡罗算法中的两个阶段颠倒,预测阶段,在部署区域中随机选取一个位置,通过与锚节点通信来判断与其位置是否一致;过滤阶段,根据预设的过滤条件来过滤掉不符合条件的样本点。然后重复采样和过滤,直到样本集中的样本点达到所规定的个数或者采样次数达到上限,则停止采样,最后把样本集中的样本点的平均值作为待定位节点的最终位置坐标。

Mixture-MCL(Mixture Monte Carlo Localization)算法是综合运用 MCL 算法和 Dual-MCL 算法,该算法不是随机采样来获取样本点,而是通过一定的概率,让 Dual-MCL 算法以混合概率 $\varphi(0\leq\varphi\leq1)$ 采集样本点,MCL 算法以概率 $1-\varphi$ 采集样本点。重复预测阶段和过滤阶段,直到样本点达到预定的个数为止,并且把样本点的均值作为待定位节点最终的估计位置。

以上这几种定位技术都是基于 MCL 算法的,都在一定程度上减小了定位误差,提高了定位精度,使得定位更快更有效。为以后 WSN 中的移动节点定位技术提供了可能,也为以后的研究和发展奠定了坚实的基础。

5.1.2　移动节点的定位性能指标

在 WSN 中,节点的能量和带宽都受到一定的限制,算法是否可用取决于定位系统和定位算法的性能,因此定位算法的性能是一个需要深入研究的热点问题,下面介绍几个常用的性能评价指标。

5.1.2.1　定位精度

定位精度从字面上理解即为节点定位的精确程度,根据度量对象不同可分为两种——绝对定位精度和相对定位精度。绝对定位精度的度量对象是表示长度的单位,如 GPS 定位系统的定位精度为 5 m;相对定位精度的度量对象是距离的百分比,通常用平均节点定位误差值所占节点无线通信半径的百分比来描述,如节点的定位精度为 15%,则表示网络中平均节点定位误差值是节点通信半径的 15%。

5.1.2.2 能量消耗

无线传感器网络中的节点体积小,携带的能量是有限的,在使用过程中要尽量减小节点能量的消耗。有数据表明一个传感器节点传输数据 1 bite 到 100 m 远的距离所消耗的能量能供节点执行 3 000 条命令,由此而知,传感器节点在网络中的能量主要用于传输数据信息。

5.1.2.3 健壮性

在无线传感器网络中,定位系统要想屏蔽外界影响和干扰,就必须要配备容错能力和自适应性很强的软件和硬件来适应环境,减小误差,并且能够通过自身调整和重组来修正错误。由于传感器网络是自组网,具有很强的动态性,所以定位算法要能够在出现错误或者受到攻击时,屏蔽扰乱而继续工作。

5.1.2.4 节点密度

节点密度通常用网络连通度来表示,根据节点种类可以将其分为两类——锚节点密度和整个网络节点密度。节点密度将影响定位精度,同时也影响节点的成本和通信的开销。锚节点的位置坐标是通过人工或者 GPS 确定的,锚节点密度增大虽然会减小定位误差,但是也会增加成本,因此为了提高定位精度,锚节点密度只能在一定范围内适当地增加。

5.1.2.5 刷新速度

这一评价指标主要用于移动网络中,有一些移动的节点的位置坐标不固定,所以要不断地更新位置坐标,刷新速度正是反映了更新位置的频率,刷新速度要能够满足应用的需求。如果刷新速度很慢的话,那么新的信息不能快速替换旧信息,将造成信息滞后,直接影响定位精度。但是刷新速度也不能过快,它与定位算法的复杂度、网络通信带宽息息相关。

5.1.2.6 定位覆盖率

定位覆盖率主要是指已经计算出位置坐标的待定位节点在所有待定位

节点中所占的比例,在网络中总会有一些不可达或者是节点密度很低的待定位节点无法实现准确定位。因此,无论如何都要尽可能多地对节点进行精确定位。

5.1.2.7　定位代价

根据定位代价所使用的不同方面,可将其分为时间代价、空间代价和资金代价等,如图 5-1 所示。

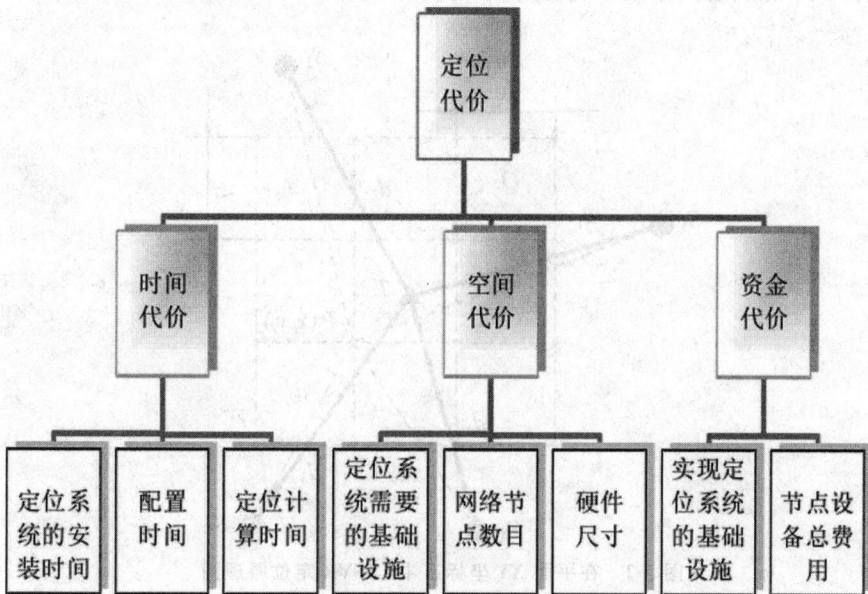

图 5-1　定位代价分类

5.2　基于 LSSVR 的回归建模定位理论

5.2.1　LSSVR 的回归建模定位基本原理

本节是针对 WSN 三维移动节点进行定位。场景为正方体的三维立体空间,由于三维定位的复杂性,本节将三维网络进行网格化,变成 $l_x \times l_y \times l_z$(其中 $l_x = l_y = l_z$) 的小立方体。由三维空间理论可知:正方体的三维立体空间可以等效为三个相同且互相垂直的二维平面,因此,可以将三维立体空间定位问题转换到二维平面定位问题,将问题进一步简化。由于三个二维平面的定位原理是一样的,本节选择在平面 XY 坐标系中进行定位[①]。

图 5-2 为在平面 XY 坐标系中 LSSVR 定位原理图,其中,$S_i(i=1,2,\cdots,N)$ 为锚节点,T 为未知节点。在图中,S_i 到 T 的实际距离为 d_i,但由于误差的原因,测得的距离为 d'_i。将实际距离组成距离向量 $R=[d_1,d_2,\cdots,d_L]$。由于本节中未知节点是移动的,那么未知节点的位置坐标是变化的,根据距离公式可知,S_i 到 T 的实际距离 d_i 是变化的,从而距离向量 R 也是变化的。由此可知,未知节点的坐标和距离向量之间存在着一定的映射关系,且映射关系是非线性的。

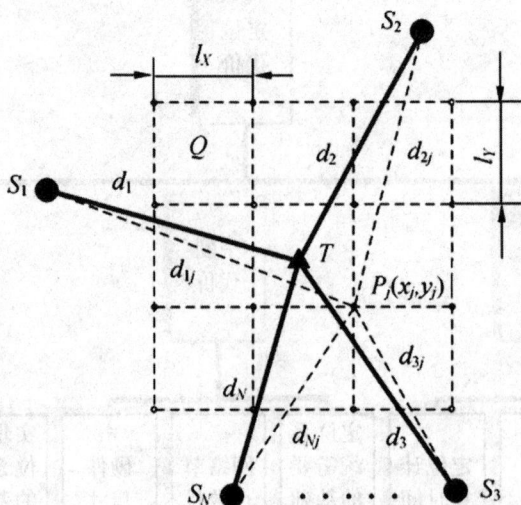

图 5-2   在平面 XY 坐标系中 LSSVR 定位原理图

LSSVR 的定位思路为:通过 LSSVR 进行建模得到距离向量与未知节点坐标的近似函数关系的定位模型,将测量到的锚节点与未知节点之间的距离向量代入定位模型中,通过反标准化得出未知节点的估计坐标。

思路的具体步骤如下:

(1)在二维平面内选择一个学习区域 Q,并将网格结点设置为虚拟节点,从而得到 M 个虚拟节点。

(2)在 Q 内选择虚拟节点 $P_j(x_j,y_j)(j=1,2,\cdots,M)$,得到其与 S_i 之间的距离向量 $R_j=[d_{1j},d_{2j},\cdots,d_{Nj}]$,通过距离向量 R_j 和坐标 (x_j,y_j) 可以得到训练样本集 $\chi_x=\{(R_j,x_j)|j=1,2,\cdots,M\}$,$\chi_y=\{(R_j,y_j)|j=1,$

---

① 王平.基于 KF-LSSVR 的 WSN 三维移动节点定位技术研究[D].桂林:桂林理工大学,2014.

$2, \cdots, M\}$。

（3）通过 LSSVR 对样本集进行学习，得到 LSSVR 的定位模型。

（4）将测量到的锚节点与未知节点之间的距离向量代入定位模型中，通过反标准化得出未知节点的估计坐标。

5.2.2　LSSVR 的回归建模定位基本过程

图 5-3 为 WSN 二维移动节点定位示意图。图中的阴影部分为所有锚节点 S_i 覆盖未知节点的公共区域，Q 为学习区域。根据 5.2.1 节的 LSSVR 定位思路，得到 LSSVR 的定位模型，从而实现对未知节点的定位。

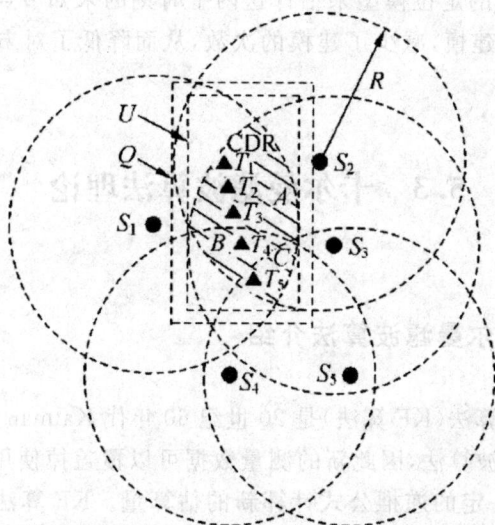

图 5-3　WSN 二维移动节点定位示意图

但是在本节的场景中，未知节点是移动的，因此需要考虑未知节点移动对定位的影响。当未知节点在区域内运动时，覆盖未知节点的锚节点就会变化，LSSVR 需要根据具体的变化重新建立新的定位模型，这样既增大了计算量，又增加了能耗和时延，同时占用了 WSN 有限的资源。若每次由于与未知节点 T_k 组成距离向量的锚节点发生变化而通过 LSSVR 重新建模，那么这样无法降低计算量和资源的占用量，从而无法达到提高精度的效果。因此，如何提高定位精度和实时性，降低计算量和能耗，减少资源的占用，是一个需要解决的重要问题。针对这个问题，张晓平等对移动节点定位的 LSSVR 回归建模特性进行了分析，并有效地解决了这个问题。

将图 5-3 中的公共区域分为 A、B、C 三个部分，将未知节点的位置分为五个典型时刻的位置。令 $t_k(k=1,2,3,4,5)$ 时刻的未知节点的位置坐标 T_k 为 (x_k,y_k)。

当 $k=1,2,3$ 时，未知节点 T_k 位于 A 区域内，此时与未知节点 T_k 组成距离向量的锚节点为 $S_i(i=1,2,3)$。由于三个时刻的锚节点一样，那么三个时刻的定位模型也是一样的，可以采用 t_1 时刻的定位模型来估计这三个时刻的未知节点的坐标。这样就可以避免重复建模，从而降低了对未知节点的计算量。

当 $k=4,5$ 时，未知节点 T_k 分别位于 B、C 区域内，此时与未知节点 T_k 组成距离向量的锚节点分别为 $S_i(i=1,2,3,4)$、$S_i(i=1,2,3,4,5)$。在 $k=4,5$ 时锚节点 S_i 中都包含有 S_1,S_2,S_3，那么这两个时刻的模型都可以采用 t_1 时刻的定位模型来估计这两个时刻的未知节点的坐标。这样就可以避免重复建模，减少了建模的次数，从而降低了对未知节点定位的计算量。

5.3　卡尔曼滤波算法理论

5.3.1　卡尔曼滤波算法介绍

卡尔曼滤波算法（KF 算法）是 20 世纪 60 年代 Kalman 等人提出来的，它是一种递推滤波算法，因此新的测量数据可以覆盖掉使用过的旧的测量数据，然后按照一定的递推公式计算新的估算量。KF 算法的主要作用是对一系列带有噪声的真实测量数据根据一定的滤波准则，采用某种统计最优方法进行平滑处理从而滤除数据中的噪声干扰，尽可能恢复真实的数据流。KF 算法在一般的数据处理中主要是平滑随机误差，在导航或者定位系统中，KF 算法主要用于信息融合。KF 算法是线性系统中的最优滤波器，能够高效地处理高斯模型系统，但是对非高斯噪声系统则不适用。其对处理高斯模型的系统非常有效[①]。KF 算法不仅可以通过当前观测到的数据实现当前位置估计（滤波），还可以对将来位置进行估计（预测），也可以对过去位置进行估计（插值或者平滑）。KF 算法不仅对稳定状态下的数据有很好的滤波效果，也适用于对时变随机信号的处理。20 世纪 40 年代 Wein-

---

① 唐荣.基于无迹卡尔曼滤波（UKF）的 RSSI 室内定位算法设计与实现[D].南京：东南大学,2017.

er 和 Kolmogorov 提出的维纳滤波理论是在频域内设计的,而 KF 算法是时域内的滤波算法,二者相比,KF 算法解决了维纳滤波在频域内遇到的障碍,适用范围比维纳滤波广泛,还适用于多维情况。总而言之,KF 算法可以对带有随机误差的一组真实测量数据进行平滑滤波处理从而提高该数据的准确性。该算法的实现方程如下:

状态一步预测:

$$\hat{X}(k+1|k) = \phi\hat{X}(k|k) \tag{5-1}$$

状态更新:

$$\hat{X}(k+1|k+1) = \hat{X}(k+1|k) + K(k+1)\varepsilon(k+1) \tag{5-2}$$

$$\varepsilon(k+1) = Y(k+1) - H\hat{X}(k+1|k) \tag{5-3}$$

滤波增益矩阵:

$$K(k+1) = P(k+1|k)H^{\mathrm{T}}[HP(k+1|k)H^{\mathrm{T}} + R]^{-1} \tag{5-4}$$

一步预测协方差阵:

$$P(k+1|k) = \phi P(k|k)\phi^{\mathrm{T}} + \Gamma Q\Gamma^{\mathrm{T}} \tag{5-5}$$

协方差矩阵更新:

$$P(k+1|k+1) = [I_n - K(k+1)H]P(k+1|k) \tag{5-6}$$

式(5-1)～式(5-6)是一个周期内线性 KF 算法的滤波过程,主要有两个更新过程:时间更新、状态更新。式(5-1)说明了 $k+1$ 时刻的状态如何从 k 时刻估计预测得来;式(5-2)利用 $k+1$ 时刻的观测值更新当前的状态量,更新后的值就是 $k+1$ 时刻的最佳估计值;式(5-3)表示的是实际的观测值与预期观测值之间的残差;式(5-5)是预测协方差矩阵,该矩阵定量地对预测质量优劣进行评价和描述;式(5-6)是协方差矩阵更新,该值在下一个滤波周期中对协方差进行预测;式(5-4)的滤波增益矩阵主要有两个作用:第一,通过权衡预测状态协方差 P 和观测量的协方差矩阵 R 大小来决定预测模型和观测模型的权重。残差权重大则说明预测模型的信任度大于观测模型,反之如果残差权重小则说明观测模型的信任度大于预测模型;第二,将残差的表现形式从观察域转向状态域,观察值是一个一维向量,而状态值是多维向量,它们的单位和描述特征是不相同的,起的作用就是使观察值的残差更新状态值。总的来说,这些方程总共只有一个目的,即正确、合理地利用观测量和噪声,来预估更新系统的状态量。

总的来说,KF 算法具有如下特点:

(1)KF 算法的应用范围非常广泛,这是因为 KF 算法中,被估计的信号只是当作在高斯白噪声下随机的线性输入,而且 KF 算法的输入和输出过程是在时间域内由状态方程给出的,因此 KF 算法不仅对平稳过程的随机信号有良好的滤波效果,而且还特别适用于非平稳状态下的随机信号的滤波处理。

(2)KF 算法不需要滤除系统的量测噪声和过程噪声,这两种噪声的统计特性在 KF 过程中还需要使用。

(3)KF 算法在时间域内进行滤波,而且是一种递推滤波形式,它的计算过程在不断的"预测-修正"。它不需要存储已经使用过的数据,一旦有新的观测数据到来,可以即时对其进行滤波处理得到新的滤波值,因此这种滤波方法非常适用于实时处理、计算机实现。

(4)KF 算法的增益矩阵跟观测无关,为了减少在线计算量可以先离线计算出。虽然在求 KF 增益矩阵的时候需要求一个矩阵的逆,但由于观测方程的维数很小所以该矩阵的阶数较低从而求逆运算比较简单。

5.3.2　基于卡尔曼滤波算法的位置估计算法

卡尔曼滤波器的计算过程公式如下所示[①]。

(1)KF 方程的预测过程:

$$\hat{X}(k \mid k-1) = A\hat{X}(k-1 \mid k-1) \tag{5-7}$$

$$\hat{P}(k \mid k-1) = A\hat{P}(k-1 \mid k-1)A^{\mathrm{T}} + Q \tag{5-8}$$

(2)KF 方程的矫正过程:

$$K(k) = \hat{P}(k \mid k-1)C^{\mathrm{T}}[C\hat{P}(k \mid k-1)C^{\mathrm{T}} + R]^{-1} \tag{5-9}$$

$$\hat{X}(k \mid k) = X(k-1 \mid k-1) + K(k)[S(k) - C\hat{X}(k \mid k-1)] \tag{5-10}$$

$$\hat{P}(k \mid k) = [I - K(k)C]\hat{P}(k \mid k-1) \tag{5-11}$$

式中,$\hat{X}(k \mid k-1)$ 为系统预测值;$\hat{X}(k \mid k)$ 为系统的估计值;$\hat{P}(k \mid k-1)$ 为 $\hat{X}(k \mid k-1)$ 的协方差;$\hat{P}(k \mid k)$ 为 $\hat{X}(k \mid k)$ 的协方差;$K(k)$ 为卡尔曼增益。

由式(5-7)可知:

$$\hat{X}(k+1 \mid k) = A\hat{X}(k \mid k) \tag{5-12}$$

将式(5-10)代入式(5-12)可得:

$$\hat{X}(k+1 \mid k) = AX(k-1 \mid k-1) + AK(k)[S(k) - C\hat{X}(k \mid k-1)] \tag{5-13}$$

由式(5-9)可得:

$$\hat{P}(k+1 \mid k) = A\hat{P}(k \mid k)A^{\mathrm{T}} + Q \tag{5-14}$$

---

① 王平.基于 KF-LSSVR 的 WSN 三维移动节点定位技术研究[D].桂林:桂林理工大学,2014.

将式(5-11)代入式(5-14)，可得：

$$\hat{P}(k+1\mid k) = [A - AK(k)C]\hat{P}(k\mid k-1)A^{\mathrm{T}} + Q \tag{5-15}$$

令 $G(k) = AK(k)$，可得：

$$G(k) = A\hat{P}(k\mid k-1)C^{\mathrm{T}}[C\hat{P}(k\mid k-1)C^{\mathrm{T}} + R]^{-1} \tag{5-16}$$

那么式(5-15)可变换成：

$$\hat{P}(k+1\mid k) = [A - G(k)C]\hat{P}(k\mid k-1)A^{\mathrm{T}} + Q \tag{5-17}$$

同时式(5-13)可变换成：

$$\hat{X}(k+1\mid k) = AX(k-1\mid k-1) + G(k)[S(k) - C\hat{X}(k\mid k-1)] \tag{5-18}$$

那么，卡尔曼运算由式(5-16)、式(5-17)、式(5-18)进行递推。当递推结束后，将获得的结果代入式(5-10)，从而得到了一个相对精确的距离。

5.4　基于 LSSVR 的 WSN 移动节点三维定位

5.4.1　传统 LSSVR 移动节点定位及其改进策略

5.4.1.1　传统 LSSVR 算法的不足

在本节场景中网络区域为三维复杂空间，不是二维平面。其中，未知节点是移动的，在网络区域内任意运动，且在网络区域内可能存在障碍物。

传统的 LSSVR 定位算法在简单的场景中还适应，但是在本节的三维移动网络的复杂场景中，传统的 LSSVR 定位算法就会产生很大误差。由于场景中存在障碍物，传统的 LSSVR 算法中锚节点与未知节点之间可能因为障碍物的原因导致没有直接连通，而需要采用多跳方式进行。在多跳的过程中，两节点之间可能会有多条路径，但是传统的 LSSVR 算法获得的跳数并不一定是最小跳数[①]。

如图 5-4 所示，图中的字母代表各节点，数字代表节点之间的跳数。如果将传统的 LSSVR 算法计算得到的两节点间的跳数作为最小跳数，那就容易产生错误。根据各节点之间的跳数可知：节点 A 到节点 B 之间的直接跳数为 9。而这跳数并不是节点 A 到节点 B 的最小跳数，而节点 A 到节点

---

① 王平.基于 KF-LSSVR 的 WSN 三维移动节点定位技术研究[D].桂林:桂林理工大学,2014.

B 的最小跳数是节点 A 到节点 D,经过节点 C,再到达节点 B,跳数之和为 6。造成最小跳数错误的原因就是传统的 LSSVR 算法并没有采用其他的方法选择节点 A 和节点 B 的最小跳数,而盲目地确定节点 A 到节点 B 的最小跳数。

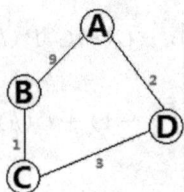

图 5-4　各节点间的跳数图

5.4.1.2　Floyd 算法

　　针对传统的 LSSVR 算法中存在的不足,需要加入一种寻找最短路径的算法来对寻找两节点间的最小跳数。而寻找最短路径的算法一般是 Floyd 算法和 Dijkstra 算法。Floyd 算法一般用于所有节点之间的最短路径,而 Dijkstra 算法是用于计算某一个节点与其他节点之间的最短路径。虽然 Dijkstra 算法能够求出最短路径,但是本节不是针对某一个节点和其他节点的最短路径,而是许多节点之间的最短路径,同时 Dijkstra 算法的计算量很大,大大降低了效率,因此,Floyd 算法更符合本节的要求。下面介绍 Floyd 算法的基本思路。

　　Floyd 算法涉及的是动态规划方面的知识。其基本思路为:假设整个图中有 n 个点,对于两点 i、j 之间的最短路径存在两种可能:两点间需要经过一些中间点和不需要经过中间点。设 d_{ij}^{m-1} 表示两点 i、j 之间的一条路径的距离,但不一定是最短路径,那么求取两点间的最短距离就变成了一个比较关系:d_{ij}^{m-1} 和 $d_{im}^{m-1}+d_{mj}^{m-1}$ 的大小比较,d_{im}^{m-1} 表示两点 i,m 之间通过前 m -1 个节点得到的最短距离,d_{mj}^{m-1} 表示两点 m、j 之间通过前 $m-1$ 个节点得到的最短距离,$d_{im}^{m-1}+d_{mj}^{m-1}$ 表示两点 i、j 之间通过前 m 个节点得到的最短距离。因此,可以通过式(5-19)得到两点 i、j 之间的最短距离。

$$d_{ij}^m = \min\{d_{im}^{m-1}+d_{mj}^{m-1},d_{ij}^{m-1}\} \tag{5-19}$$

　　其计算过程是一个递归过程,具体过程如下:

　　(1)对 n 个点进行编号,分别为 $1,2,3,\cdots,N$,确定最初矩阵 D_0,其中矩阵中的 (i,j) 元素表示点 i 到点 j 的最短距离。如果两点之间不存在距离,则令 $d_{ij}^0 = \infty$,如果两点重合,则令 $d_{ij}^0 = 0$。

　　(2)令 m 依次取 $1,2,3,\cdots,N$,对式(5-19)进行递归计算,每次递归后记录下最短距离,并给 d_{ij}^{m-1}。递归完后得到的 D_N 即为点 i 和点 j 的最短距离。

5.4.1.3　改进方案

基于 Floyd 算法在寻找节点间的最短距离的优越性,本节引入 Floyd 算法来求取节点间的最小跳数,提出了一种改进的 LSSVR 定位算法。首先直接计算两组点之间的距离矩阵 D,然后采用 Floyd 算法直接计算未知节点和锚节点之间的最短多跳距离。

该算法直接通过 Floyd 算法来计算两节点之间的跳距,避开了最小跳数和平均跳距的问题,这样既消除了传统 LSSVR 算法中跳数不是最小跳数的误差的影响,又消除了平均跳距的不同和因未知节点的移动而引起的误差,最终间接消除了两者的乘积误差,即消除了两节点间的跳距误差。

5.4.2　基于 LSSVR 的 WSN 移动节点三维定位实现

假定未知节点 S_i 的位置为 (x_i, y_i, z_i),到锚节点 S_j 的最短路径 $h(S_i, S_j)$,则近似测量向量 m_i 可表示为 $[h(S_i, S_1), h(S_i, S_2), \cdots, h(S_i, S_q)]^{\mathrm{T}}$,以下给出了定位算法的具体步骤。

(1)场景和参数初始化设置。在本节的仿真场景中,无线传感器网络的节点总数设为 200 个,场景为 100m×100m×100m 的三维立体空间,障碍物为边长为 14m 的立方体,分布空间为 48m≤x≤62m,48m≤y≤62m,48m≤z≤62m。初始化时,锚节点 50 个,未知节点 150 个,未知节点的移动速度为 0.4m/s,锚节点的通信半径是 30m,测距误差因子 η 为 5%,以间距 t=10 对三维立体空间进行网格化。

(2)部署锚节点、未知节点和虚拟节点。传感器节点是在三维立体空间内随机生成的,并且其中 25% 的节点被随机选择为锚节点,剩余的则为未知节点。将网格结点设置为虚拟节点。如果有锚节点或者未知节点部署在障碍物区域内,则重新部署。如果虚拟节点被部署在障碍物区域内,则剔除虚拟节点。

(3)计算虚拟节点与锚节点的最短多跳距离。

①计算两组点之间的距离矩阵 D:

$$D = \sqrt{(x_i - \hat{x}_i)^2 + (y_i - \hat{y}_i)^2 + (z_i - \hat{z}_i)^2} \qquad (5-20)$$

②令不在无线射程范围 R 内的距离为 0,计算距离矩阵的实测值。

③然后使用 Floyd 算法计算出到锚节点的最短路径。

④最后计算最短路径的距离矩阵 d。

（4）采用 PSO 算法确定改进的 LSSVR 定位算法的核函数参数及正规化参数。

①构造的适应度函数为：

$$f_{fitness} = \sqrt{\sum_{l=1}^{M}((f_x(R'_l) - x'_l)^2 + (f_y(R'_l) - y'_l)^2 + (f_z(R'_l) - z'_l)^2)}$$

(5-21)

式中，x'、y'、z' 为探测区域内虚拟采样点 $S'_l(x'_l, y'_l, z'_l)(l \in 1, 2, \cdots, M)$ 的实际位置坐标；R' 为采样点到锚节点的距离向量；f_x、f_y、f_z 为利用优化建模参数建立的回归模型的估计值。

②寻找粒子的最佳位置：设寻找粒子的次数 $N = 10$，i 从 1 取到 10，逐个比较 $P_{value}(i)$，选取最大的 $P_{value}(i) = G_{value}$。

③迭代并更新：设定最大迭代次数 $g_{max} = 35$，，初始权重 $\omega_{max} = 0.9$，终止权重 $\omega_{min} = 0.4$，$c_1 = c_2 = 2$。

种群中第 i 个粒子将按照式（5-22）和式（5-23）更新自己的速度和位置。

$$v_{id}(t+1) = \omega * v_{id}(t) + C_1 * rand() * (P_{id} - x_{id}) + C_2 * rand() * (P_{gd} - x_{id})$$

(5-22)

$$x_{id}(t+1) = x_{id}(t) + v_{id}(t+1)(1 \leqslant i \leqslant 35, 1 \leqslant d \leqslant 3) \quad (5\text{-}23)$$

式中，ω 为惯性权重；v_{id} 为第 i 个粒子的速度；x_{id} 为第 i 个粒子的位置；C_1 和 C_2 为加速系数，又称为学习因子；rand() 是 0~1 之间的随机数。

（5）对虚拟采样点样本集分别进行训练，结合径向基（RBF）核函数，得到 Lagrange 乘子 α 和 b，从而确定定位模型。

①通过第（1）步得到虚拟节点 $S'(x', y', z')$，$(i = 1, \cdots, i, \cdots M)$ 到锚节点 $S_j(j = 1, 2, \cdots, m)$ 的距离为 d'_{ij}，则任一虚拟节点 S'_i 到各锚节点的距离向量为 $R'_l = [d'_{l1}, \cdots, d'_{li}, \cdots, d'_{lm}]$。

②把 M 个虚拟节点的距离向量 R'_l 与其坐标 (x', y', z') 构成训练样本集 $U_x = \{(R'_l, x_l) \mid l = 1, 2, \cdots, M\}$，$U_y = \{(R'_l, y_l) \mid l = 1, 2, \cdots, M\}$、$U_z = \{(R'_l, z_l) \mid l = 1, 2, \cdots, M\}$。

③利用 LSSVR 对样本集分别进行训练。由于 U_x、U_y、U_z 的求解过程一样，因此要求解其中一个就行。对于 U_x 求解如下优化问题，得到：

$$\begin{cases} \min_{\omega, \xi, b} \dfrac{1}{2}\|\omega\|^2 + \gamma \dfrac{1}{2}\sum_{i=1}^{M}\xi^2 \\ s.t. \quad x'_l = \omega^{\mathrm{T}}\phi(R'_l) + b + \xi_l(l = 1, 2, \cdots, M) \end{cases}$$

(5-24)

式中，$\phi(i)$ 为非线性映射函数；b 为偏差；ω 为权重；γ 为规则化参数；ξ_i 为随机误差。

④将第(4)步得到的核函数参数 σ 代入核函数。

$$K(R'_m, R'_n) = \exp\left(\frac{-\|R'_m, R'_n\|^2}{2\sigma^2}\right)(m, n = 1, 2, \cdots, M) \quad (5-25)$$

⑤然后通过核函数及正规化参数 γ，得到 Lagrange 乘子 α 和 b。

$$\begin{bmatrix} 0 & \overline{1}^T \\ \overline{1} & \Omega + \gamma^{-1}I \end{bmatrix}\begin{bmatrix} b \\ a \end{bmatrix} = \begin{bmatrix} 0 \\ x' \end{bmatrix} \quad (5-26)$$

⑥确定决策函数，最后得到定位模型 X-LSSVR。

$$\hat{x} = f_x(R) = \sum_{l=1}^{M} a_i K(R_i, R'_i) + b \quad (5-27)$$

同理可得定位模型 Y-LSSVR 和 Z-LSSVR：

$$\hat{y} = f_y(R) = \sum_{l=1}^{M} a_i K(R_i, R'_i) + b \quad (5-28)$$

$$\hat{z} = f_z(R) = \sum_{l=1}^{M} a_i K(R_i, R'_i) + b \quad (5-29)$$

(6)计算未知节点与锚节点的多跳距离，计算方法和第(3)步相同。

(7)改进的 LSSVR 节点定位算法通过上步的结果计算出未知节点的位置坐标。

将第(6)步所得的结果代入定位模型 X-LSSVR、Y-LSSVR 以及 Z-LSSVR，然后将输出的值再进行反标准化处理，得到 $\hat{x}_i$、$\hat{y}_i$、$\hat{z}_i$，并且将($\hat{x}_i$，$\hat{y}_i$，$\hat{z}_i$)作为未知节点 S_i 的估计未知坐标。

5.4.3 实验仿真及结果分析

5.4.3.1 运行环境和定位算法参数的设置

实验采用 MATLAB 仿真平台对算法进行仿真，仿真实验在 PC 机上进行，仿真软件采用 MATLAB(R2009a)版本，配套的工具箱为台湾大学林智仁博士等人开发的 MATLAB 支持向量工具箱 Libsvm。

本节的实验模拟了一个标准的仿真环境，以便对定位算法进行仿真和对比。在本节的仿真场景中，无线传感器网络的场景为 100 m×100 m×100 m 的三维立体空间，障碍物为边长为 14 m 的立方体，分布空间为 48 m≤x, y, z≤62 m。初始化时，传感器节点是在三维立体空间内随机生成的，并且其中 25% 的节点被随机选择为锚节点，剩余的则为未知节点。节点总数设为 200 个，锚节点 50 个，未知节点 150 个，未知节点的移动速度为 0.4 m/s，锚节点的通信半径是 30 m，测距误差因子 η 为 5%，以间距 $t=$

10 对三维立体空间进行网格化,将网格结点设置为虚拟节点。如果有锚节点或者未知节点部署在障碍物区域内,则重新部署。如果虚拟节点被部署在障碍物区域内,则剔除虚拟节点。最优的规则化参数 σ 和核函数参数 σ 由 PSO 算法获得。为了减少随机分布和偶然因素等因素带来的误差,本节的仿真结果在相同的参数下得到,仿真结果是仿真 100 次得到的平均值。

在进行仿真之前,所有节点随机部署,部署之后的锚节点位置固定不变,未知节点随便移动。节点的初始位置分布图如图 5-5 所示,其中深色圆点表示锚节点,浅色圆点表示未知节点,立方体区域为障碍物区域。

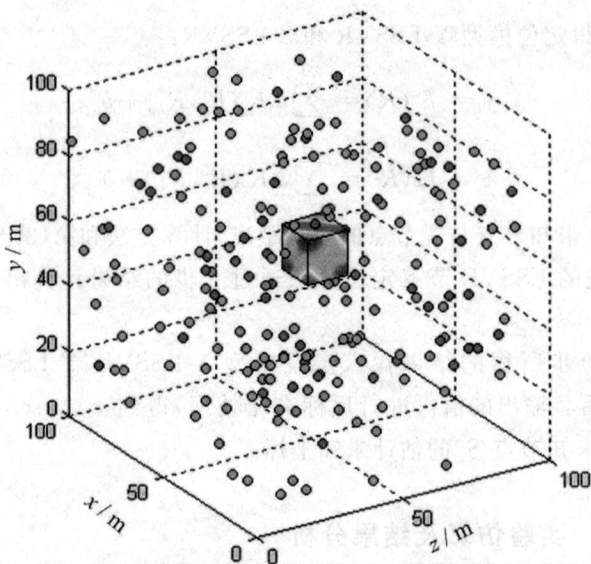

图 5-5　节点的初始位置分布图

下面从节点移动时间、测距误差、锚节点密度、连通度、障碍物、移动速度、节点定位误差这几个方面来比较传统的 LSSVR 和改进的 LSSVR 的定位效果。

5.4.3.2　测距误差对平均定位误差的影响

在实际应用中,由于多跳测距过程中存在噪声干扰等问题,使得测距的结果存在误差,导致测距的结果不等于真实的结果。在实验中,本节为了让实验结果更加接近实际情况,在跳段距离中添加高斯误差,如式(5-30)所示:

$$d_i = d_{ij}(1 + randn \times \eta) \tag{5-30}$$

式中, d_{ij} 为两个节点之间距离的真实值; η 为误差因子,与距离测量的精度有关；$randn$ 是服从均值为 0，方差为 1 的标准正态分布的随机变量。因此，本节选用式(5-30)作为节点间的测距结果，在仿真实验中通过改变误差因子 η，来达到改变测距误差的效果。图 5-6 为平均定位误差与测距误差之间的关系图。从图中的曲线可以看出，虽然未知节点的平均定位误差逐渐增加，但是整体趋势相对平缓。从平均定位误差变化幅度来分析，随着测距误差的增加，改进的 LSSVR 算法的平均定位误差增加相对明显，而传统的 LSSVR 算法的平均定位误差变化相对平缓。从平均定位误差大小来分析，传统的 LSSVR 算法的定位误差在 4.5 m 左右，而改进的 LSSVR 算法的平均定位误差在 2.5～3 m 之间。这说明改进的 LSSVR 算法的稳定性比传统的 LSSVR 差一些，但是平均定位误差提高了 44.4% 左右。

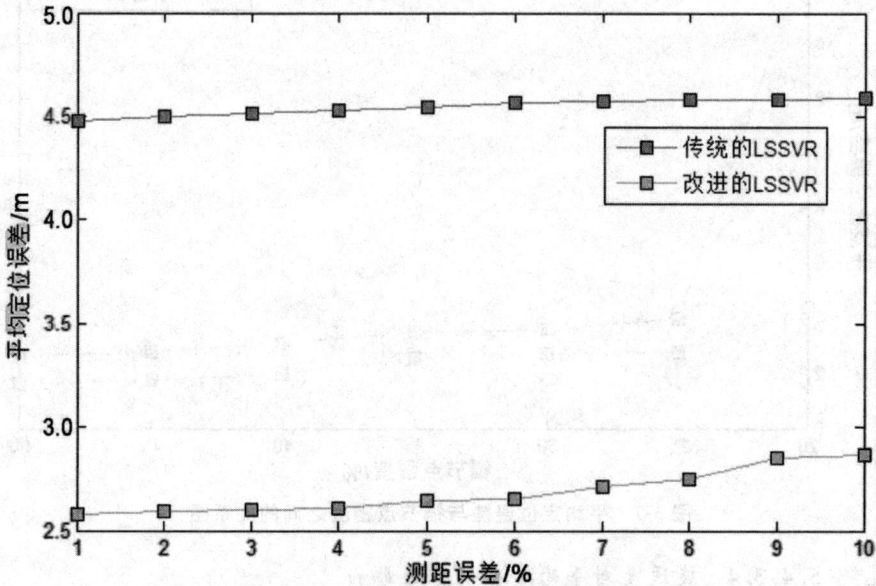

图 5-6　平均定位误差与测距误差之间的关系图

5.4.3.3　锚节点密度对定位误差的影响

锚节点密度的大小对定位误差的大小影响非常大。锚节点密度越大，定位误差越小，精度越高，反之，定位误差越大，精度越小。但是锚节点密度越大，网络对硬件的成本要求越高，功耗越大，这就限制了锚节点的密度。对于两者之间的矛盾，就需要寻找一个折中的锚节点密度，使得在保证一定精度的情况下尽可能地减少锚节点密度。图 5-7 表示节点的通信半径为 30 m 时平均定位误差与锚节点密度之间的关系图。从定位误差变化幅度来分析,当锚节点密度为 20% ～ 25% 时,随着锚节点密度的增加,传统的 LSSVR 算法的定位误差由 17.8 m 到 4 m,变化幅度为 14 m 左右,而改进的 LSSVR 算法的定位误差由 4.2 m 到 3 m,变化幅度仅为 2 m。当锚节点密度为 25% ～ 50% 时,随着锚节点密度的增加,两个算法的定位误差变化相对平缓,改进的 LSSVR 算法的平均定位误差比传统的 LSSVR 小 1 m 左右。从定位误差大小来分析,随着锚节点密度的增加,改进的 LSSVR 算法的平均定位误差整体比传统的 LSSVR 小。由此可见,改进的 LSSVR 算法用较少的锚节点,既保证了比较高的精度,又节省了定位成本。

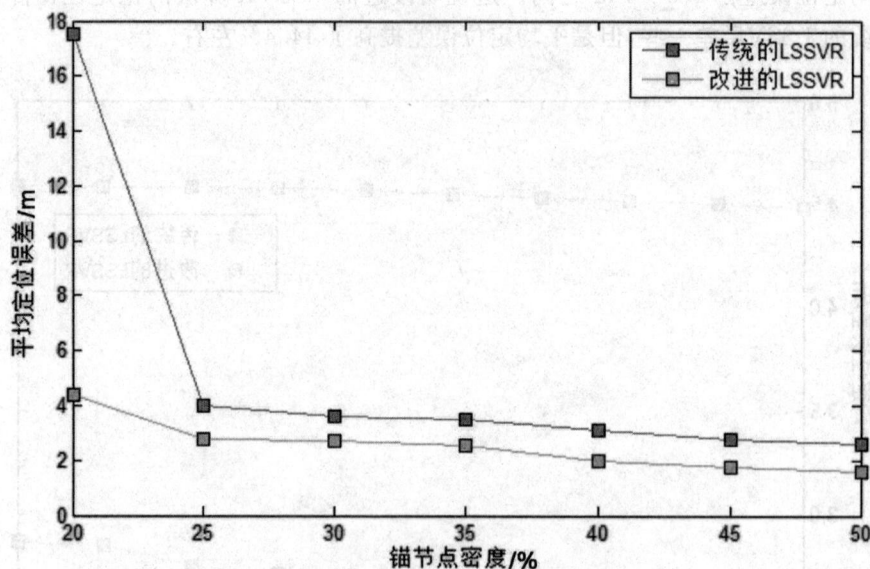

图 5-7　平均定位误差与锚节点密度之间的关系图

5.4.3.4　连通度对平均定位误差的影响

节点的连通度也直接影响定位误差的大小。当节点的无线射程越小,节点覆盖的区域也越小,节点可能监测到的锚节点的个数就可能越少,定位误差就越大,而节点无线射程越大能够覆盖的范围就越大,节点可能监测到的锚节点的个数就可能较多,定位误差就较小,定位精度就越高。图 5-8 为平均定位误差与连通度之间的关系图。从图中的曲线可以看出,当锚节点无线射程为 25～28 m 时,传统的 LSSVR 算法的平均定位误差相对较低,但是改进的 LSSVR 算法的平均定位误差在减少,直至与传统的 LSSVR 算法相等。当锚节点无线射程为 28～40 m 时,两种算法的误差慢慢减少,但是改进的 LSSVR 的误差减少得更快。当锚节点无线射程为 40～60 m 时,改进的 LSSVR 算法的误差趋于平缓,传统的 LSSVR 算法的误差慢慢接近改进的 LSSVR 算法的误差。

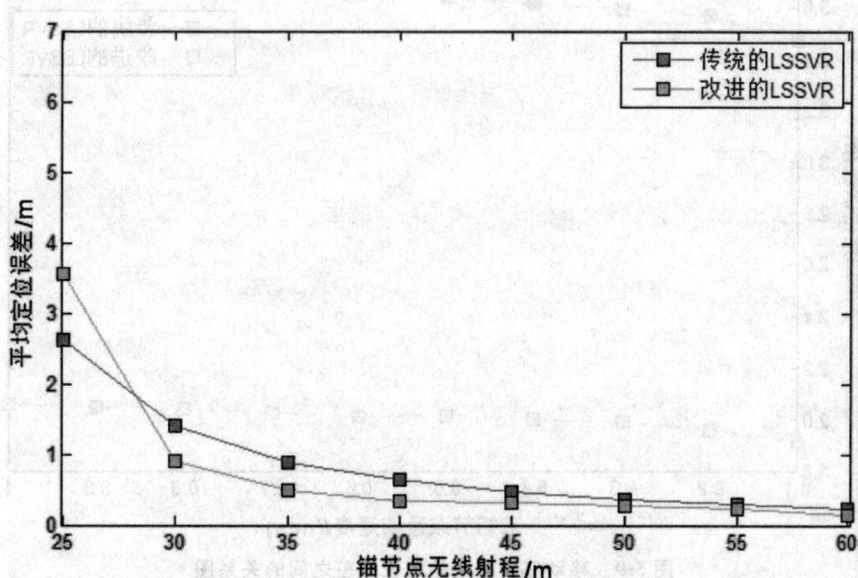

图 5-8　平均定位误差与连通度之间的关系图

5.4.3.5　移动速度对平均定位误差的影响

节点的移动速度越小,节点定位误差越小,定位精度越高,而节点的移动速度越大,节点定位误差越大,定位精度越低。图 5-9 为移动速度与平均定位误差之间的关系图。从图中的曲线可以看出,随着速度的增加,改进的 LSSVR 算法的平均定位误差在 1.9~2.1 m 之间,传统的 LSSVR 算法的平均定位误差在 3.4~3.8 m 之间。这说明改进的 LSSVR 算法的平均定位误差提高了,同时稳定性也提高了。

5.4.3.6　节点移动时间对定位误差的影响

在 WSN 三维移动节点定位中,节点的移动时间也是一个重要的因素。图 5-10 为节点移动时间与平均定位误差之间的关系图。从图中的曲线可以看出,改进的 LSSVR 算法的平均定位误差整体比传统的 LSSVR 小,但有部分情况的变化幅度很大。这说明改进的 LSSVR 算法的误差降低了,但稳定性降低了。

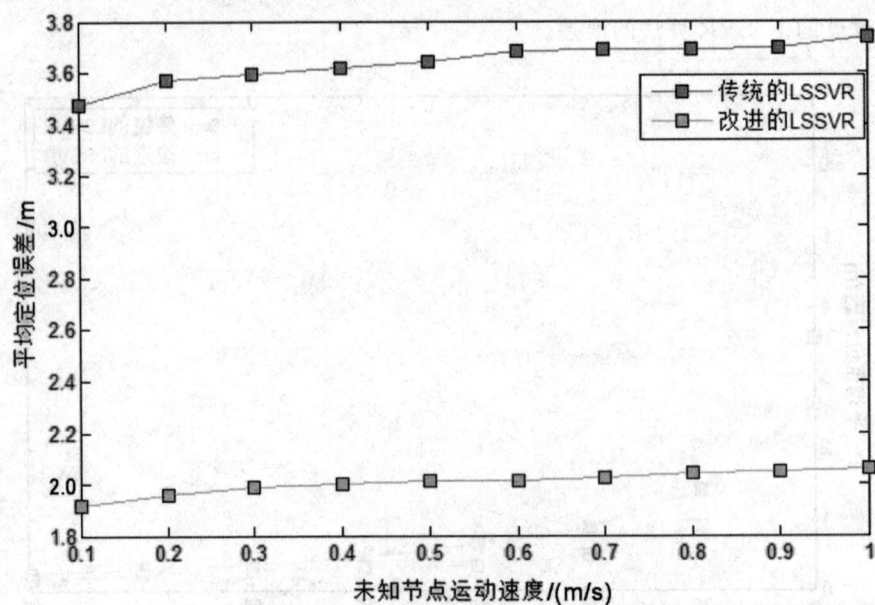

图 5-9　移动速度与平均定位误差之间的关系图

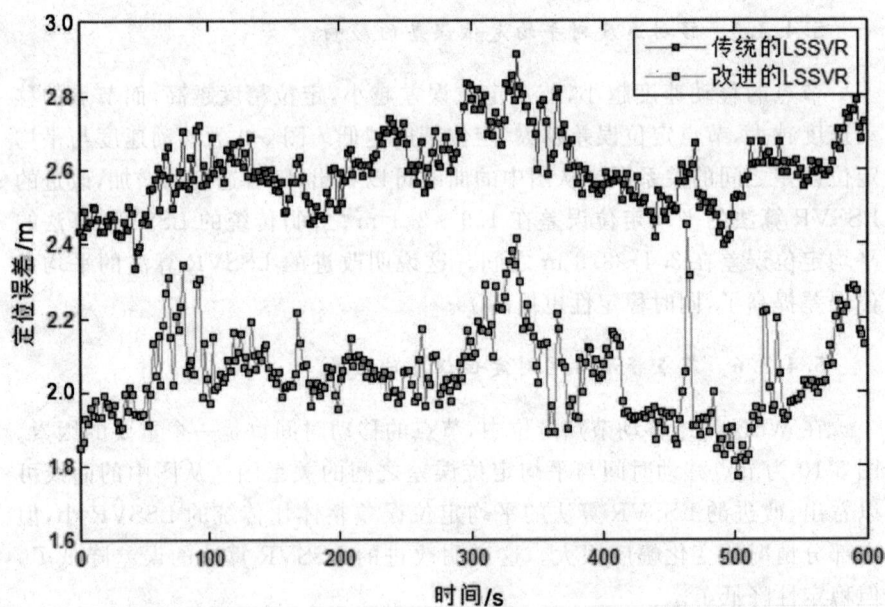

图 5-10　各种算法的定位误差与未知节点移动时间之间的关系图

5.4.3.7　节点定位误差

图 5-11 为两种定位算法每个节点定位误差效果对比图。从图中的曲线可以明显看到每个未知节点的定位误差情况。从图 5-11 可以看出，两种算法定位误差波动都较大，说明两种算法的定位稳定性有待于提高，但改进的 LSSVR 算法整体的定位误差小于传统的 LSSVR，精度有所提高。从总体上来说，改进的 LSSVR 定位算法的精度提高了些，但稳定性没有多大变化。

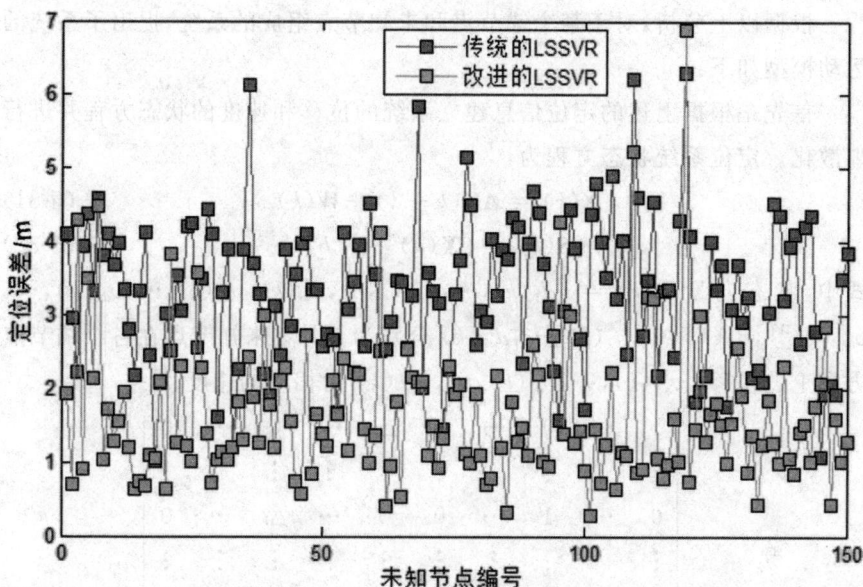

图 5-11　两种定位算法每个节点定位误差效果对比图

5.5　基于 KF-LSSVR 的 WSN 移动节点三维定位

5.5.1　基于 KF-LSSVR 的 WSN 移动节点定位建模

在三维静态网络中，未知节点采用多跳方式测量距离是一个不错的方法，但是由于在本节的场景中，定位区域是一个有障碍物的区域，未知节点都是移动的，在未知节点初步定位过程中，由于受到外界干扰因素的影响，可能导致定位误差增大，未知节点采用多跳方式测量得到的距离是一个精度不高的结果,因此需要通过卡尔曼模型进行过滤矫正[①]。

本节主要是通过卡尔曼滤波建立系统运动模型,通过模型来对干扰因素导致的多跳距离误差进行过滤。

模型中,未知节点的位移和速度可以由未知节点上所置的传感器获取。在多跳测距定位过程中,多跳测距的结果都是根据锚节点测得的,需要将未知节点运动速度投影到未知节点与锚节点连线上。因此根据未知节点到锚节点的距离和未知节点运动速度在未知节点与锚节点连线上的投影这两个量进行建模,从而确定卡尔曼模型。

根据以上分析,对于某个锚节点和未知节点组成的系统,提出了系统的运动模型如下:

首先是根据上述的定位信息建立系统的位移和速度的状态方程并进行离散化。定位系统状态方程为:

$$X(k) = AX(k-1) + W(k) \tag{5-31}$$

$$S(k) = CX(k) + V(k) \tag{5-32}$$

式中,状态向量 $X(k) = [d_1(k), \cdots, d_i(k), \cdots, d_m(k), v_{d1}(k), \cdots, v_{di}(k), \cdots, v_{dm}(k)]^T$,$d_1(k), \cdots, d_i(k), \cdots, d_m(k)$ 分别为 k 时刻未知节点在各个锚节点方向上的位移,$v_{d1}(k), \cdots, v_{di}(k), \cdots, v_{dm}(k)$ 为相应的速度;

$$A = \begin{bmatrix} 1 & \cdots & 0 & \cdots & 0 & \Delta t & \cdots & 0 & \cdots & 0 \\ \vdots & & \vdots & & \vdots & \vdots & & \vdots & & \vdots \\ 0 & \cdots & 1 & \cdots & 0 & 0 & \cdots & \Delta t & \cdots & 0 \\ \vdots & & \vdots & & \vdots & \vdots & & \vdots & & \vdots \\ 0 & \cdots & 0 & \cdots & 1 & 0 & \cdots & 0 & \cdots & \Delta t \\ 0 & \cdots & 0 & \cdots & 0 & 1 & \cdots & 0 & \cdots & 0 \\ \vdots & & \vdots & & \vdots & \vdots & & \vdots & & \vdots \\ 0 & \cdots & 0 & \cdots & 0 & 0 & \cdots & 1 & \cdots & 0 \\ \vdots & & \vdots & & \vdots & \vdots & & \vdots & & \vdots \\ 0 & \cdots & 0 & \cdots & 0 & 0 & \cdots & 0 & \cdots & 1 \end{bmatrix},$$

$\Delta t = 0.5$ s 为采样周期;观测向量 $S(k)$ 是观测的未知节点的定位信息,$S(k) = [s_1(k), \cdots, s_i(k), \cdots, s_m(k)]^T$,$s_1(k), \cdots, s_i(k), \cdots, s_m(k)$ 是 k 时刻未知节点在各个锚节点方向上的位移观测值;

[①] 王平. 基于 KF-LSSVR 的 WSN 三维移动节点定位技术研究[D]. 桂林:桂林理工大学,2014.

$$C = \begin{bmatrix} 1 & \cdots & 0 & \cdots & 0 & 0 & \cdots & 0 & \cdots & 0 \\ \vdots & \vdots & \vdots & & \vdots & \vdots & \vdots & \vdots & & \vdots \\ 0 & \cdots & 1 & \cdots & 0 & 0 & \cdots & 0 & \cdots & 0 \\ \vdots & \vdots & \vdots & & \vdots & \vdots & \vdots & \vdots & & \vdots \\ 0 & \cdots & 0 & \cdots & 1 & 0 & \cdots & 0 & \cdots & 0 \end{bmatrix}$$

为输出矩阵；$W(k)$ 和 $V(k)$ 是相互独立的零均值的高斯白噪声序列，且

$$Q_0 = \begin{bmatrix} 0.01 & \cdots & 0 & \cdots & 0 & 0 & \cdots & 0 & \cdots & 0 \\ \vdots & \vdots & \vdots & & \vdots & \vdots & & \vdots & & \vdots \\ 0 & \cdots & 0.01 & \cdots & 0 & 0 & \cdots & 0 & \cdots & 0 \\ \vdots & \vdots & \vdots & & \vdots & \vdots & & \vdots & & \vdots \\ 0 & \cdots & 0 & \cdots & 0.01 & 0 & \cdots & 0 & \cdots & 0 \\ 0 & \cdots & 0 & \cdots & 0 & 0.01 & \cdots & 0 & \cdots & 0 \\ \vdots & \vdots & \vdots & & \vdots & \vdots & & \vdots & & \vdots \\ 0 & \cdots & 0 & \cdots & 0 & 0 & \cdots & 0.01 & \cdots & 0 \\ \vdots & \vdots & \vdots & & \vdots & \vdots & & \vdots & & \vdots \\ 0 & \cdots & 0 & \cdots & 0 & 0 & \cdots & 0 & \cdots & 0.01 \end{bmatrix}$$

$$R_0 = \begin{bmatrix} 0.01 & \cdots & 0 & \cdots & 0 \\ \vdots & \vdots & \vdots & & \vdots \\ 0 & \cdots & 0.01 & \cdots & 0 \\ \vdots & \vdots & \vdots & & \vdots \\ 0 & \cdots & 0 & \cdots & 0.01 \end{bmatrix}$$

$$P_0 = \begin{bmatrix} 40 & \cdots & 0 & \cdots & 0 & 0 & \cdots & 0 & \cdots & 0 \\ \vdots & \vdots & \vdots & & \vdots & \vdots & \vdots & \vdots & & \vdots \\ 0 & \cdots & 40 & \cdots & 0 & 0 & \cdots & 0 & \cdots & 0 \\ \vdots & \vdots & \vdots & & \vdots & \vdots & \vdots & \vdots & & \vdots \\ 0 & \cdots & 0 & \cdots & 40 & 0 & \cdots & 0 & \cdots & 0 \\ 0 & \cdots & 0 & \cdots & 0 & 40 & \cdots & 0 & \cdots & 0 \\ \vdots & \vdots & \vdots & & \vdots & \vdots & \vdots & \vdots & & \vdots \\ 0 & \cdots & 0 & \cdots & 0 & 0 & \cdots & 40 & \cdots & 0 \\ \vdots & \vdots & \vdots & & \vdots & \vdots & \vdots & \vdots & & \vdots \\ 0 & \cdots & 0 & \cdots & 0 & 0 & \cdots & 0 & \cdots & 40 \end{bmatrix}$$

将 A、C 分别代入式(5-31)、式(5-32)，得到系统的运动模型：

$$
\begin{bmatrix} d_1(k) \\ \vdots \\ d_i(k) \\ \vdots \\ d_m(k) \\ v_{d1}(k) \\ \vdots \\ v_{di}(k) \\ \vdots \\ v_{dm}(k) \end{bmatrix} = \begin{bmatrix} 1 & \cdots & 0 & \cdots & 0 & \Delta t & \cdots & 0 & \cdots & 0 \\ \vdots & \vdots & \vdots & & \vdots & \vdots & \vdots & \vdots & & \vdots \\ 0 & \cdots & 1 & \cdots & 0 & 0 & \cdots & \Delta t & \cdots & 0 \\ \vdots & \vdots & \vdots & & \vdots & \vdots & \vdots & \vdots & & \vdots \\ 0 & \cdots & 0 & \cdots & 1 & 0 & \cdots & 0 & \cdots & \Delta t \\ 0 & \cdots & 0 & \cdots & 0 & 1 & \cdots & 0 & \cdots & 0 \\ \vdots & \vdots & \vdots & & \vdots & \vdots & \vdots & \vdots & & \vdots \\ 0 & \cdots & 0 & \cdots & 0 & 0 & \cdots & 1 & \cdots & 0 \\ \vdots & \vdots & \vdots & & \vdots & \vdots & \vdots & \vdots & & \vdots \\ 0 & \cdots & 0 & \cdots & 0 & 0 & \cdots & 0 & \cdots & 1 \end{bmatrix} \begin{bmatrix} d_1(k-1) \\ \vdots \\ d_i(k-1) \\ \vdots \\ d_m(k-1) \\ v_{d1}(k-1) \\ \vdots \\ v_{di}(k-1) \\ \vdots \\ v_{dm}(k-1) \end{bmatrix}
$$

$$
+ \begin{bmatrix} W^{d_1}(k) \\ \vdots \\ W^{d_i}(k) \\ \vdots \\ W^{d_m}(k) \\ W^{v_{d1}}(k) \\ \vdots \\ W^{v_{di}}(k) \\ \vdots \\ W^{v_{dm}}(k) \end{bmatrix} \tag{5-33}
$$

$$
\begin{bmatrix} s_1(k) \\ \vdots \\ s_i(k) \\ \vdots \\ s_m(k) \end{bmatrix} = \begin{bmatrix} 1 & \cdots & 0 & \cdots & 0 & 0 & \cdots & 0 & \cdots & 0 \\ \vdots & \vdots & \vdots & & \vdots & \vdots & \vdots & \vdots & & \vdots \\ 0 & \cdots & 1 & \cdots & 0 & 0 & \cdots & 0 & \cdots & 0 \\ \vdots & \vdots & \vdots & & \vdots & \vdots & \vdots & \vdots & & \vdots \\ 0 & \cdots & 0 & \cdots & 1 & 0 & \cdots & 0 & \cdots & 0 \end{bmatrix} \begin{bmatrix} d_1(k) \\ \vdots \\ d_i(k) \\ \vdots \\ d_m(k) \\ v_{d1}(k) \\ \vdots \\ v_{di}(k) \\ \vdots \\ v_{dm}(k) \end{bmatrix} + \begin{bmatrix} v_1(k) \\ \vdots \\ v_i(k) \\ \vdots \\ v_m(k) \end{bmatrix} \tag{5-34}
$$

5.5.2　基于 KF-LSSVR 的 WSN 移动节点定位实现

LSSVR 定位算法是直接将获得的距离代入 LSSVR 定位模型,通过反标准化求出坐标,但是这样产生的结果误差大。将卡尔曼滤波与改进的 LSSVR 算法相结合便可以形成本节的 KF-LSSVR,采用卡尔曼滤波,以降低噪声对系统的影响,并达到提高定位精度的目的。KF-LSSVR 定位算法是在 LSSVR 的精确定位过程中先用 KF 建立的模型对获得的距离矫正,然后代入 LSSVR 定位模型,通过反标准化求出坐标。

KF-LSSVR 算法的基本流程主要分为以下几步[其中第(1)步～第(6)步与上一个实验对应的步骤过程是一样的]：

(1)场景和参数初始化设置。

(2)部署锚节点、未知节点和虚拟节点,如果有节点部署在障碍物区域,则重新部署。

(3)计算虚拟节点与锚节点的最短多跳距离。

(4)采用 PSO 算法确定改进的 LSSVR 定位算法的核函数参数及正规化参数。

(5)对虚拟采样点样本集分别进行训练,结合径向基(RBF)核函数,得到 Lagrange 乘子 α 和 b,从而确定定位模型 X-LSSVR、Y-LSSVR 和 Z-LSSVR。

(6)计算未知节点与锚节点的多跳距离;计算方法和第(3)步相同。

(7)使用 KF 模型通过状态预测与观测更新对未知节点到锚节点的距离进行矫正,从而提高未知节点到锚节点距离的精度。

①建立系统的位移和速度的状态方程并进行离散化。方程为式(5-31)和式(5-32)。

②通过式(5-16)、式(5-17)、式(5-18)不断预测和更新的递推,来减小噪声对系统的影响,以获得精确距离。

(8)改进的 LSSVR 节点定位算法通过上步的精确距离计算出未知节点的位置坐标。

5.5.3　实验仿真及结果分析

5.5.3.1　运行环境和定位算法参数的设置

实验采用 MATLAB 仿真平台对算法进行仿真,仿真实验在 PC 机上进行,仿真软件采用 MATLAB(R2009a)版本,配套的工具箱为台湾大学林智仁博士等人开发的 MATLAB 支持向量工具箱 Libsvm。

本节的实验模拟了一个标准的仿真环境,以便对定位算法进行仿真和对比。为了减少随机分布和偶然因素带来的误差,本节的仿真结果是在相同的参数下得到的,仿真结果是仿真 100 次得到的平均值。在进行仿真之前,所有节点随机部署,部署之后的锚节点位置固定不变,未知节点随便移动。节点的初始位置分布图如图 5-12 所示,其中深色圆点表示锚节点,浅色圆点表示未知节点,立方体区域为障碍物区域。

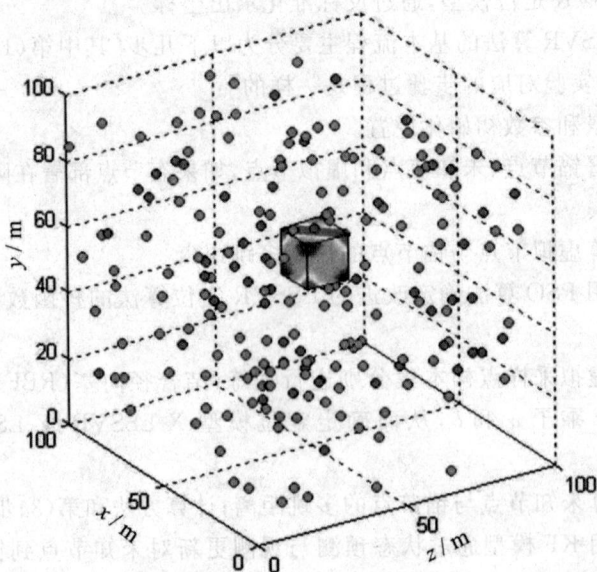

图 5-12　节点的初始位置分布图

下面从节点移动时间、测距误差、锚节点密度、连通度、障碍物、移动速度、节点定位误差这几个方面来比较 KF、改进的 LSSVR 和 KF-LSSVR 的定位效果。

5.5.3.2　测距误差对平均定位误差的影响

在实际应用中由于外界因素和算法中多跳测距本身具有的误差带来的影响,锚节点和未知节点的测量结果存在误差,导致测距的结果不等于真实的结果。在实验中,本节为了让实验结果更加接近实际情况,在跳段距离中添加高斯误差,如式(5-30)所示。因此,本节选用式(5-30)作为节点间的测距结果,在仿真实验中通过改变误差因子 η,来达到改变测距误差的效果。

图 5-13 为平均定位误差与测距误差之间的关系图。从图中的曲线可以看出,虽然未知节点的平均定位误差逐渐增加,但是整体的趋势相对平缓。从平均定位误差变化幅度来分析,随着测距误差的增加,KF 算法和改进的 LSSVR 算法的平均定位误差增加相对明显,而 KF-LSSVR 算法的平均定位误差变化相对平缓。从平均定位误差大小来分析,随着测距误差的增加,相对其他两种算法而言,KF-LSSVR 算法的平均定位误差最小。这说明,随着测距误差的增加,相对其他两种算法而言,KF-LSSVR 算法的平均定位误差最小,而且比较稳定。

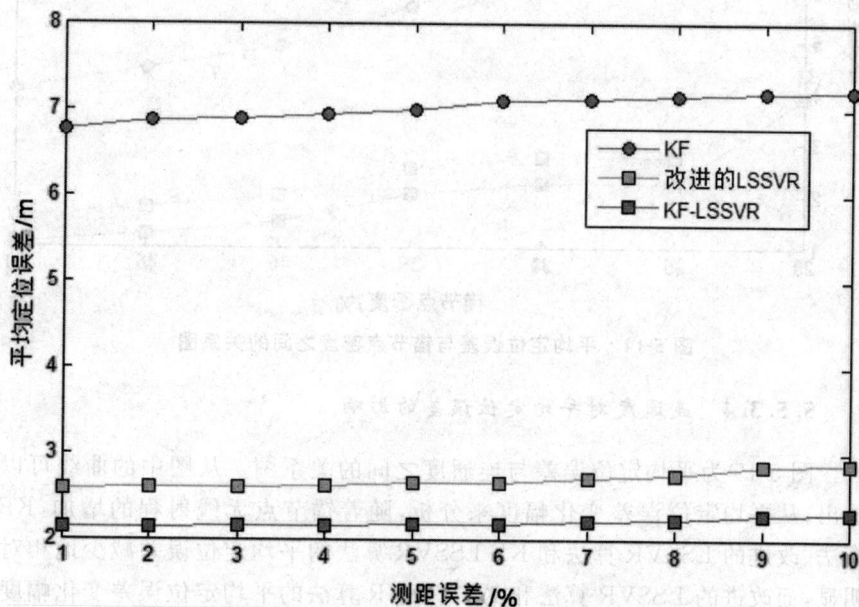

图 5-13　平均定位误差与测距误差之间的关系图

5.5.3.3　锚节点密度对定位误差的影响

图 5-14 表示在节点的通信半径为 30 m 的情况下得到的平均定位误差与锚节点密度之间的关系图。从平均定位误差变化幅度来分析,随着锚节点密度的增加,KF 算法、改进的 LSSVR 算法和 KF-LSSVR 算法的平均定位误差减少地相对明显,而改进的 LSSVR 算法和 KF-LSSVR 算法的平均定位误差变化幅度没有 KF 大。从平均定位误差大小来分析,随着锚节点密度的增加,相对其他两种算法而言,KF-LSSVR 算法的平均定位误差一直保持最小。整体而言,KF-LSSVR 算法的定位误差最小,比改进的 LSSVR 的定位误差平均小 0.5 m 左右。由此可见,本节使用的定位算法——KF-LSSVR 算法既能在较少的锚节点下保证更高的精度,又能充分利用锚

节点的信息来节省定位成本。

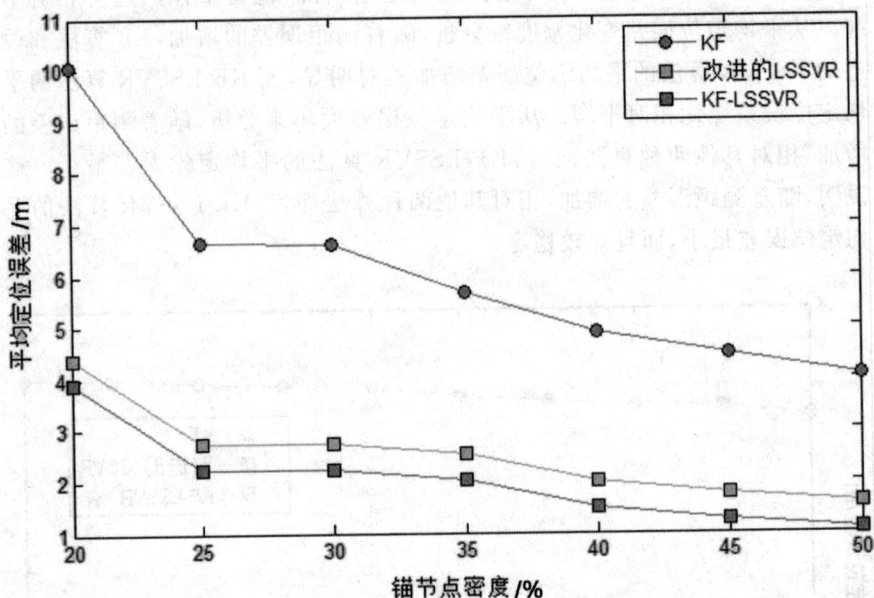

图 5-14　平均定位误差与锚节点密度之间的关系图

5.5.3.4　连通度对平均定位误差的影响

　　图 5-15 为平均定位误差与连通度之间的关系图。从图中的曲线可以看出,从平均定位误差变化幅度来分析,随着锚节点无线射程的增加,KF 算法、改进的 LSSVR 算法和 KF-LSSVR 算法的平均定位误差减少地相对明显,而改进的 LSSVR 算法和 KF-LSSVR 算法的平均定位误差变化幅度没有 KF 大。从平均定位误差大小来分析,随着锚节点无线射程的增加,相对其他两种算法而言,KF-LSSVR 算法的平均定位误差一直保持最小。起初 KF-LSSVR 的定位误差和改进的 LSSVR 相差不大,但随着锚节点无线射程的增加,两者误差大小的差值慢慢加大,最后保持相对稳定的差值。而KF 算法在整个定位过程中的平均定位误差最大,而且变化量非常大,稳定性很差。这说明 KF-LSSVR 既保持了改进的 LSSVR 的稳定性特点,又提高了精度。

5.5.3.5　移动速度对平均定位误差的影响

　　本节的场景与以往的静态节点定位不同,未知节点是可移动的。在本节的三维移动节点定位中,移动速度对定位误差也会带来影响。移动速度也是直接影响定位误差的重要因素之一。图 5-16 为移动速度与平均定位误差之间的关系图。从图中的曲线可以看出,随着未知节点运动速度的增加,KF 算法的平均定位误差明显增加,而改进的 LSSVR 算法和 KF-LSS-VR 算法的平均定位误差没有多少变化。从平均定位误差的大小来分析,

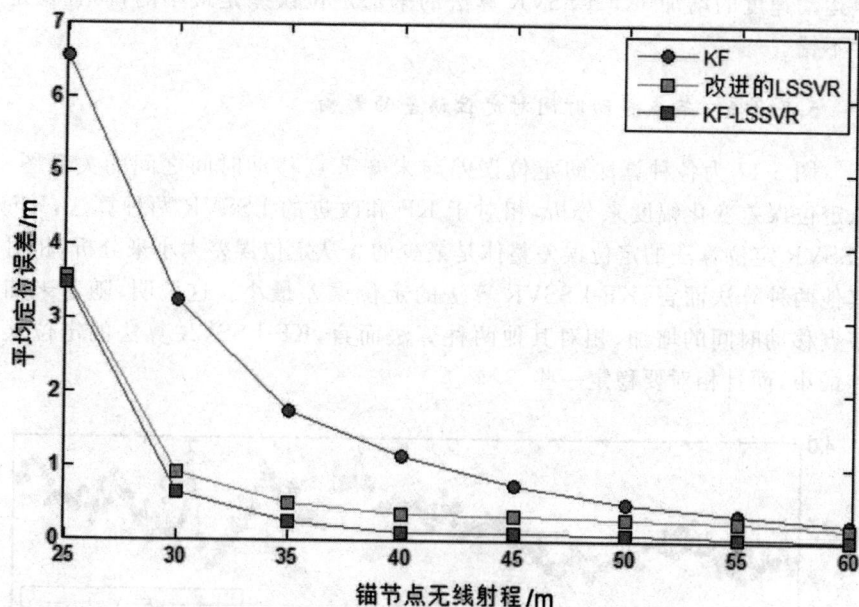

图 5-15 平均定位误差与连通度之间的关系图

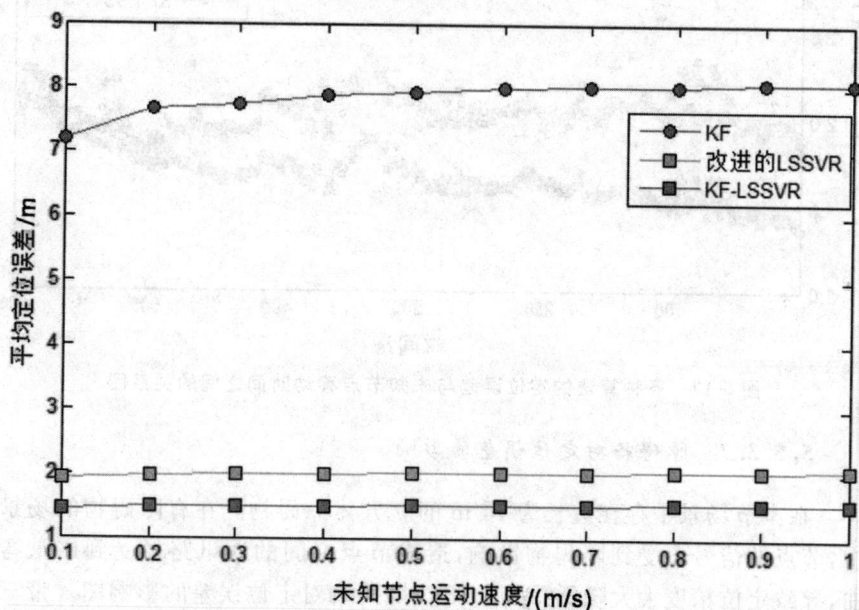

图 5-16 移动速度与平均定位误差之间的关系图

KF 算法的平均定位误差很大,在 7 m 以上。改进的 LSSVR 算法的平均定位误差为 2 m 左右,而 KF-LSSVR 算法的平均定位误差比改进的 LSSVR 算法更小,为 1.5 m 左右。由此可见,相对其他两种算法而言,随着未知节点运动速度的增加,KF-LSSVR 算法的平均定位误差是最小的,而且稳定性不错。

5.5.3.6 节点移动时间对定位误差的影响

图 5-17 为各种算法的定位误差与未知节点移动时间之间的关系图。从定位误差变化幅度来分析,相对于 KF 和改进的 LSSVR 两种算法,KF-LSSVR 定位算法的定位误差整体是最少的。从定位误差大小来分析,相对其他两种算法而言,KF-LSSVR 算法的定位误差最小。这说明,随着未知节点移动时间的增加,相对其他两种算法而言,KF-LSSVR 算法的定位误差最小,而且相对要稳定一些。

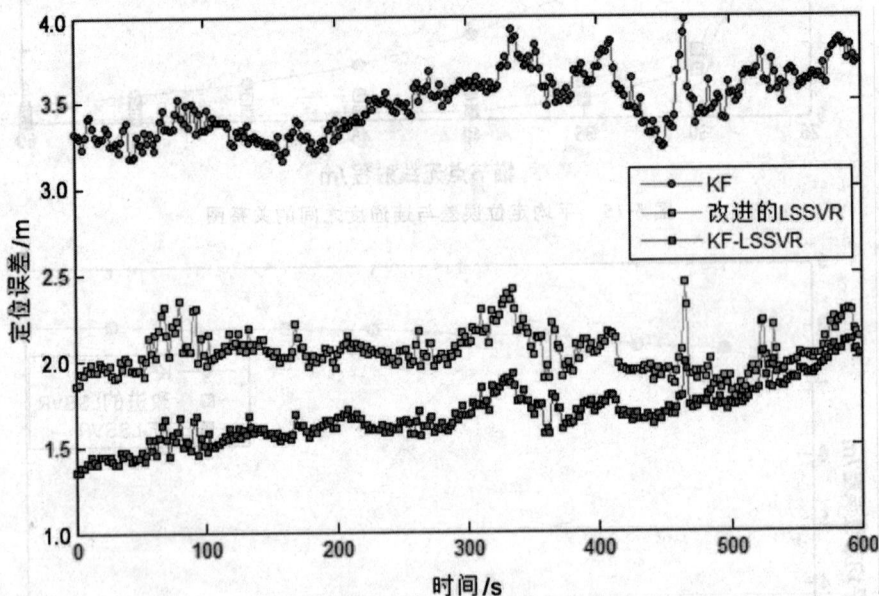

图 5-17　各种算法的定位误差与未知节点移动时间之间的关系图

5.5.3.7 障碍物对定位误差的影响

在本节场景中存在边长为 14 m 的立方体障碍物。在有障碍物的场景中,节点的信号会受到障碍物影响,造成节点之间的通讯路径受到严重弯曲,导致定位精度大大降低。图 5-18 为障碍物对定位误差的影响图。带三角的曲线为存在障碍物时节点的定位精度,带方框的曲线为没有障碍物时节点的定位精度。从图中的曲线可以看出,在无障碍物的情况下定位误差的整体在 1.5~2 m 之间,而存在障碍物的情况下定位误差的整体在 3.5~4 m 之间。由此可见,障碍物对定位误差有一定的影响。

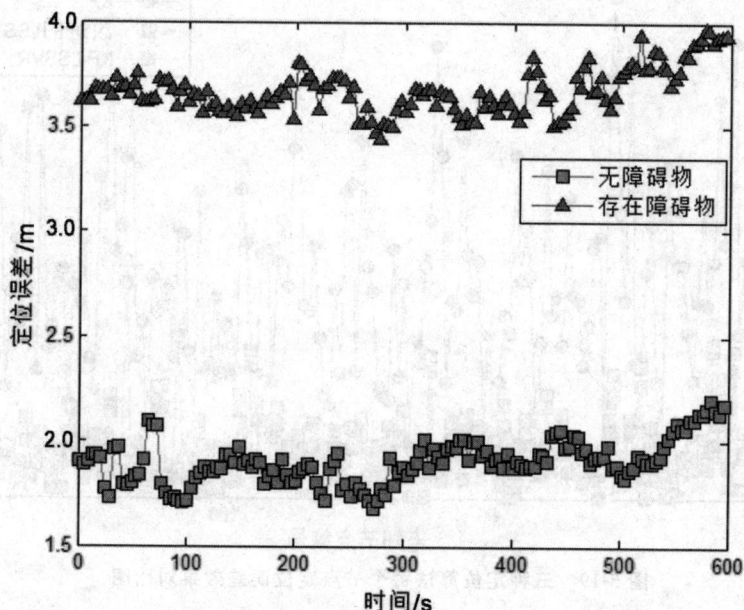

图 5-18　障碍物对定位误差的影响图

5.5.3.8　节点定位误差

图 5-19 为三种定位算法每个节点定位误差效果对比图。从图 5-19 中,可以看出,KF 算法定位误差浮动较大,有较多误差大的节点,说明该算法的定位稳定性有待提高,其中各个节点的定位误差较大,意味着该 KF 算法容易受节点定位误差的影响,定位精度比较低。改进的 LSSVR 算法和 KF-LSSVR 算法的整体稳定性还不错,定位误差曲线波动较小,但 KF-LSSVR 整体的定位误差小于改进的 LSSVR,精度更高一些。从总体上来说,KF-LSSVR 定位算法有较高定位精度,同时其误差曲线的整体波动较小,具有较好的稳定性。

5.5.3.9　定位效果

综上所述,在测距因子 η 为 5%,锚节点密度为 25%,锚节点的通信半径是 30 m 时,基于 KF-LSSVR 的三维移动节点定位算法的定位效果图如图 5-20 所示,图中深色圆点为锚节点位置,浅色圆点为未知节点的实际位置,星点为 KF-LSSVR 定位算法对未知节点的位置估计,立方体为障碍物区域。

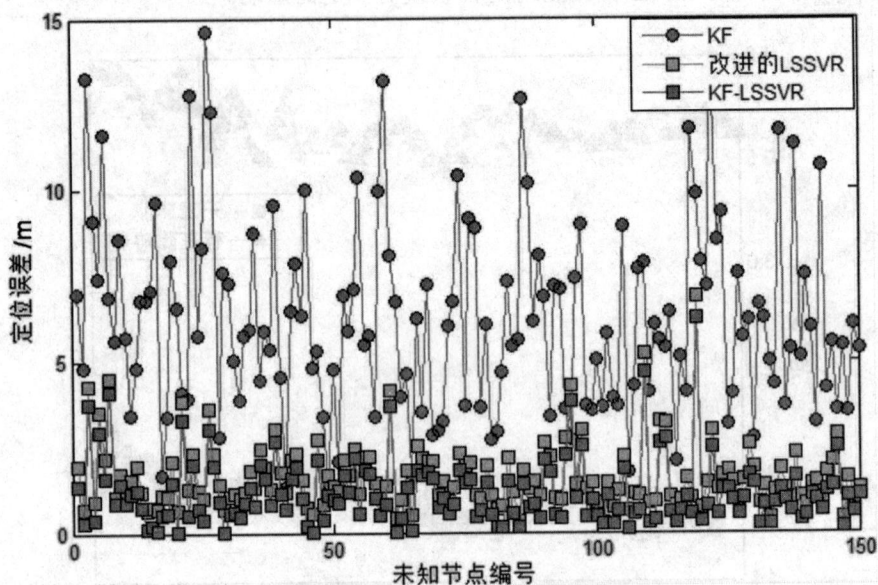

图 5-19　三种定位算法每个节点定位误差效果对比图

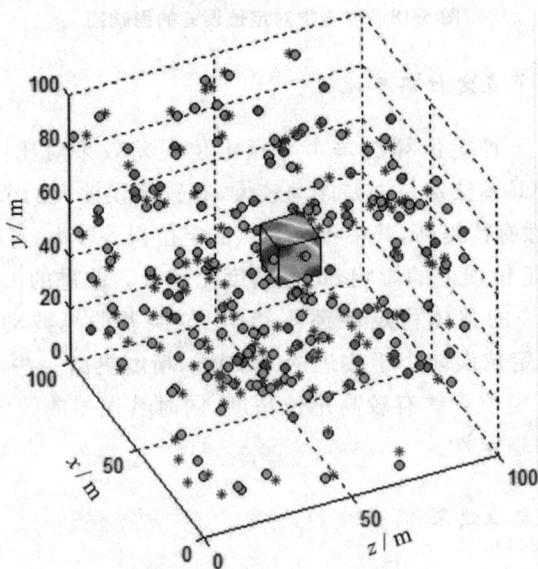

图 5-20　算法的定位效果图

第6章 基于 RSSI-LSSVR 的 WSN 节点安全定位技术

6.1 安全定位算法概述及分类

6.1.1 安全定位问题概述

传统的无线传感器网络节点定位研究,很多都集中在对复杂性和精确度的研究上,很少考虑无线传感器定位网络的安全性,又或者是只考虑了定位系统的安全性而没考虑到定位算法的成本以及精确度,这就需要研究一种安全度更高、定位精确度更好的 WSN 节点定位算法[①]。

在无线传感器网络中,为了抵御网络安全攻击,进而提供安全、准确、高效的定位服务,WSN 的安全定位目标应该包含以下几个方面的内容:

(1)节点认证。在网络中应该保证信息传输的节点之间相互确认,也就是发送端和接收端的身份确认。

(2)访问控制。在网络中建立授权机制,阻止对资源的未授权访问。

(3)可用性。可用性主要针对拒绝服务攻击,维持网络功能,使网络不会由于威胁而丧失通信能力。

(4)有效性。保证恶意节点不会重复发送已经获取的信息。

(5)数据机密性。在存储和传输中要保护敏感数据,防止攻击者进行解密。

(6)数据完整性。网络节点在收到数据包时,能确认该数据包和发出来时一模一样,没有被中间节点篡改或通信出错。

(7)抗攻击性。在网络中有一部分节点受到攻击,并且失效,要求网络还能继续保持其基本性能。

---

① 彭飞. 基于改进 RSSI-LSSVR 的 WSN 三维节点安全定位研究[D]. 桂林:桂林理工大学,2017.

6.1.2　安全定位算法分类

尽管无线传感器网络节点定位和安全定位算法的分类还没有一个统一的标准,但下面这些分类方法能在一定程度上刻画不同安全定位技术的特点[①]。

6.1.2.1　基于定位系统或算法的分类

随着对无线传感器网络定位技术研究的不断深入,定位算法的分类也产生了多种不同形式,这些分类方法能够从一定程度上刻画出不同定位技术的特点。

由于安全定位是对定位算法或系统的安全性进行研究,因而定位技术的分类方法对于安全定位技术也同样适用。下面仅对与本书直接相关的分类方法进行介绍。

(1)静态和动态传感器网络。无线传感器网络经典定位算法中,大部分都要求网络部署后传感器节点及整个网络中的其他组成部分都处于静止状态。由于每个传感器节点的通信范围有限,如果需要监测一个广阔区域,就需要部署更多的传感器节点,使网络的部署成本明显增加。然而,若传感器网络中的某些传感器节点,甚至网络中全部传感器节点都可以移动,则使用较少的传感器节点就可以覆盖较大的部署区域。从而,在一定程度和意义上,增强无线传感器网络的功能,扩展应用领域。网络部署后,传感器节点仍然可以运动的无线传感器网络,称为动态传感器网络。相对于静态的传感器网络而言,动态传感器网络具有很多特有的优势,如自适应空间采样、网络修复、节省能量、事件监测的灵活性和提高网络定位能力等。动态传感器网络代表着传感器网络一种重要的发展趋势,其功能和应用范围也大大高于传统静止的传感器网络。对于这种类型无线传感器网络的研究目前国内外还处于初级阶段,有很多难题需要解决,其中动态传感器网络中移动节点的定位问题,作为其正常工作必需的一个基本支撑技术就是要解决的关键难题之一。特别是,随着动态传感器网络在军事战术通信网中的广泛应用,移动节点的位置信息是作战指挥的关键依据,无所不在的传感器节点随时发回的战术信息无不与该传感器节点的位置信息有关,当这些信息用于对精确打击武器进行导航等应用时,用户不仅需要知道传感器节点的位置

---

① 彭保.无线传感器网络移动节点定位及安全定位技术研究[D].哈尔滨:哈尔滨工业大学,2009.

信息,而且还要尽可能精确地确定这个传感器的位置信息。因此,在实际应用的迫切需求下,移动节点的精确定位是动态传感器网络中最为重要和传统的问题,研究适用于智能弹药导航等军事应用领域的动态传感器网络定位系统是该领域面临的主要实际问题之一。

(2)集中式和分布式。集中式计算的定位算法中,要求网络中部署一个或多个特殊节点,其余传感器节点把采集的相关信息传送到特殊节点,并通过特殊节点的计算得到每个节点位置信息。这类算法的优点在于可以从全局角度统筹规划,不受计算和存储性能的限制,能够获得相对精确的定位精度。缺点是,由于定位运算对中心节点的过分依赖性,在中心节点附近的节点可能会因为通信开销过大而成为瓶颈,并过早消耗完能源,导致整个网络与中心节点信息交流受阻或中断。由于集中式算法的位置计算都是在特殊节点上进行,因而,使用集中式定位算法的无线传感器网络应用于一个较大部署区域时,会产生较大的通信量和较长的通信时延,因而集中式定位方法一般多用于中小规模的无线传感器网络应用场景中,对于大规模的无线传感器网络应用场景则需要使用分布式的定位方法。综上所述,集中式和分布式方法各有利弊并且应用范围也有较大区别,因此,定位和安全定位问题中需要针对这两类方法分别进行深入研究。

(3)绝对和相对定位。绝对定位必须让所有未知节点使用共同的参照系,定位结果是一个全局性的标准坐标位置,比如用经度和纬度表示出来。对同一地理位置节点进行多次绝对定位,其定位结果一样,而采用相对定位,结果则可能不同。相对定位可以让每个未知节点使用不同参照系,通常以网络中的部分节点为参考,建立整个网络的相对坐标系统。一定条件下,绝对定位结果可以转换为相对定位结果。对于成本和应用环境受限的无线传感器网络,相对定位方法更多被使用。因而,定位精度的评价标准更多采用定位误差值与节点无线通信半径的比例来表示。

6.1.2.2　基于定位过程的分类

由于安全定位算法是为了解决定位过程的安全性问题,因而根据定位的不同阶段,可以将安全定位算法分为针对距离和角度估计攻击、针对位置计算过程攻击和针对定位算法本身攻击三类。

(1)针对距离和角度估计的安全定位算法。距离估计通常是通过信号强度、到达时间或跳数分析等方式来完成的。但是,这些方法在无线传感器网络中都很易于被攻击。例如,恶意锚节点能够发送一个增大或减少传输功率的信息包给邻近节点,使它拉近或远离它的真实位置,并且在这种情况下,一个信息包的传播时间能够被延迟,从而影响基于 TOA 和 TDOA 的测距系统。同样,在基于跳数计算距离估计的方法中,恶意攻击者可以通过被攻击节点播报一个错误跳数计算的方法来破坏这类定位算法。事实上,因为它是一个多跳算法,跳数估计同样能够通过攻击定位算法来影响。因此,为了抵御距离和角度估计时可能受到的攻击,针对定位过程中的距离和角度估计提出了一些安全定位算法。

(2)针对位置计算过程的安全定位算法。在无线传感器网络中,节点为了计算自己的位置至少需要 3 个位置已知的距离估计,在距离估计上的任何攻击,主要目的也都是为了影响位置计算。一些攻击通过播报错误的已知位置可以直接影响位置计算,甚至是在距离被正确估计的条件下,都一样能够引起错误的位置计算。例如,在网络中存在恶意攻击且锚节点通过 GPS 设备来确定自身位置的条件下,通过人为干扰 GPS 信号能够使锚节点的位置信息发生错误或者使它无法作为锚节点使用。因而在定位过程中,将抵御这类攻击的方法称为针对位置计算过程的安全定位算法。

(3)针对定位算法本身的安全定位算法。上面两类的攻击都是针对特定定位系统,而定位算法作为定位系统的另一个重要组成部分,其安全性也非常重要。并且现有定位算法多数是分布式和多跳的,所以同样具有其他分布式系统所具有的所有弱点。因而,女巫(Sybil)、重发(Replay)和蠕虫孔等多种攻击都可以直接影响定位算法的定位性能,为了有效抵御直接针对定位算法的恶意攻击而提出的方法,称为针对定位算法本身的安全定位算法。

上述分类方法从系统角度将定位系统分成三个阶段,并针对每个阶段分析可能会受到的恶意攻击和抵御方法。可以发现,定位系统的这几个阶段具有强烈的相关性,在这些组成部分中任何一个小的恶意攻击都能够较大地影响定位系统。例如,一个恶意的错误距离估计在未知节点进行位置计算时被使用,会使这个定位结果产生较大的误差。由于它们之间的强关联性,这些组成中的任何一个部分都能用来攻击定位系统,因而使系统非常脆弱且很难达到安全性的要求。

6.1.2.3　基于不同安全目标的分类

由于无线传感器网络的自组织和节点资源有限等特点,网络部署后,锚节点和节点很容易被攻击者捕获并从网络内部对定位过程发起攻击,从而常规的加密、扩频、编码和抗泄密硬件/软件等技术都难以防御针对定位过程的各种攻击。因此,需要提出一些针对节点定位系统的安全措施,并根据不同的安全目标将这些措施分为距离界定、安全定位、入侵及异常检测与隔离以及鲁棒性的节点定位算法四类。

（1）距离界定。距离界定协议是通过限定节点间距离的上界，防止以缩小测量/估算距离为目的的测距欺骗攻击。假设 v 是验证者节点，u 是被验证者节点，则这个协议的伪代码如下：

u：　　产生一个当前随机数 N_u，

　　　　commitment(c,d)＝commit(N_u)；

$u \rightarrow v$：c；

v：　　产生一个当前随机数 N_v；

$v \rightarrow u$：由高到低逐位发送 N_v；

$u \rightarrow v$：由低到高逐位发送 $N_u \oplus N_v$；

v：　　测量发送 N_v 和接收 $N_u \oplus N_v$ 间的时间 t_{uv}；

$u \rightarrow v$：$N_u, N_v, d, MAC_{K_{uv}}(u, N_u, N_v, d)$；

v：　　验证 MAC 并且验证 N_u 是否等于 open(c,d)；

其中，commit 是一个具有不可逆性和隐藏性的单项哈希函数，最后一条报文中 d 用于节点身份验证。MAC 值对报文的完整性进行验证，以防止攻击者篡改报文内容。

（2）入侵及异常检测与隔离技术。通过被捕获的节点或锚节点恶意攻击者能够发起包括 DOS 在内的多种攻击，并且使用现有的密码等常规安全机制不能进行有效抵御。因此，入侵及异常检测与隔离等反应式安全机制成为无线传感器网络安全定位设计的一种有力补充。但是，由于无线传感器网络自身的特点和限制，传统的反应式安全机制并不能直接用于无线传感器网络，为此，需要针对无线传感器网络提出一些有效的入侵及异常检测与隔离技术。

（3）鲁棒性的节点定位算法。虽然通过各种安全机制能够在一定程度上提高定位系统和算法的安全性和可靠性，但是随着各种攻击方式的不断出现，要实现定位算法的绝对安全毕竟只是一个理论上的概念。因此，就要求定位算法本身具有一定的容攻击能力。统计分析方法由于具有很高的鲁棒性正被逐渐引入无线传感器网络的多种协议设计中，这也为无线传感器网络系统的可靠性和安全性提供了有力保障。

（4）安全定位机制。安全定位机制的目标是：在网络中存在针对定位过程的恶意攻击时，仍能计算出节点的位置。根据所针对定位系统的不同，可以分为基于测距和无须测距两类安全定位机制。

虽然，从不同安全目标角度可以将现有的安全定位算法分为上述四种类型，但是，无论距离界定、入侵及异常检测与隔离，还是鲁棒性的节点定位算法其最终的目的都是安全地对节点进行定位。因而，可以将所有研究定位过程安全性的方法统称为安全定位。

6.1.2.4 基于攻击特征的分类

根据针对定位系统或算法的恶意攻击是否使网络的连通性发生改变，可以把相应的安全算法分为没有改变网络连通性攻击和改变网络连通性攻击两类。前者主要是解决恶意攻击没有使网络连通性发生改变的攻击方式，这类攻击如注入错误数据攻击，恶意锚节点声明的位置信息与实际位置不同，但是与恶意锚节点连通的节点并没有发生明显改变；后者则使网络的连通性发生了改变，这类攻击很多，如常见的蠕虫孔、女巫、泛洪和污水池等攻击形式。这种分类方法主要是针对现有的常见恶意攻击类型进行分析，从而获得攻击方式在无线传感器网络中引起的不同特征，并利用这个特征进行分类和寻找对应的抵御方法。

6.2 安全定位攻击模型及性能评价指标

6.2.1 常见的攻击模型

无线传感器网络节点定位，是传感器节点通过采集各种有效数据信息，然后利用无线通信的方式，与周围通信半径范围内的锚节点进行数据信息共享，从而借助位置信息已知的锚节点来实现自身的定位。但是在信息传递和交换的过程中，由于缺乏相应的安全保护机制，极易受到各种网络安全攻击，例如信息被窃取或篡改，使得传感器节点获得错误的信息导致定位失败。因此，安全问题在传感节点定位的过程中不可避免。如何在复杂多变甚至危险的网络环境下，针对一些特定的网络安全攻击手段，研究一些具有安全保护机制的定位算法非常重要[1][2]。下面介绍几种常见的安全攻击模型。

6.2.1.1 物理攻击

对于有些无线传感器网络系统，攻击者为了破坏系统会利用一些手段直接物理损坏传感器节点，从而使这些传感器节点无法正常工作。特别是在军事通信等领域应用的无线传感器网络中，传感器节点可能会部署在无

---

① 彭保. 无线传感器网络移动节点定位及安全定位技术研究[D]. 哈尔滨：哈尔滨工业大学，2009.

② 熊炼. 无线传感器网络的安全定位研究[D]. 太原：太原理工大学，2011.

人值守的区域,敌人可以接近该区域将节点直接破坏或者移动,又或者利用篡改技术篡改相关数据信息进行攻击,其中篡改技术包括微探、激光切割、功耗分析和脉冲攻击。电磁脉冲(EMP)攻击就是物理攻击的一种。电磁脉冲具有高强度的电磁能量的短时间爆发,能产生电压浪涌,破坏其攻击范围内所有的电子设备。目前,有能产生电磁脉冲的便携装置,很容易实现对无线传感器网络中传感器节点的攻击和破坏,对其他军事领域的各种电子设备是一个极大的威胁。为此可以通过提高电子设备的抗电磁脉冲能力,或者对网络的容错能力进行研究,来提高其抗毁性等安全防护能力。

6.2.1.2　重放攻击

对于重放(Relay)攻击的攻击方式,操作起来并不是很复杂,因为攻击者并不需要多么强大的攻击破坏能力,就能够破坏传感器节点之间的数据信息传递。重放攻击的主要手段就是堵塞发信者跟接收者之间的信号传输,然后在该网络中重新播放一些错误的或者过时了的数据信息[36]。而且大多数情况下,攻击者是可以任意地在无线传感器网络中移动,这就使得这个传感器网络接收到错误的和过时了的数据信息的概率增大不少。所以,当待定位的传感器节点在距离测量和坐标定位的过程中,任何一个环节遭到重放攻击,都会使得位置坐标的参考信息失效,从而使得节点定位失败。而且,这对能量本身就十分有限的定位系统,造成了不必要的功耗浪费。

6.2.1.3　转发攻击

转发(Relay)攻击方便简单,因为攻击点通常也是一个传感器节点,受节点体积、硬件资源和自身能量的影响,它没有更多的资源去伪装成多个合法节点,所以只能进行简单的转发攻击,但其对网络定位的影响确实不容小觑。如图 6-1 所示为转发攻击的原理图,图中 A 和 B 是网络中的合法节点,C 为攻击节点,其攻击方式为转发攻击。当发送节点发送的信息被攻击者发现后,它就劫持该信息,并且将该信息保存在自身的内存中,然后在一个适当的时刻发出这个信息,并发送给合法节点 B。图中的合法节点 A 发送一个信息给节点 B,该信息被攻击者 C 发现后并劫持了下来,便伪装自己成为 A 节点,过了一段时间,就将该信息发送给 B,此时 B 却认为它所收到的信息就是节点 A 发送过来的。转发攻击给网络中的安全主要带来两个问题:一方面,攻击者转发攻击后,会使原本在彼此通信范围之外的两个节点收到了对方的消息,就误以为都在对方的通信范围内,这对前面提到的如凸规划定位、APIT 定位等基于网络连通性的定位算法有很大的影响。另一方面,如果合法的信息被攻击者劫持,然后等了一段时间再发出,这也违背了传感器网络的"信息数据的新鲜性"这一特点,当非实时的信息出现在移动网络中,由于整个网络的信息更新速度快,致使转发攻击更易于得手。在节点的最终定位过程中,如果出现了转发攻击,同时转发的信息是信标节点所发送出来的,很明显会对未知节点的定位产生非常不利的影响。

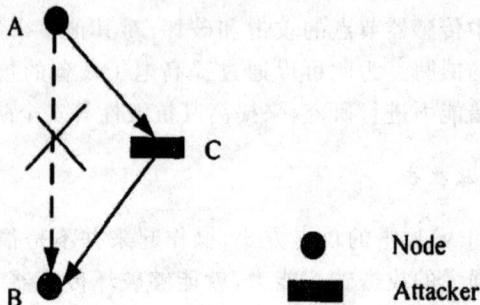

图 6-1 转发攻击

6.2.1.4 女巫攻击

与转发攻击相比,女巫(Sybil)攻击则对攻击者的要求要高很多,因为攻击者必须在同一时刻,把自己伪装成多个不同的节点,并且要使网络中其他的合法节点相信该攻击节点是合法的,才能进行女巫攻击。具体攻击手段如图 6-2 所示,节点 A、D 和 B 都是合法节点,C 为恶意节点。当节点 A 和 D 向节点 B 发送信息时,该信息在传播的途中就被恶意节点 C 所劫持,这时候,恶意节点 C 便同时伪装成节点 A 和节点 D,并以它们的身份将劫持到的信息分别转发给节点 B。当女巫攻击发生在节点测距时,它所产生的测距误差和转发攻击一样,但危害更大。如果女巫攻击发生在节点的最终定位过程,网络中的待定位的节点就会从同一个节点攻击节点收到多个伪装的信标节点信息,并误以为它们都是正确的,这样,定位的结果就会出现极大的偏差和错误。

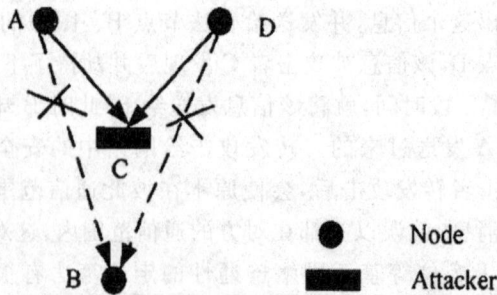

图 6-2 女巫攻击

6.2.1.5　虫洞攻击

从图 6-3 中看出,虫洞(Wormhole)攻击一般都是由两个攻击者相互协作,然后同时对网络进行攻击。所谓虫洞攻击,其实就是指相互协作的两个节点通过网络中的虫洞链路,将合法的信息从网络的一端传递到与之很遥远的另一端,它能够欺骗网络中其他的节点,让其误以为它能与网络中距离很远的节点进行通信。从图中可以看出,节点 A、B 和 C 在未知节点 O 的通信范围之内,它们之间能够相互通信交换信息,而节点 D、E 和 F 在节点 O 的通信范围之外,这三个节点,并不能被未知节点 O 所监听到。所以,正常情况下,节点 O 只能接收到 A、B 和 C 的信息并不能接收到 D、E、F 的信息。但网络中存在虫洞攻击,即恶意节点 Attacker1 和 Attacker2 相互勾结,进行传递信息的虫洞攻击。恶意节点 Attacker2 在接收到 D、E 和 F 的信息之后,将这些信息通过虫洞链路传给了恶意节点 Attacker1,Attacker1 在收到该信息后,马上就发给了与之相邻的节点 O。这样,节点 O 就以为它能接收到与之很遥远的节点 D、E、F 的信息了,倘若未知节点 O 将这些通过虫洞链路传送过来的信息用于其自身坐标的定位,肯定会极大地降低定位的精度。虫洞攻击是一种危害很大的攻击,对一些常见的定位算法都有很严重的威胁,如 RSSI、凸规划、APIT、质心算法等。

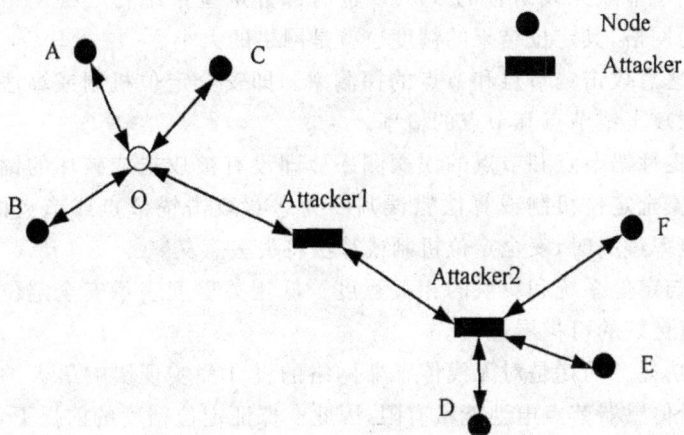

图 6-3　虫洞攻击

6.2.1.6　节点俘获攻击

相对于前面提到的几种攻击,节点俘虏(Compromise)攻击是一种比较复杂的攻击,对攻击者的要求很高。节点俘获攻击首先要能控制住网络中的目标节点,还要进一步对目标节点的通信密钥和身份认证机制进行解密,在获得其所有信息后,再伪装成网络中的合法节点,和周围其他的节点进行通信,并持续不断地产生错误的信息,在节点的定位过程中不断发送干扰信息。节点俘获攻击的主要步骤如下:首先,攻击节点要俘获网络中的一部分信标节点,然后通过解密算法获得网络中节点与节点间的通信密钥。当网络中的未知节点需要定位,并与其通信以获得定位信息时,被俘获的信标节点就发送错误的定位信息给未知节点。未知节点在接收到这些错误的定位信息后,通过常规的定位算法计算其自身坐标位置,显然会得到错误的位置信息。

6.2.2　常用的性能评价指标

无线传感器网络的安全定位性能会直接影响节点定位系统和算法的可用性,如何评价这个性能,现阶段还没有一个统一的标准,这也是一个需要深入研究的问题。下面结合定位的安全需求和现有安全定位算法的主要性能评价指标,定性地讨论下面几个重要的评价标准[①]。

(1)攻击对定位精度影响。定位技术首要的评价指标就是定位精度,一般用误差值与节点无线射程的比例表示。例如定位精度为 50% 表示定位误差相当于节点无线射程的 50%。也有部分定位系统将二维网络部署区域划分为网格,其定位结果的精度也就是网格的大小。

(2)恶意攻击锚节点和节点的探测率。即安全定位机制或算法能够探测到恶意攻击锚节点和节点的概率。

(3)良性锚节点和节点的误探测率。即没有被攻击或破坏的锚节点或节点,被安全定位机制或算法错误判断为恶意攻击锚节点或节点的概率。当这个概率过高时,安全定位机制或算法将失去意义。

(4)与定位系统和算法的相关程度。低相关程度表示安全定位机制或算法具有更好的可扩展性。

(5)功耗。功耗是对无线传感器网络的设计和实现影响最大的因素之一。由于传感器节点电池能量有限,因此在保证定位精度的前提下,与功耗密切相关的计算量、通信开销、存储开销、时间复杂性是定位的一组关键性指标。

(6)代价。定位系统或算法的代价可从几个不同方面来评价。时间代

---

① 彭保.无线传感器网络移动节点定位及安全定位技术研究[D].哈尔滨:哈尔滨工业大学,2009.

价包括一个系统的安装时间、配置时间、定位所需时间。空间代价包括一个定位系统或算法所需的基础设施和网络节点的数量、硬件尺寸等。资金代价则包括实现一种定位系统或算法的基础设施、节点设备的总费用。

上述六个性能指标不仅是评价无线传感器网络安全定位的主要标准，也是其设计和实现的优化目标。但是，针对不同的安全定位算法或协议，侧重的评价指标有所不同。例如，以探测恶意攻击节点为目标的安全定位算法，关注的主要指标就是恶意攻击节点的探测率和良性节点的误探测率，攻击对定位精度的影响可以通过这两个指标进行分析，而不需要针对这个指标进行研究。能耗和代价等评价指标则可以先不考虑。为了实现这些目标的优化，有大量的研究工作需要完成。同时，这些性能指标相互关联，必须根据应用的具体需求做出权衡，以选择和设计合适的安全定位技术。

6.3　传统 RSSI 测距算法原理及其改进

6.3.1　传统 RSSI 测距算法基本原理

基于接收信号强度（Received Signal Strength Indicator，RSSI）测距模型的基本原理为：根据发射信号的强度以及接收信号的强度，计算出信号在传输过程中的强度损耗，然后通过一些"经验模型"，将信号强度损耗换算成相应的距离，进而求取传感器节点的位置[①]。

在自由空间传播模型中，信号强度的大小与信号传输距离的平方成反比关系。假设 P 为接收者接收到的信号强度大小，d 为信号发送者和接收者之间的距离，那么信号强度大小与传输距离之间的关系可以表示为：

$$P = \frac{P_t G_t G_r \lambda^2}{(4\pi)^2 L d^2} \tag{6-1}$$

式中，λ 为电磁波的波长；P_t 为信源的传输功率；G_t 为发射节点的天线增益；G_r 为接收节点的天线增益；L 为通信系统损失。通常 $L=1$，所以上述公式可进一步化简为：

$$P = \left(\frac{\lambda}{4\pi d}\right)^2 P_t G_t G_r \tag{6-2}$$

---

① 彭飞.基于改进 RSSI-LSSVR 的 WSN 三维节点安全定位研究[D].桂林：桂林理工大学，2017.

在自由空间模型里,定位节点的通信范围理论上是一个以发射节点为球心的球形范围。如果收信者在发信者的球形通信范围内,那么就可以接收到发射节点广播的所有数据信息。但是在真实的应用场景中,不可避免地会存在噪声干扰、障碍物阻挡、信号散射以及多径传播等环境影响因素,从而使接收节点获取的信号受到干扰,这种因环境等影响因素造成的信号不确定性,也使得我们很难找出一种精确的数学模型来描述该类信号的传输损耗与距离之间的关系模型。目前,采用得比较多的传输模型是对数正态模型。该模型的信号强度与距离之间的关系如式(6-3)所示。

$$P = P_0 - 10n\lg\left(\frac{d}{d_0}\right) + X_\sigma \tag{6-3}$$

式中,d 为信号发射端与信号接收端之间的距离;d_0 为参考点距离信号发射端的距离;P_0 和 n 为表征信道特性的量,P_0 为参考点的信号强度,n 为路径损耗指数,该指数随环境的不同而产生变化(典型值介于 2~6 之间),常见环境中路径损耗指数如表 6-1 所示。

表 6-1　常见环境路径损耗指数

环境	路径损耗指数 n/dB	X_σ
实验室	1.4~2.2	2.39~3.46
走廊	1.9~2.2	1.37~3.32
操场	2.7~3.4	1.55~4.12
巷子	2.1~3.0	2.19~4.47
马路	3.3~3.7	2.97~4.27
草地	4.6~5.1	1.67~2.23
庭院	2.8~3.8	1.00~3.03
阳台	1.4~2.4	2.00~4.00

通过对上表的分析可知,路径损耗指数 n 值会随着传输空间里的障碍物的增多而变大,从而导致接收信号强度的衰减也比较大。

X_σ 是服从对数正态分布的均值为零、标准差为 σ 的随机噪声(标准偏差),主要用来描述信号反射以及噪声干扰等因素对接收信号强度所造成的影响,可以采用多次信号测量的均值与方差来表示,其分布密度函数可以表示为:

$$f(x) = \frac{1}{\sqrt{2\pi}\sigma}e^{\frac{(x-\mu)^2}{-2\sigma^2}} \tag{6-4}$$

其中，μ 和 σ 的具体表达式如下：

$$\mu = \frac{1}{k} \sum_{i=1}^{k} \text{RSSI}_i \tag{6-5}$$

$$\sigma = \sqrt{\frac{1}{k-1} \sum_{i=1}^{k} (\text{RSSI}_i - \mu)^2} \tag{6-6}$$

式中，RSSI_i 为第 i 个信号的信号强度值；k 为测量总数。通过实验便可获得 X_σ 的经验值。综上所述，如果待定位节点获取了路径损耗的相关参数，那么就能根据接收到的信号强度，通过路径损耗传输模型计算出锚节点与自己的距离。

6.3.2　改进 RSSI 测距算法

6.3.2.1　传统 RSSI 算法不足

基于接收信号强度（RSSI）测距定位模型，凭借其部署比较简易且无须额外硬件支持，使其定位成本相对其他定位模型更低，符合 WSN 节省功耗成本和延长使用寿命的要求。所以，在许多定位系统中都得到了广泛应用。但是，这并不意味着 RSSI 测距定位模型十全十美，在复杂的真实环境中，信号传播的动态特性通常会对测距结果造成很大干扰，雾霾以及障碍物的存在，温度和湿度的变化，都会影响该模型的测距定位精度，加上噪声干扰等因素，基于信号强度的测距方式往往会带来几米甚至更大的测距误差。此外，RSSI 定位模型参考点的位置选择不同，也会使得参考点信号强度 P_0 不同，甚至同一参考点不同时间不同接收器接收到的 P_0 值也不同。因而，每次测距前都应进行系统初始化处理，对参考节点位置进行强度确定。对于 RSSI 测距定位模型的信道特征量的选取，一般传统的做法是多次采集固定 1m 处的信号强度值，然后通过求均值的方式，来获取该参考点的参考信号强度。但是如上所知，因实际环境的复杂性以及干扰因素的存在，相同位置的 RSSI 值服从高斯分布围绕中心值波动，直接用会产生误差造成模型的定位精度不高。而且，即便是相同的路径损耗对数模型，对于测距结果处理方式的千差万别，也会造成定位精度的不同，从而影响各定位算法系统的性能效果。

6.3.2.2　改进 RSSI 参考节点

由于 RSSI 测距定位算法受环境的影响比较大，信号强度会随着距离的改变而改变，当发信者和接收者之间的信号传播距离越远时，被影响的程度就越大,误差也越大;而当二者距离比较近的时候,被影响的程度就越小,接收到的信号强度就越强,从而使测距定位结果更接近真实值。基于此,针对 RSSI 路径损耗模型信道特征量的选取,不再笼统地选择某固定距离范围的参考信号强度作为参考,本节令待定位节点接收到的信号强度衰减最小处的锚节点作为参考节点来进行定位,以获取更优的参考点信号强度 P_0 及相应的路径损耗指数 n 等,从而减少误差的影响,以便提高该模型的定位精确度。

6.3.2.3 改进 RSSI 测距算法

对于许多测距定位算法的应用,有相当比例是基于 RSSI 测距技术的,因此该技术具有很高的研究价值,而且针对 RSSI 数据测量值改进的方式也比较多,比如利用统计均值修正,基于 RSSI 测距差分修正,基于移动平均法修正以及利用数据筛选修正等。本节的改进方法是针对 RSSI 测距结果进行中位数加权处理,避免因统计均值法等造成的定位结果偏差。在无线传感器系统定位过程中,让无线网络中的传感器节点之间互相通信,进行一段时间的数据信息交换,并获取存储一部分数量的 RSSI 信号强度值以及相应的数据 ID。然后将这些信号序列按照大小顺序排列,取出 RSSI 值的中位数。紧接着对信号序列中的每个信号强度都以此中位数为基础计算出其权值的大小,然后将各信号与相应的权值相乘再求和,并当作两节点之间最终的 RSSI 信号值输出。该方法主要包括:数据信息的采集,求取信号序列的中位数,计算相应的权值以及最后的距离估计等,具体步骤如下所示。

(1)数据信息采集。参数初始化以后,锚节点向其通信半径内的邻居节点泛洪式广播包含自身分组信息的数据包,而锚节点自己的坐标 ID 以及 RSSI 数据等信息都包含在了这个数据包里面。当待定位节点收到其通信半径内的数据信息以后,自动将分组信息中 RSSI 值作为信号的传播损耗。为了进一步获取这些节点之间的 RSSI 值的分布特性,在规定时间内要进行多次采集并存储。当锚节点泛洪式广播 n 次之后,在该锚节点通信半径内的待定位节点收到 n 次广播的数据包信息,然后从这些数据包信息里面提取出 RSSI 数值,并且将这些数值组成一个信号强度序列:$RSSI_1$,$RSSI_2$,$RSSI_3$,$\cdots$,$RSSI_n$。

(2)求信号强度序列中位数。当待定位节点收到临近锚节点广播的 n 次 RSSI 数据包以后,将提取的信号强度序列 $RSSI_1$,$RSSI_2$,$RSSI_3$,$\cdots$,$RSSI_n$ 进行统计,并按照大小顺序组合成一个新的排列,即 $RSSI_1 \leqslant RSSI_2 \leqslant RSSI_3 \leqslant \cdots \leqslant RSSI_n$,然后求取该顺序里的中间 RSSI 值,那么每个序列的中

位数 M_{RSSI} 可由如下公式求得：

$$M_{RSSI} = \begin{cases} RSSI_t & n \text{ 为奇数}, t = \dfrac{n+1}{2} \\ \dfrac{1}{2}(RSSI_t + RSSI_{t+1}) & n \text{ 为偶数}, t = \dfrac{n}{2} \end{cases} \qquad (6\text{-}7)$$

（3）权值计算。经过上面两步求得信号强度序列中位数，然后求出每个 RSSI 信号序列里每个 RSSI 值与该序列中位数的方差，具体计算公式如下：

$$var_i = (RSSI_i - M_{RSSI})^2 \qquad (6\text{-}8)$$

另外，为了避免该序列中存在某些 RSSI 值与序列里的中位数相同，从而使得该方差结果为零，需要计算出未归一化的加权系数，具体可以按照如下公式进行计算：

$$R_i = \frac{1}{(1 + var_i)} \qquad (6\text{-}9)$$

然后，对经过上述公式求得的加权系数求和，并归一化处理这些加权系数，具体计算公式如下：

$$w_i = \frac{R_i}{\sum\limits_{i=1}^{n} R_i} \qquad (6\text{-}10)$$

经过上述统计计算，如果信号序列中的 RSSI 值与信号中位数 M_{RSSI} 相差很大的话，其对应的加权系数 w_i 就越小；而如果该 RSSI 值与 M_{RSSI} 特别接近，其加权系数也会相应地比较大；如果二者相等的话，其加权系数 w_i 最大，而且此时相应的 RSSI 值被赋予最大的权重。

不过值得注意的是，如果只是单纯利用信号序列里的 RSSI 值跟中位数 M_{RSSI} 之间的差值，来决定其权值大小的话，就有可能会因为信号序列中某些包含了误差的 RSSI 信号值与序列的中位数过于接近，以至于其权值赋值过大，从而导致定位算法的精确度下降，定位效果也大打折扣。为了解决这个问题，可以采取设定阈值 T 来筛选测距结果。如果阈值大于方差，那么由阈值来决定其权值，反之则由方差来决定权值。由此每个信号强度序列中的 RSSI 值的权值可通过如下公式求得：

$$w_i = \frac{\dfrac{1}{1 + \max\{T, (RSSI_i - M_R)^2\}}}{\sum\limits_{i=1}^{n} \dfrac{1}{1 + \max\{T, (RSSI_i - M_R)^2\}}} \qquad (6\text{-}11)$$

式中，T 为 RSSI 信号序列中的各个信号值与中位数的方差的均值，也就是阈值，其具体公式如下：

$$T = \frac{1}{n} \sum_{i=1}^{n} (\mathrm{RSSI}_i - M_R)^2 \qquad (6\text{-}12)$$

由此可知,阈值 T 是随着 RSSI_i 和 M_{RSSI} 之间的方差而变化的。

(4)距离估算。根据上面的公式,计算出信号序列里每个信号的 RSSI_i 值和对应的权值 w_i。然后,把序列中每个信号的 RSSI 值和对应的权值 w_i 相乘并求和,具体计算公式如下:

$$\mathrm{RSSI} = \sum_{i=1}^{n} \mathrm{RSSI}_i \cdot w_i \qquad (6\text{-}13)$$

由式(6-13)求得 RSSI 值,该信号强度值就当作两节点之间最终的信号强度输出值,然后用式(6-14)计算出锚节点到待定位节点之间的距离 d,具体计算公式如下:

$$d = d_0 \cdot 10^{\frac{\mathrm{RSSI}_0 - \mathrm{RSSI} + X_\sigma}{10n}} \qquad (6\text{-}14)$$

式中,RSSI 即为式(6-13)计算出的最终的节点接收信号强度;X_σ 和 n 为具体环境的信号传播特征量,根据具体环境选取;d_0 和 RSSI_0 分别为参考节点距离锚节点的距离大小及其接收信号强度值。

本节算法所改进的接收信号强度求解方式所求得的信号强度中位数,与数据统计平均值的功能一样,都是为了寻求一组数据的平衡。但是,在无线传感器网络定位这样的环境下,用统计平均值来进行数据处理的方式太过笼统粗糙,因为统计均值很容易受到各种极端值影响,很难获得接近真实值的解,远不如中位数稳定。相比均值法,中位数加权处理数据的方式,更符合无线传感器网络的实际应用需求。当实际环境存在误差,可通过加一个合理的阈值来筛选测距结果。通过这样的方式,即使存在某些包含误差的接近中位数的 RSSI 信号也不会得到较大的权重,而那些序列信号中真正接近中位值的 RSSI 信号,则会被赋予相应的较大权重。所以,该数据处理方式具有以下独特优势:

(1)以中位数为基础可避免各种极值影响带来的偏差。

(2)以中位数为基础的权值计算可剔除一些包含误差而接近中位数的数据,给真实值相应合理的权重,滤除一些粗差信号和随机噪声。

(3)算法所考虑的因素比较多,从而使其比均值法更能适应一些复杂的环境。

6.3.2.4 坐标位置估算

改进的 RSSI 测距定位算法的定位过程,主要分为初始距离测量和坐标定位两个阶段。其中距离测量阶段,锚节点经过有限次数的泛洪广播,发射数据包信息一段时间后,待定位节点将接收到的数据包信息进行处理,提取出信号衰落值并运用 3.2.3 节的方法将其转化为相应的距离 d。在定位阶段,当节点间的粗测距离获取后,一般可采用四边测量法或极大似然法等方式进行初始定位计算。考虑到本节是在三维环境下的节点定位,如果使用简单的四边测量法,由于环境及背景噪声的干扰,四个定位锚节点势必会形成一个重叠的空间,这无疑会增加系统定位的难度以及定位成本。所以综合以上因素,本节选取极大似然法来进行节点定位计算。在三维监测区域内,假设待定位节点在其有效通信半径内收到 $n(n \geqslant 4)$ 个以上锚节点,经过中位数加权处理后便能得到锚节点到该待定位节点之间的估计距离,进而得到两者之间的坐标距离关系如下:

$$\begin{cases} (x-x_1)^2 + (y-y_1)^2 + (z-z_1)^2 = d_1^2 \\ (x-x_2)^2 + (y-y_2)^2 + (z-z_2)^2 = d_2^2 \\ \qquad\qquad\vdots \\ (x-x_n)^2 + (y-y_n)^2 + (z-z_n)^2 = d_n^2 \end{cases} \tag{6-15}$$

其中,n 个位置信息已知的锚节点的坐标分别为 (x_1, y_1, z_1),(x_2, y_2, z_2),$\cdots$,(x_n, y_n, z_n),而待定位的未知节点坐标为 (x, y, z)。这些锚节点到该未知节点的距离分别为 $d_1, d_2, \cdots, d_n$。求解式(6-15),用方程组的第一项到第 $n-1$ 项,全都减去最后一个项,便能求得如下方程组:

$$\begin{cases} x_1^2-x_n^2-2(x_1-x_n)x+y_1^2-y_n^2-2(y_1-y_n)y+z_1^2-z_n^2-2(z_1-z_n)z=d_1^2-d_n^2 \\ x_2^2-x_n^2-2(x_2-x_n)x+y_2^2-y_n^2-2(y_2-y_n)y+z_2^2-z_n^2-2(z_2-z_n)z=d_2^2-d_n^2 \\ \qquad\qquad\vdots \\ x_{n-1}^2-x_n^2-2(x_{n-1}-x_n)x+y_{n-1}^2-y_n^2-2(y_{n-1}-y_n)y+z_{n-1}^2-z_n^2-2(z_{n-1}-z_n)z \\ \qquad = d_{n-1}^2-d_n^2 \end{cases}$$

$$\tag{6-16}$$

将该公式用矩阵的形式表示为 $AX = b$,其中,

$$A = \begin{bmatrix} 2(x_1-x_n) & 2(y_1-y_n) & 2(z_1-z_n) \\ \vdots & \vdots & \vdots \\ 2(x_{n-1}-x_n) & 2(y_{n-1}-y_n) & 2(z_{n-1}-z_n) \end{bmatrix} \tag{6-17}$$

$$b = \begin{bmatrix} x_1^2-x_n^2+y_1^2-y_n^2+z_1^2-z_n^2+d_n^2-d_1^2 \\ \vdots \\ x_{n-1}^2-x_n^2+y_{n-1}^2-y_n^2+z_1^2-z_n^2+d_n^2-d_{n-1}^2 \end{bmatrix} \tag{6-18}$$

$$X = (A^\mathrm{T}A)^{-1}A^\mathrm{T}b \tag{6-19}$$

根据极大似然估计法,通过以上几组方程便能求得待定位节点的具体位置:

$$X = \begin{bmatrix} x \\ y \\ z \end{bmatrix} \quad\quad (6\text{-}20)$$

不过值得注意的是,在真实定位中,即便经过了降噪等处理,系统还会不可避免地有部分误差存在,所以如果想要得到更为精确的定位结果,就需要对测距结果作进一步的改进处理,结合其他方法进行定位计算,以获得理想的定位效果。

6.4　基于改进 RSSI-LSSVR 的 WSN 三维节点定位

6.4.1　改进 RSSI-LSSVR 的 WSN 三维节点定位原理

最小二乘支持向量回归机(Least Squares Support Vector Regression, LSSVR)是由 Suykens 提出的一种基于统计学习理论的回归学习机,其定位思路是通过 LSSVR 进行建模,并获得待定位节点的坐标定位模型以及待定位节点到锚节点之间的距离向量,然后结合待定位节点的坐标与距离向量之间的函数关系模型,来计算待定位节点的位置坐标,最后再经反标准化来处理便可以输出最终的待定位节点的位置坐标。在定位过程中 LSSVR 具有减少噪声的功能,还能降低计算量和复杂度,因此非常适合一些环境复杂的三维无线传感器网络节点的定位[1]。

首先,假定 $\{(u_1,v_1),(u_2,v_2),\cdots,(u_m,v_m)\}$ 是节点定位模型的一个训练样本集,其中,$u_i \in X = R^n$ 代表的是输入数据,而 $v_i \in Y = R$ 代表的是输出数据,那么就可以利用最小二乘支持向量回归(LSSVR)算法来估算如下方程式:

$$v_i = \omega^{\mathrm{T}}\phi(u_i) + \zeta_i + b \quad (i = 1,2,\cdots,m) \quad\quad (6\text{-}21)$$

在公式(6-21)中,w 代表的是权重,而 $\phi(u_i):R^n \to R^{m_k}$ 代表的是非线性映射函数关系式,而且 $\varphi(u_i)$ 函数主要负责的是将输入空间映射到高维特征空间里。$\zeta_i(i=1,2,\cdots,m)$ 代表的是第 i 个样本的随机误差,b 代表的是偏差。此外,对于以上训练样本集当中的每一个样本的随机误差 ζ_i 都具有 $E[\zeta_i]=0$,而 $E[(\zeta_i)^2]=\sigma_{\zeta_i}^2, E[(\zeta_i)^2] < \infty$。最小二乘支持向量回归

① 彭飞.基于改进 RSSI-LSSVR 的 WSN 三维节点安全定位研究[D].桂林:桂林理工大学,2017.

(LSSVR)算法流程如下：

（1）假定如下公式（6-22）是一个已知的训练样本集：

$$T = \{(u_1, v_1), (u_2, v_2), \cdots, (u_m, v_m)\} \in (X \times Y)^m \qquad (6-22)$$

式中，$u_i \in X = R^n (i = 1, 2, \cdots, m)$ 代表的是输入数据；$v_i \in Y = R(i = 1,$
$2, \cdots, m)$ 代表的是输出数据。

（2）为 LSSVR 模型设定一个核函数 $K(u_i, u_j)$，以及相应的规则化参数
$\gamma(\gamma > 0)$。

（3）组建一个如下的方程组，并且对其求解最优化问题：

$$\begin{cases} \min\limits_{w, \zeta, b} \dfrac{1}{2} \|w\|^2 + \dfrac{1}{2}\gamma \sum\limits_{i=1}^{m} \zeta_i^2 & , i = 1, 2, \cdots, m \\ s.t. \quad v_i = w^{\mathrm{T}}\varphi(u_i) + b + \zeta_i \end{cases} \qquad (6-23)$$

然后，通过引入拉格朗日（Lagrange）乘子 α，便能够定义以下的拉格朗日（Lagrange）函数。其中，$\alpha_i \in R(i = 1, 2, \cdots, m)$。

$$L_f(\omega, b, \zeta, \alpha) = \frac{1}{2}\|\omega\|^2 + \frac{1}{2}\gamma \sum_{i=1}^{m} \zeta_i^2 - \sum_{i=1}^{m} \alpha_i(\omega^{\mathrm{T}}\varphi(u_i) + b + \zeta_i - v_i)$$

$$(6-24)$$

然后，对式（6-24）进行计算。分别求 $L(\omega, b, \zeta, \alpha)$ 函数对 ω 和 b，以及
$L(\omega, b, \zeta, \alpha)$ 函数对 ζ 和 α 的偏导。那么，根据最优约束条件就能够获得如下的方程组：

$$\begin{cases} \dfrac{\partial L_f}{\partial \omega} = 0 \rightarrow \omega = \sum\limits_{i=1}^{m} \alpha_i v_i \varphi(u_i) \\ \dfrac{\partial L_f}{\partial b} = 0 \rightarrow \sum\limits_{i=1}^{m} \alpha_i v_i = 0 \\ \dfrac{\partial L_f}{\partial \zeta_i} = 0 \rightarrow \alpha_i = \gamma\zeta \\ \dfrac{\partial L_f}{\partial \alpha_i} = 0 \rightarrow v_i - (\omega^{\mathrm{T}}\varphi(u_i) + b + \zeta_i) = 0 \end{cases} \qquad (6-25)$$

通过进一步转化，便能够得到以下矩阵方程：

$$\begin{bmatrix} I & 0 & 0 & -u \\ 0 & 0 & 0 & -\bar{1}^{\mathrm{T}} \\ 0 & 0 & I\gamma & -I \\ u^{\mathrm{T}} & \bar{1} & I & 0 \end{bmatrix} \begin{bmatrix} \omega \\ b \\ \zeta \\ \alpha \end{bmatrix} = \begin{bmatrix} 0 \\ 0 \\ 0 \\ v \end{bmatrix} \qquad (6-26)$$

在上述矩阵方程中，$v = [v_1, v_2, \cdots, v_m]^{\mathrm{T}}, u = [u_1, u_2, \cdots, u_m], \bar{1} = [1_1, 1_2, \cdots, 1_m]^{\mathrm{T}}, \zeta = [\zeta_1, \zeta_2, \cdots, \zeta_m]^{\mathrm{T}}, \alpha = [\alpha_1, \alpha_2, \cdots, \alpha_m]^{\mathrm{T}}$。然后将 ω 和 ζ 用 α 和 b 来表示，进而可以将式（6-26）化简为如下方程：

$$\begin{bmatrix} 0 & \overline{1}^T \\ \overline{1} & \Omega + \gamma^{-1}I \end{bmatrix} \begin{bmatrix} b \\ \alpha \end{bmatrix} = \begin{bmatrix} 0 \\ v \end{bmatrix} \tag{6-27}$$

如式(6-27)所示,Ω代表的是一个方阵。在这个方阵中,第i行j列的元素具体表达式如下:

$$\Omega_{ij} = \phi(u_i)^T \phi(u_j) = K(u_i, u_j)(i, j = 1, 2, \cdots, m) \tag{6-28}$$

因为矩阵$\Phi = \begin{bmatrix} 0 & \overline{1}^T \\ \overline{1} & \Omega + \gamma^{-1}I \end{bmatrix}$可逆,所以能够计算出$\alpha$和$b$的解析表达式如下:

$$\begin{bmatrix} b \\ \alpha \end{bmatrix} = \Phi^{-1} \begin{bmatrix} 0 \\ v \end{bmatrix} \tag{6-29}$$

然后,便能够获取到最优解:$\alpha = [\alpha_1, \alpha_2, \cdots, \alpha_m]^T$和$b$。

(4)构建一个决策函数,具体表达式如下:

$$v(u) = \sum_{i=1}^{m} \alpha_i K(u, u_i) + b \tag{6-30}$$

在最小二乘支持向量回归(LSSVR)算法中,根据$\alpha_i = \gamma\zeta$可知,α所有元素都不可能为零,其相应的数据向量u_i,代表的都是训练数据集的支持向量。

6.4.2 改进 RSSI-LSSVR 的 WSN 三维节点定位实现

如上所述,LSSVR适合复杂的多元非线性系统建模问题,通过将复杂的二次规划问题简化处理,然后转化成便于计算的矩阵逆运算,从而提高运算效率。为了进一步提高定位精确度,获得更好的定位效果,以下将改进的RSSI测距算法与最小二乘支持向量(LSSVR)算法相结合,把上节6.3.2改进的RSSI测距算法经式(6-14)计算出来的距离d组成距离向量集,并作为LSSVR的输入量来进行三维WSN节点定位计算,如图6-4所示是改进RSSI-LSSVR三维节点定位流程图。

(1)获取采样点及训练样本集。在三维WSN监测区域Q内随机安放N个无线传感器节点$S_i(i = 1, 2, \cdots, N)$。在这些传感器节点当中,包含了L个锚节点$B_j(j = 1, 2, \cdots, L)$以及$N-L$个待定位的未知节点。并且监测区域内的所有传感器节点,都具有相同的通信半径。

然后,对监测区域Q进行网格化处理(t为立体网格的步长),经过网格化处理之后,便能够获得M个网格结点,并且假定这些网格结点为虚拟传感器节点。那么,从这些虚拟的传感器结点$S_i'(x_i', y_i', z_i')(i = 1, 2, \cdots, M)$到锚节点$B_j(j = 1, 2, \cdots, L)$之间的距离就可以表示为$d_{ij}'$。除此之外,任何一个虚拟传感器节点 S_l' 到每个锚节点的距离向量表示为 $R_l' = [d_{i1}', d_{i2}', \cdots, d_{iL}']$。

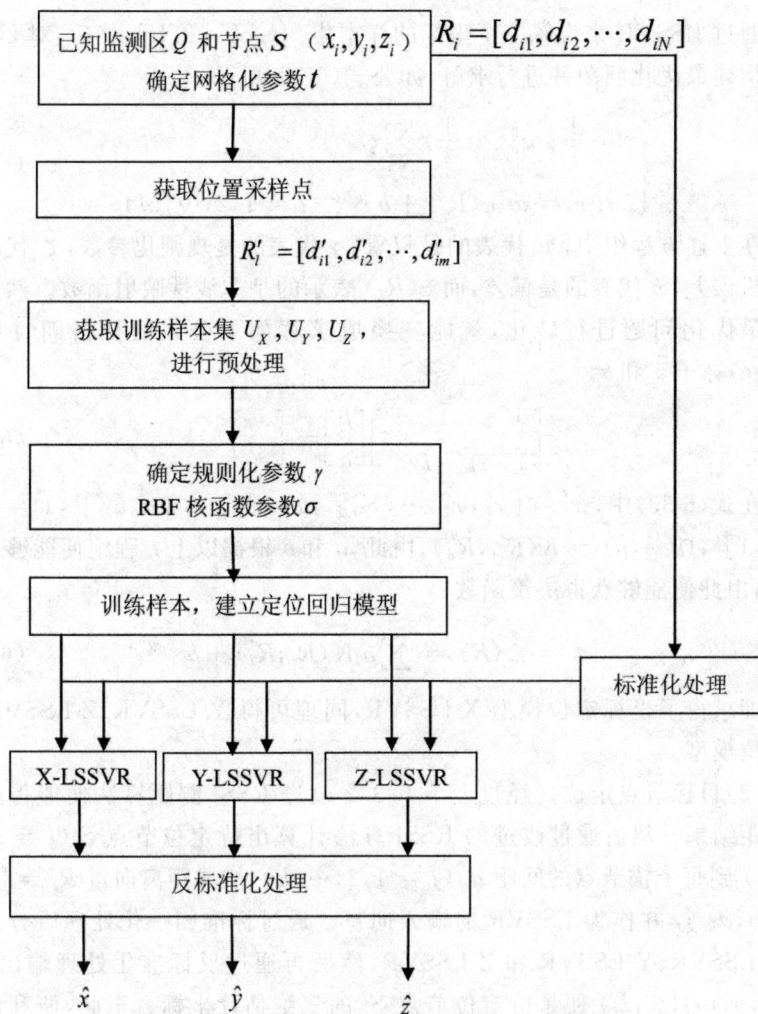

图 6-4 改进 RSSI-LSSVR 三维节点定位流程图

将这 M 个虚拟的传感器节点的三维坐标 (x_l', y_l', z_l') 和所有的距离向量 R_l' 组建成一个训练样本集：$U_X = \{(R_l', x_l') \mid l = 1, 2, \cdots, M\}$，$U_Y = \{(R_l', y_l') \mid l = 1, 2, \cdots, M\}$，$U_Z = \{(R_l', z_l') \mid l = 1, 2, \cdots, M\}$。然后，再把这些训练样本集作为输入向量，进行标准归一化预处理，便能得到无偏性回归模型的输出坐标。

（2）训练定位模型。对于 LSSVR 的核函数，本节选择径向基核函数

(RBF)作为其核函数。

$$K(R'_m, R'_n) = \exp\left(\frac{-\|R'_m, R'_n\|^2}{2\sigma^2}\right)(m, n = 1, 2, \cdots, M) \qquad (6-31)$$

通过 LSSVR 来训练三个坐标的样本集：U_X、U_Y 和 U_Z。然后，对 U_X 样本集构建最优化问题并进行求解，如公式(6-32)所示：

$$\begin{cases} \min\limits_{w,\zeta,b} \dfrac{1}{2}\|w\|^2 + \dfrac{1}{2}\gamma\sum\limits_{i=1}^{m}\zeta_i^2 \\ s.t.\ x'_l = w^{\mathrm{T}}\varphi(R'_l) + b + \zeta_l\ (l = 1, 2, \cdots, M) \end{cases} \qquad (6-32)$$

在上述方程组中，w 代表的是权重，γ 代表的是规则化参数，ζ_l 代表的是随机误差，b 代表的是偏差，而 $\varphi(R'_l)$ 表示的是非线性映射函数。然后将求解最优化问题进行转化，就能变换成求解如下公式的拉格朗日(Lagrange)算子 a 和 b。

$$\begin{bmatrix} 0 & \overline{1}^{\mathrm{T}} \\ \overline{1} & \Omega + I\gamma^{-1} \end{bmatrix}\begin{bmatrix} b \\ a \end{bmatrix} = \begin{bmatrix} 0 \\ x' \end{bmatrix} \qquad (6-33)$$

在式(6-33)中，$x' = [x'_1, x'_2, \cdots, x'_M]^{\mathrm{T}}$，$a = [a_1, a_2, \cdots, a_M]^{\mathrm{T}}$，$\overline{1}^{\mathrm{T}} = [1, 1, \cdots, 1]^{\mathrm{T}}$，$\Omega(m, n) = K(R'_m, R'_n)$。由此，$a$ 和 b 根据以上方程组便能够计算出来，由此便能够获得决策函数：

$$\hat{x} = f_x(R) = \sum_{l=1}^{M} a_i K(R_i, R'_i) + b \qquad (6-34)$$

即求得了坐标定位模型 X-LSSVR，同理可得 Y-LSSVR、Z-LSSVR 坐标定位模型。

(3)目标节点定位。经过上节 6.3.2 改进 RSSI 测距算法便能得到初始测距结果。然后通过改进的 RSSI 算法计算出待定位节点 $S_i(i = 1, 2, \cdots, N)$ 到每个锚节点的间距 $d_{ij}(j = 1, 2, \cdots, L)$，构成距离向量 $R_i = [d_{i1}, d_{i2}, \cdots, d_{iL}]$，并作为 LSSVR 的输入向量。通过标准归一化处理后分别输入 X-LSSVR、Y-LSSVR 和 Z-LSSVR，然后再通过反标准化处理输出 $\hat{x}_i$、$\hat{y}_i$、$\hat{z}_i$，而 $(\hat{x}_i, \hat{y}_i, \hat{z}_i)$ 便是待定位节点 S_i 的三维估计坐标。至此，便利用基于改进 RSSI-LSSVR 算法实现了三维 WSN 未知节点的坐标定位。

6.4.3　实验仿真及结果分析

6.4.3.1　初始参数设置

为便于算法更好地仿真对比，本节用 MATLAB 仿真平台对改进的定位算法进行实验仿真。在无线传感器网络随机生成 200 个节点，并将这些节点随机分布到大小为 100 m×100 m×100 m 的三维立体空间,这些传感器节点的位置经随机布设后便固定不变。然后随机从这 200 个节点中选取一定比例(一般取 25%)当作锚节点,余下为待定位的传感器节点。初始化时待定位节点设为 150 个,锚节点个数为 50,所有节点通信半径设为 30 m,参考节点距离 d_0 取 1 m,P_0 取－30,路径损耗指数 n 取 2,噪声 X_a 取 3,然后以网格间距 $t=20$ 把三维无线传感器网络实施网格化处理,将这些相交的网格结点设为虚拟节点。为了避免因某些偶然因素和噪声干扰而产生过大误差,本实验仿真结果均是在相同的实验参数设定下,进行 100 次实验仿真而获得的统计平均值。如图 6-5 所示,为实验仿真传感器节点在三维网络环境下的随机分布图。其中设置的障碍物大小为 10 m×10 m×10 m 的立方体,深色小圆点代表的是锚节点,浅色小圆点代表的是待定位的未知节点。

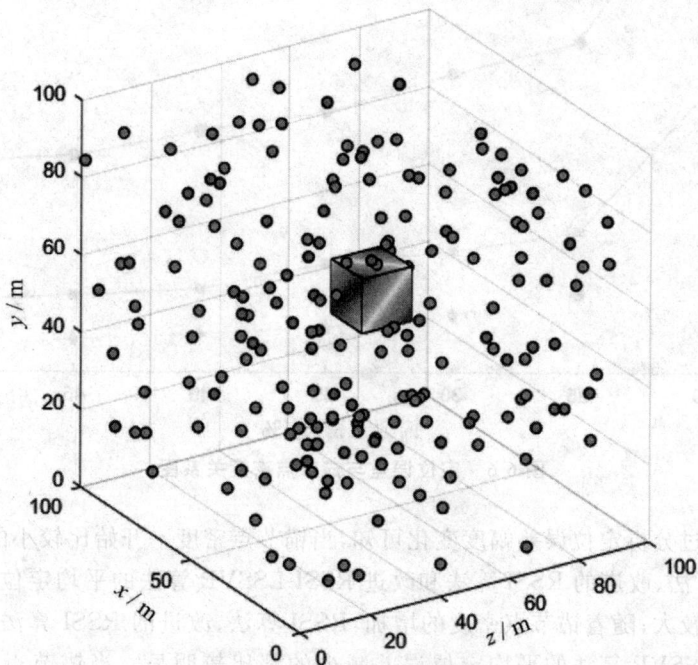

图 6-5　节点初始位置分布图

6.4.3.2　节点密度对定位误差的影响

锚节点是用来辅助 WSN 定位的位置信息已知的传感器节点,其数量多少以及所占比例都会直接影响定位算法的性能和定位效果。在节点总数不变的情况下,锚节点数量增多会使锚节点的密度变大,这样便更能覆盖整个监测区域,从而使监测区域内待定位节点被检测到的可能性增加,进而整个系统的定位精度也会提升不少。但是考虑到系统成本问题,锚节点的数量和密度也不能无限制地增加,因为定位精度绝不是定位系统唯一需要考量的标准,必须要考虑可控的成本和功耗。所以设计定位算法时,在不影响系统定位性能的前提下,要尽量降低锚节点的密度。如图 6-6 所示,为锚节点密度和平均定位误差之间的关系图,实验仿真参数设置为:节点总数为 200,并且所有节点的通信半径为 30 m。

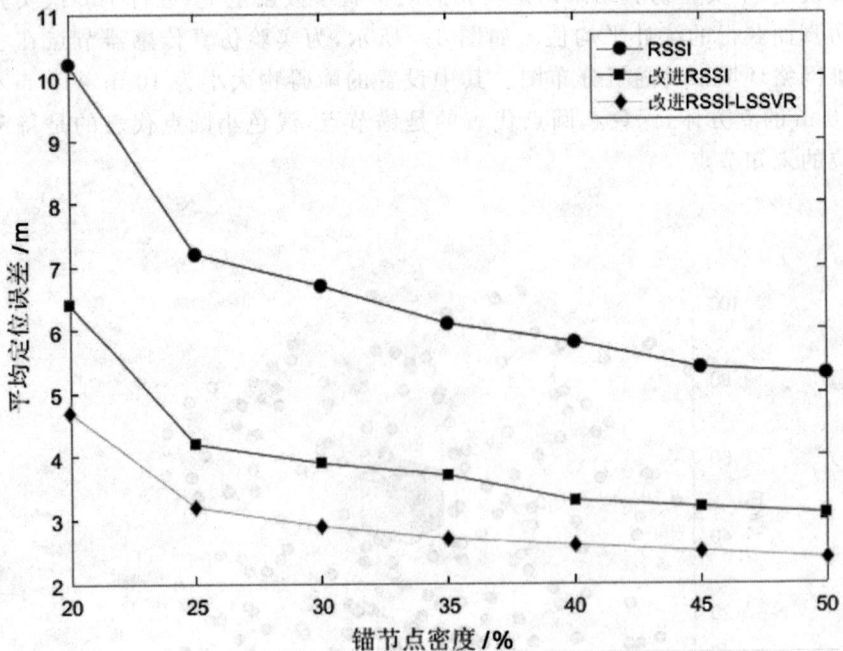

图 6-6　定位误差与锚节点密度关系图

　　通过分析定位误差幅度变化可知,当锚节点密度一开始比较小的时候,RSSI 算法、改进的 RSSI 算法和改进 RSSI-LSSVR 算法的平均定位误差相对都比较大;随着锚节点密度的增加,RSSI 算法、改进的 RSSI 算法和改进 RSSI-LSSVR 算法的平均定位误差减少的都比较明显。当锚节点密度从 20% 增加到 25% 时,它们的定位误差下降幅度都最大,而改进的 RSSI 算法和基于改进 RSSI-LSSVR 算法的平均定位误差变化幅度比 RSSI 的小;当锚节点密度从 25% 增加到 50% 时,三种算法的定位误差下降的趋势较为平缓。通过分析平均定位误差大小,相对于其他两种定位算法,随着锚节点密度不断增加,改进 RSSI-LSSVR 算法的定位误差一直是三者之中最小的。综上所述,本节基于改进 RSSI-LSSVR 定位算法,不仅能以更小的锚节点密度实现更精确的定位,还能节约定位系统硬件成本和能量功耗。

6.4.3.3　通信半径对定位误差的影响

节点的通信半径指的是传感器节点的无线射程大小,通信半径的大小直接决定了信号能传输的最远距离,从而也决定了覆盖区域的大小,所以对定位误差的影响也比较大。当节点通信比较小的时候,其辐射距离也比较小,能监测的范围和连接的邻居节点都比较少,得到的定位结果相应的误差也比较大。随着通信半径的增加,信号覆盖区域不断扩大,能连接的邻居节点也增多,从而可以获取更多的定位辅助信息,得到的定位结果误差相应的也会比较小。不过值得注意的是,通信半径也不能无限增大,因为信号覆盖范围越大,需要消耗的能量就越多,定位成本也比较大,所以需要将很多因素综合起来选取合适的通信半径。如图 6-7 所示,为锚节点通信半径和平均定位误差之间的关系图,实验仿真相关参数设置为:节点总数为 200,其中锚节点为 50 个。

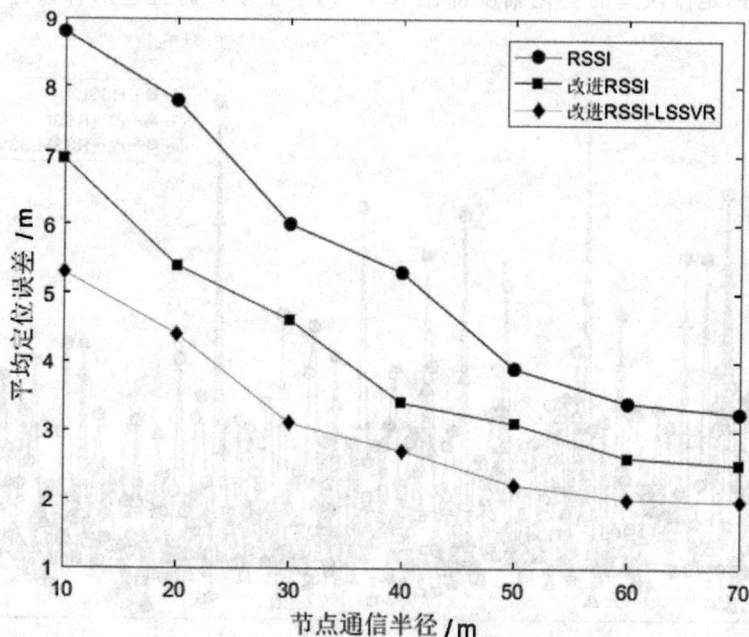

图 6-7　定位误差与通信半径之间的关系图

通过分析定位误差幅度变化可知,随着锚节点通信半径增加,三种算法的平均定位误差主要呈下降的趋势。特别是当通信半径从 10 m 增到 30 m 时,三种算法的平均定位误差下降都比较明显,随着半径继续增加,误差最终趋于平稳,其中改进的 RSSI-LSSVR 算法和改进的 RSSI 算法的平均定位误差变化幅度都比 RSSI 的小。通过分析定位误差大小可知,随着锚节点的通信半径增加,改进 RSSI-LSSVR 算法的平均定位误差始终是三种算法里最小的,而且当通信半径增加到一定值后,其平均定位误差最终也逐渐趋于稳定。综上所述,改进 RSSI-LSSVR 定位算法除了能减少系统的定位误差,还能保持定位系统的稳定性,这都有助于节点在复杂环境下的定位。

6.4.3.4 未知节点定位误差

如图 6-8 所示,表示的是 RSSI 算法、改进的 RSSI 算法和改进 RSSI-LSSVR 算法三者之间待定位的未知节点定位误差效果对比曲线图。通过分析三种算法的定位误差效果曲线可知,RSSI 算法的定位误差很不稳定,变动幅度最大,而且误差大小也相对比较高,所以其定位精度是三种算法之间最低的。而改进的 RSSI-LSSVR 算法和改进 RSSI 算法的整体稳定性相对较好,定位误差的变化幅度都比 RSSI 的小很多。而且这两种改进算法

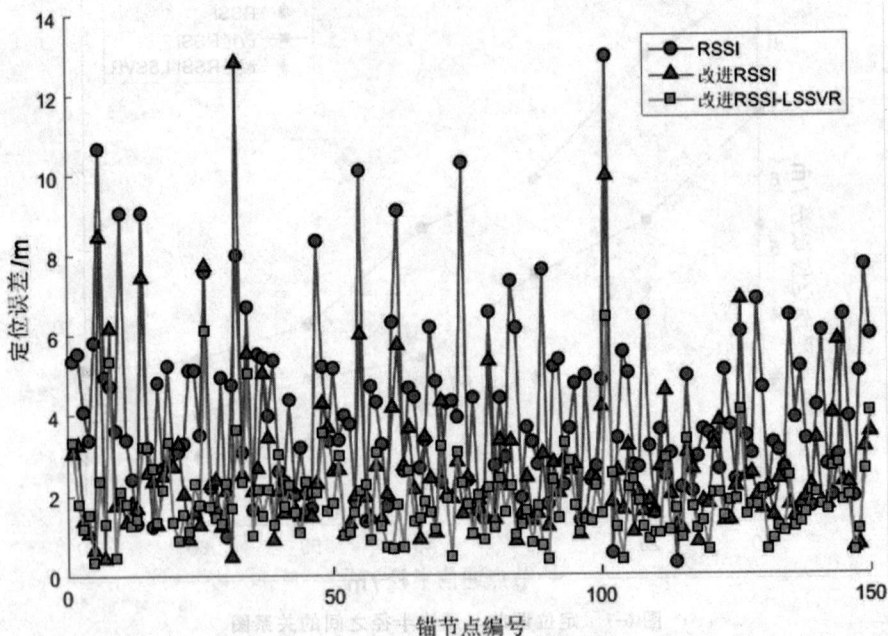

图 6-8　三种定位算法误差对比图

的定位误差大小整体也比 RSSI 小很多,其中基于改进 RSSI-LSSVR 定位算法的平均定位误差是最小的。综上所述,基于改进 RSSI-LSSVR 定位算

法的定位效果,从整体上优于传统的 RSSI 定位算法和改进的 RSSI 定位算法。除此之外,基于改进 RSSI-LSSVR 定位算法还具有相对比较高的定位精确度,而且稳定性也相对比较好,所以该定位算法适合于复杂环境下的三维节点定位。

6.4.3.5　改进算法定位效果图

如图 6-9 所示,为基于改进 RSSI-LSSVR 定位算法的未知节点三维定位效果图。其中,实验仿真参数设置为:仿真监测区域为 100 m×100 m× 100 m 三维空间,障碍物为 10 m×10 m×10 m 小立方体;传感器节点总数设为 200,传感器节点的通信半径为 30 m,锚节点的密度为 25%,锚节点的总数为 50 个,即图中深色圆点所示。待定位的未知节点总数为 150 个,图中浅色圆点代表的是待定位未知节点的实际坐标位置,而星点便是利用基于改进 RSSI-LSSVR 定位算法计算出来的待定位节点的坐标位置估计。

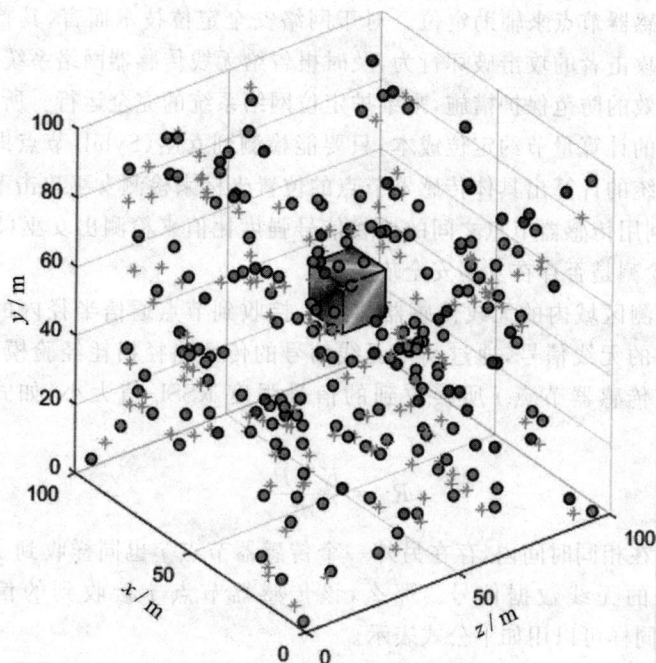

图 6-9　改进算法的定位效果图

6.5 基于改进 RSSI-LSSVR 的女巫攻击检测

6.5.1 改进 RSSI-LSSVR 的女巫攻击检测方法

基于改进 RSSI-LSSVR 的测距定位技术凭借其能量消耗低、成本低廉以及易于实现等优点而得到了广泛的应用。但是当面对一些复杂的甚至危险的环境时，特别是面对非法持有多重身份的女巫（Sybil）攻击，如何有效地检测出女巫攻击节点，维护无线传感器定位网络系统安全有序地工作，便成为该技术应用于无线传感器网络的一个关键问题[①]。

对于三维环境下的无线传感器网络节点定位，最简单的方法是利用四边法来进行定位计算。如果利用四边法来对待定位节点进行定位，至少需要四个传感器节点来辅助定位。对于网络安全定位技术而言，其首要目的是检测出攻击者的攻击破坏行为，及时报告给无线传感器网络系统，从而采取安全有效的防范保护措施，来维护定位网络系统的完全运行。所以，为了减少系统的计算量节约定位成本，只要能检测到女巫（Sybil）节点即可。本节改变传统的计算出具体传感器节点的位置坐标来检测女巫攻击节点的做法，通过利用传感器节点之间的接收信号强度比值来检测出女巫（Sybil）节点，进而检测是否存在女巫安全攻击。

设监测区域内的无线传感器节点 i，接收到节点通信半径内的参考节点所发出的无线信号，通过利用无线信号的传播路径损耗经验模型，便能计算出该传感器节点 i 所接收到的信号强度 $RSSI_i$ 值大小，如式（6-35）所示。

$$R_i = \frac{K \cdot P_0}{d_i^n} \tag{6-35}$$

如果在相同时间内，存在另外一个传感器节点 j 也同样收到了该参考节点发送的无线数据信号。那么，该传感器节点 j 接收到的信号强度 $RSSI_j$ 值同样可以用如下公式表示。

$$R_j = \frac{K \cdot P_0}{d_j^n} \tag{6-36}$$

---

① 彭飞.基于改进 RSSI-LSSVR 的 WSN 三维节点安全定位研究[D].桂林:桂林理工大学,2017.

在上述两个公式中，R_i 和 R_j 分别代表着传感器节点 i 以及传感器节点 j 的接收信号强度大小值 RSSI_i 和 RSSI_j，其中，K 为常数，而 P_0 为参考节点的发射信号功率，d_i 和 d_j 为两个不同的传感器节点各自与参考节点之间的欧氏距离，n 为该无线网络监测区域的信号传输路径损耗因子，该损耗因子的值的大小与其所处的具体环境有关。通过式(6-35)和式(6-36)，可以很方便地计算出这两个不同传感器节点 i 和 j 的接收信号强度的比值，如式(6-37)所示。

$$\frac{R_i}{R_j} = \left(\frac{K \cdot P_0}{d_i^n}\right) \bigg/ \left(\frac{K \cdot P_0}{d_j^n}\right) = \left(\frac{d_i}{d_j}\right)^n \tag{6-37}$$

根据 RSSI 技术可知，正常的传感器节点的接收信号强度与其对应的位置坐标基本保持一致。因此，不需要求出各个传感器节点的具体位置坐标，只需要利用传感器节点之间的接收信号强度的比值，就能够检测出该定位网络是否有女巫节点存在。

在 WSN 监测区域内，假设存在四个监测传感器节点，假设 $D1, D2, D3, D4$ 分别是这四个监测传感器节点各自不同的身份 ID。另外，假设该监测区域内还存在着一个女巫(Sybil)节点，其伪造的身份 ID 为 $S1$ 和 $S2$。那么，这五个传感器节点的拓扑结构如图 6-10 所示。

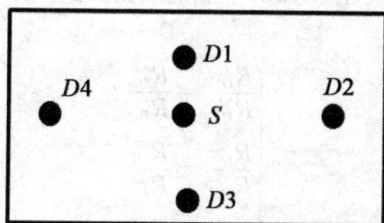

图 6-10　拓扑模型图

在 t_1 时刻，该监测区内的所有传感器节点，开始泛洪广播包含各自身份 ID 的数据包信息，而女巫(Sybil)节点在广播数据包信息的时候，使用的伪造身份 ID 为 $S1$。当其中四个正常的监测节点都收到传感器节点的信号强度 RSSI 值以及女巫节点伪造的身份 ID 后，其中一个监测节点(如 $D1$)，便可以计算出节点间的接收信号强度比值。随后，将其进行存储或者共享给邻近的其他监测节点。其中，具体的节点间的接收信号强度的比值式如式(6-38)所示。其中，R_i^k 代表接收节点 i 的接收信号强度 RSSI 值，并且该信号强度是由传感器节点 k 所发送出来的。

$$\frac{R_{D1}^{S1}}{R_{D2}^{S1}}, \frac{R_{D1}^{S1}}{R_{D3}^{S1}}, \frac{R_{D1}^{S1}}{R_{D4}^{S1}} \tag{6-38}$$

同理,可以获得在另一不同时刻 t_2,同一个监测节点 $D1$ 接收到的所有传感器节点的数据包信息,该数据包信息同样包含了各节点的信号强度,以及各自的身份 ID。但不同的是,这一时刻女巫(Sybil)节点伪造的另一个不同的身份 ID 为 S2。如式(6-39)所示,为 t_2 时刻监测节点 $D1$ 计算出的接收信号强度 RSSI 的比值公式。

$$\frac{R_{D1}^{S2}}{R_{D2}^{S2}}, \frac{R_{D1}^{S2}}{R_{D3}^{S2}}, \frac{R_{D1}^{S2}}{R_{D4}^{S2}} \tag{6-39}$$

当该监测区域内的所有监测节点,完成以上两次的接收信号强度比值的计算工作之后,便可以将两次不同时刻的信号强度比值进行一一对比。一般情况下,正常的传感器节点身份信息和其对应的位置坐标基本是保持一致的,不会出现一个传感器节点同时拥有两个以上不同的身份 ID 的情况,除非它是女巫节点等网络攻击者。

如式(6-40)所示,为具体的女巫(Sybil)节点检测比对公式。假如两个比对的信息值相等而没有差距(即如下公式成立),那么就意味着该传感器节点是女巫(Sybil)节点。此后,各监测节点会将检测到的女巫攻击节点分享给临近的传感器节点并进行记录,使该无线传感器网络定位系统不再信任该女巫(Sybil)节点的数据包信息,不再以其提供的任何信息作定位参考信息。从而成功抵御女巫(Sybil)节点的攻击,维护该无线传感器网络定位系统安全可靠地运转。

$$\begin{cases} \dfrac{R_{D1}^{S1}}{R_{D2}^{S1}} = \dfrac{R_{D1}^{S2}}{R_{D2}^{S2}} \\[2mm] \dfrac{R_{D1}^{S1}}{R_{D3}^{S1}} = \dfrac{R_{D1}^{S2}}{R_{D3}^{S2}} \\[2mm] \dfrac{R_{D1}^{S1}}{R_{D4}^{S1}} = \dfrac{R_{D1}^{S2}}{R_{D4}^{S2}} \end{cases} \tag{6-40}$$

6.5.2 改进 RSSI-LSSVR 的女巫攻击检测仿真实现

本节的实验仿真是在 MATLAB 平台进行的,主要针对本节提出的改进 RSSI-LSSVR 的 WSN 女巫(Sybil)攻击检测技术的性能效果进行分析。在仿真实验中,传感器节点随机分布在大小为 100 m×100 m×100 m 的三维立体空间里,其中传感器节点的通信半径为 30 m。在这个实验中,发送节点每次采用随机的不同的传输能量来广播消息 100 次,监测节点接收并记录这些 RSSI 值和身份 ID,并且把它们传送到用户管理服务器上,用户管理服务器计算在 t_1 时刻两个接收节点的接收信号强度 RSSI 比值,然后同样地计算在 t_2 时刻的 RSSI 比值。最后,再计算出两个比值的差别并且记录上传给用户管理服务器。

如图 6-11 所示,为锚节点的密度与女巫攻击之间的误差关系图。通过分析可知,女巫攻击会给无线传感器网络定位系统带来一定程度的破坏,而如果适当地增加锚节点的密度,可以有效降低女巫攻击所带来的定位误差影响,维持无线传感器网络定位系统的安全运转,从而提升无线传感器网络节点定位的效果和安全性能。

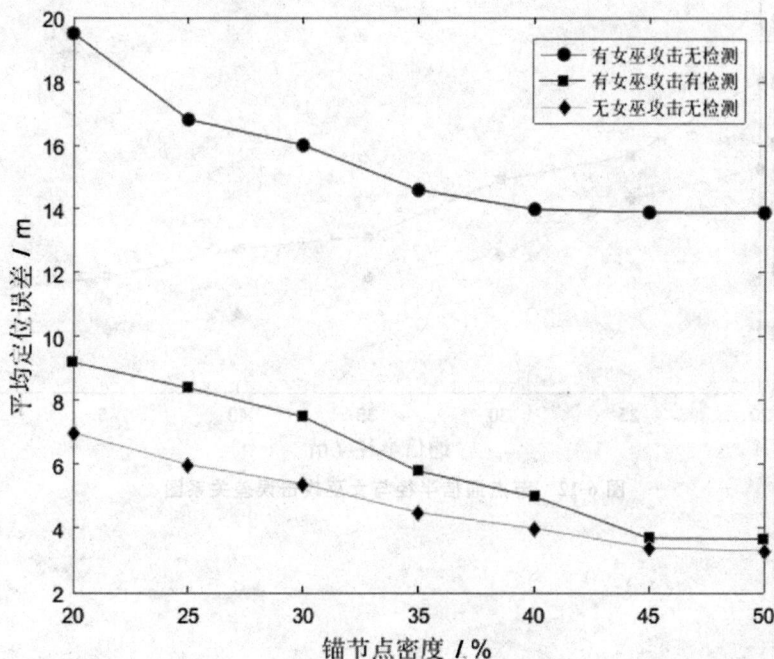

图 6-11　锚节点密度与女巫攻击误差关系图

如图 6-12 所示,为传感器节点的通信半径与女巫攻击之间的误差关系图。通过分析可知,女巫攻击会影响定位系统的正常定位,如果增加节点的通信半径大小,可以有效地增加监测节点的监测范围,通过获取更多周围准确的定位参考信息,来降低女巫攻击所带来的定位误差影响,不过由于能量限制,传感器节点也不能无限制地增加通信半径。所以,需要综合选择合适的通信半径大小来提升节点的定位效果和安全性能。

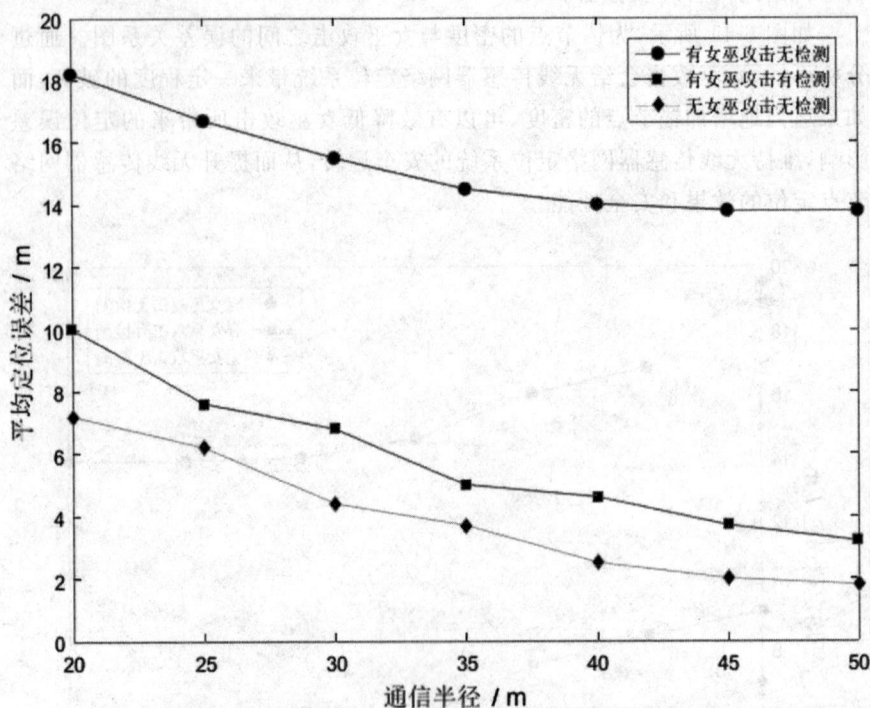

图 6-12　节点通信半径与女巫攻击误差关系图

第7章 基于 WSN 的老人行为监测技术应用

7.1 监控系统方案设计

本节以养老机构中的老人监控作为研究对象。根据相关文献资料可知,北京市的 8 家养老院的平均占地面积为 4.7 万 m^2,平均床位数为 733 张。为方便进行仿真实验,本节设计了一个相似面积的养老机构作为本节研究对象,其平面结构如图 7-1 所示[①]。该养老机构的长度和宽度均为 200 m,总面积为 4 万 m^2,假设可容纳床位数为 750 张。

老人行为监测中涉及的关键技术包括行为数据采集、数据传输、行为识别和定位技术。相关技术方案具体选择如下:

(1)数据采集技术。数据采集技术是老人行为监测的基础,负责采集系统所需的不同行为对应的传感器数据,用于后续的特征提取和分类识别。行为数据采集方式可以分为三大类:基于视觉技术的数据采集方式、基于可穿戴技术的数据采集方式和基于非穿戴技术的数据采集方式。其中,基于可穿戴技术的数据采集方式主要为基于加速度计和基于陀螺仪的数据采集技术,而基于非穿戴技术的数据采集方式主要为超宽带雷达技术和物理接触技术。在可穿戴的数据采集技术中,加速度传感器能够测量加速度值,当携带加速度传感器设备的个人开始发生方向或速度值变化时,就能够检测到其加速度,成为检测不同类型运动的理想设备。

(2)数据传输技术。数据传输技术分为有线传输技术和无线传输技术两种。无线传输技术主要有 GPRS 技术、蓝牙技术、Zigbee 技术和超宽带技术,而有线传输技术主要包括串行接口通信技术、USB 总线技术和现场总线技术。在利用加速度传感器采集完老人的行为数据后,传感器节点需要利用数据传输技术将数据发送到监测平台,这个数据传输过程可以分为两步,第一步是传感器节点将数据传输到协调器节点,由于传感器节点需要

---

① 王瑞. 基于 WSN 和神经网络的老人行为监测技术研究[D]. 桂林:桂林理工大学,2018.

穿戴在老人身上以便测量老人行为数据,而养老院面积较大,老人众多,只能通过无线方式。第二步是协调器节点将数据传送到监测平台,由于协调器节点可以以固定的方式固定在监测平台附近,相比于无线通信技术而言,有线通信技术简单,安全可靠,成本低,所以用有线方式更为合适。因此,综合比较各种数据传输方案,本系统的无线通信方式采用 Zigbee 技术,而有线通信方式选择采用串口通信方式。

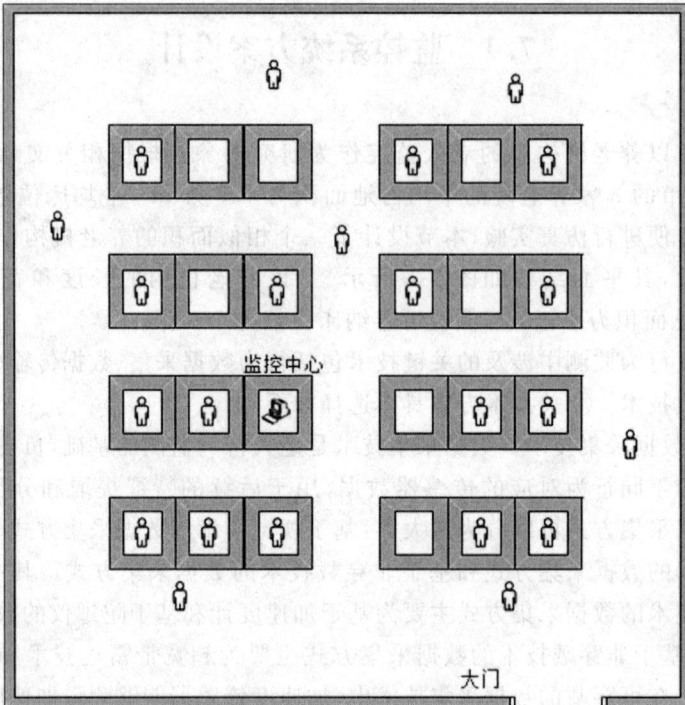

图 7-1　养老机构平面图

（3）行为识别技术。行为识别技术可以归类为模式识别,完整的模式识别系统一般包括识别和训练两个过程。模式识别中,常用于对人体行为进行分类的模式识别算法为决策树、支持向量机、最近邻法和神经网络。本节所研究的老人行为监测技术要求能够监测老人行为,包括正常行为和异常行为,老人的正常行为一般为行走、坐着、躺卧和站立,而异常行为主要为突然跌倒。同时,由于老人身体机能下降,很多行为自身控制能力较差,使得采集老人的加速度样本数据的过程当中,可能会出现各种各样的噪声数据。相比于其他识别技术,神经网络技术所具有的非线性映射能力、自学习和自使用能力、泛化能力和容错能力,在分类大规模的、有噪声污染的数据时具有很大优势。因此,本节将 BP 神经网络应用于老人的行为识别。

(4)定位技术。老人监测系统的最终目的除了要实现对老人的行为进行监测,还应该实现对老人的定位,因为对老人实现定位不仅可以防止老人偏离活动区域,还可以在老人出现异常行为时及时将老人位置告知监护人员,使监护人员能够提供及时救助。在无线传感器网络中,常用的定位算法分为两类,一类是基于测距的定位算法,一种是基于非测距的定位算法。由于处于养老机构区域边缘的老人在定位过程中受多边形区域面积的影响很大,所以采用基于测距的质心定位法计算方法更为合适。同时,由于无线网络设备的一个基本特性就是具有一个 RSSI,不必需要附加的硬件,同时也降低了功耗。所以本节采用基于 RSSI 的测距方法和质心定位方法相结合的技术来对老人进行定位。

基于以上关键技术的方案选择,本节设计的老人行为监测系统总体结构如图 7-2 所示。老人手上佩戴有传感器采集节点的手环,节点采集到的行为数据通过直接传送或者路由的方式传输到协调器节点,通过串口转以太网模块将协调器接收到的数据以以太网的方式发送至监测中心,监测中心对数据进行分析建模并且判断当前老人的行为模式,当监测到有摔倒等行为发生时或不在监控区域范围内,在监测平台可以进行声光报警,并将报警信息发送至护理人员的 PDA 或者手机上,实现对老人的有效监测。

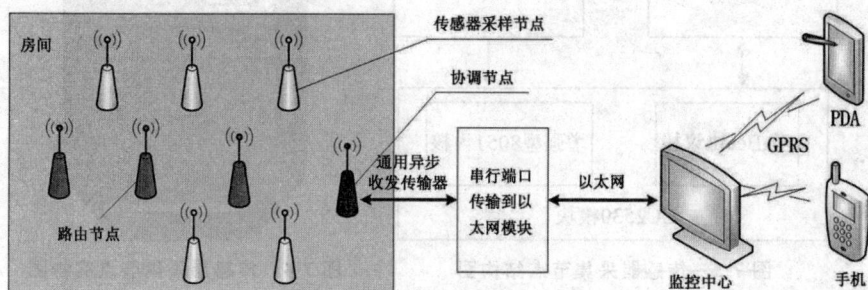

图 7-2　老人行为监测系统结构图

7.2　系统硬件电路设计

7.2.1　传感器采集节点设计

考虑到传感器采集节点需要佩戴在老人的手腕上,为不影响老人的正常活动,该节点需要具备体积小、功耗低、质量轻、价格便宜等特点。因此,本节使用 MMA7361L 加速度传感器芯片作为老人行为特征数据的采集传感器以及 CC2530 芯片作为传感器采集节点的处理器。MMA7361L 是恩智浦公司的一款加速度传感器,它是一款低功耗、低成本电容式微机械加速度传感器,具有信号调理、一阶低通滤波器、温度补偿、自检等功能,有两种灵敏度可选,输出信号为模拟信号,便于 CC2530 的采集。CC2530 系列的 ZigBee 芯片是 TI 公司推出的用来实现嵌入式应用的片上系统。CC2530 在单个芯片上整合了 ZigBee 射频前端、内存和微控制器。它使用一个增强型 8051 内核,具有 8 kb RAM 以及最高 256 kb 的 Flash,外设包括模拟数字转换器(ADC)、定时器、AES 安全协同处理器、看门狗定时器、上电复位电路和掉电检测电路以及 21 个可编程 I/O 引脚。CC2530 支持 IEEE802.15.4 以及 ZigBee、ZigBeePRO 和 ZigBeeRF4CE 标准,且提供了 101dB 的链路质量指示,具有优秀的接收器灵敏度和强抗干扰性。图 7-3 是传感器采集节点的结构图,其设计为手环的形式以便佩戴在老人手臂上,具体实物图如图 7-4 所示。

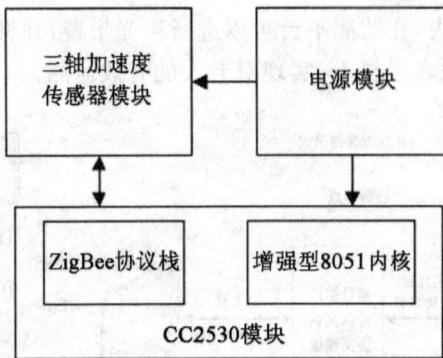

图 7-3 传感器采集节点结构图   图 7-4 传感器采集节点实物图

7.2.2 路由节点和协调器节点设计

路由节点和协调器节点的核心模块与传感器采集节点的核心模块相同,都是采用 ZigBee 模块。系统中的路由节点分布在养老机构的房间、围墙附近等不同位置,负责转发整个养老机构的其他传感器采集节点的数据,确保养老机构所有的传感器采集节点数据的稳定正确输出。系统中的协调器节点负责整个养老机构网络的建立,确保养老机构监控范围内所有的路由节点、传感器采集节点都能够加入到整个网络。协调器节点接收传感器采集节点发送来的老人行为数据,以及通过养老机构内的路由节点转发的行为数据。同时协调器节点通过将微处理器 CC2530 的 UART 与串口转以太网模块连接,并将接收到的行为数据打包,通过以太网传输到监测中心。串口转以太网模块选用的是一种嵌入式串口联网设备 USR-K2,可以实现 TTL 串口与以太网双向透明传输,模块内部完成协议转换,具有 DHCP 功能,能够自动获取 IP,DNS 功能,可以通过网页设置参数配置功能,工作模式可选择 TCP Sever/Client,UDP Sever/Client。在电路设计方面,由于不需要佩戴在手臂上,而是部署在一个固定的位置,所以天线不需要设计成板载的形式,所以设计成外接天线。同时,相对于传感器采集节点,路由节点和协调器节点由于不需要加速度传感器,所以在结构上更为简单。路由节点和协调器不同的地方是协调器节点多一个串口转以太网模块。路由节点和协调器节点结构和实物图如图 7-5 和图 7-6 所示。

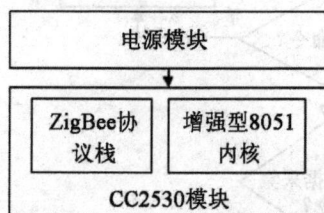

图 7-5　路由节点和协调器节点结构图　　图 7-6　路由节点和协调器节点实物图

7.3　系统软件设计

7.3.1　数据采集与传输系统软件设计

7.3.1.1　传感器采集节点软件设计

传感器采集节点以手环的形式佩戴在老人手臂上,其作用有两个,其中一个作用是通过加速度传感器采集老人的行为信息，另一个作用是采集附近锚节点的 RSSI 值。在具体实现的时序上，利用协议栈的轮询机制对这两个任务的执行顺序进行合理安排。当节点完成初始化后，搜索由协调器节点建立的网络并申请加入该网络。加入网络成功后，如果接收到定位命令，则广播 RSSI 请求，所有收到请求的锚节点会发送 RSSI 值给传感器采集节点。路由器节点接收到 RSSI 值后会保留小于阈值的 RSSI 值并发送给协调器节点，完成发送后继续等待接收命令。如果接到老人行为数据采集命令，则采集加速度传感器三轴的数据然后发送到协调器节点，完成发送后继续等待接收命令。传感器采集节点软件的实现流程图如图 7-7 所示。

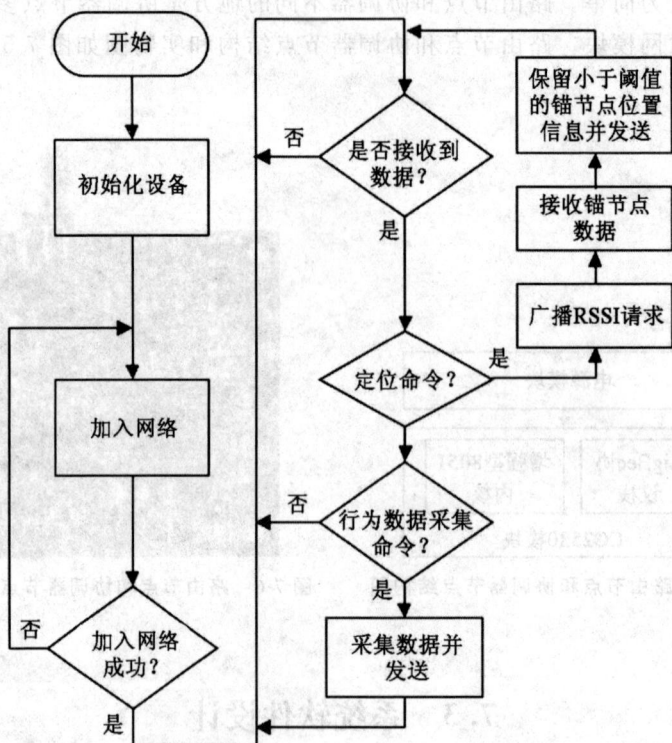

图 7-7　传感器采集节点软件实现流程

7.3.1.2　路由器节点软件设计

路由器节点的功能主要是负责建立网络拓扑结构以及帮助未知节点完成定位。当路由器节点加入到网络后，传感器采集节点可以利用路由器节点以多跳的方式发送数据，确保数据传输的稳定性。路由器节点软件的实现流程图如图 7-8 所示。首先进行设备初始化,然后申请加入网络中。加入网络成功后,协调器节点为其分配一个网络地址,然后等待接收数据。当接收到定位请求时,向未知节点发送 RSSI 和自身位置,发送完成后继续等待接收数据。当接收到传感器采集节点的数据后,将数据转发给协调器节点,然后继续等待接收数据。

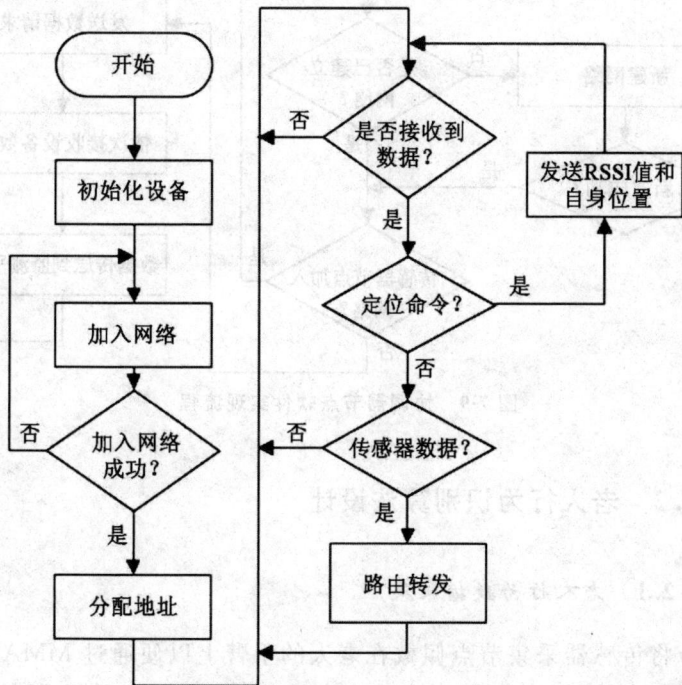

图 7-8　路由器节点软件实现流程

7.3.1.3　协调器节点软件设计

协调器节点是 WSN 的核心,其主要作用是完成网络建立,节点加入,接收传感器采集节点的数据并通过 UART 与 PC 端的监测平台进行通信。协调器节点软件的实现流程如图 7-9 所示。协调器节点首先进行设备的初始化,包括通过信道扫描选择合适的信道,设定 Personal Area Network ID,选择网络地址和设定网络参数。在网络建立后,各节点向协调器节点发送请求入网的信号。如果协调器节点所监测到的节点信息完全符合入网的要求,则由协调器向各节点发送网络地址,完成协调器节点和各节点的通信功能。

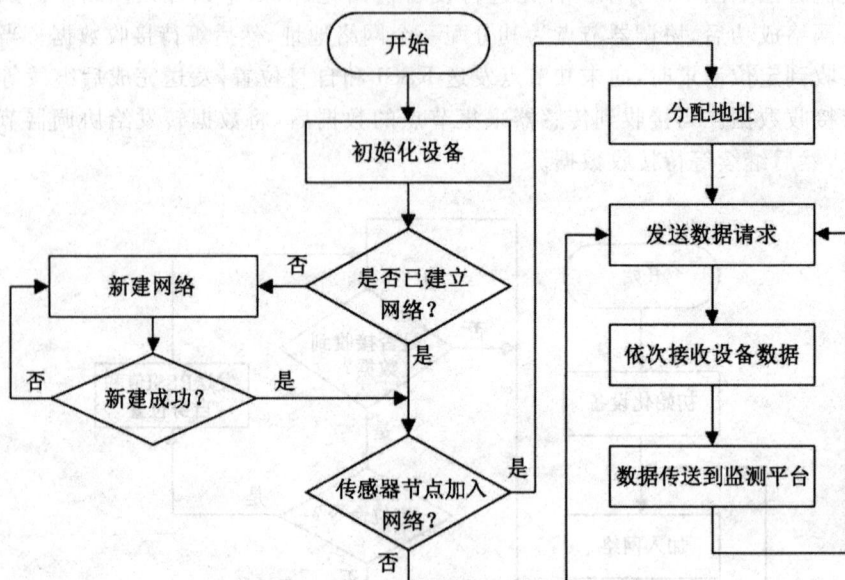

图 7-9 协调器节点软件实现流程

7.3.2 老人行为识别算法设计

7.3.2.1 老人行为数据采集

本节将传感器采集节点佩戴在老人的手臂上以便通过 MMA7361 采集老人的行为数据,其中,X 轴的正方向沿手臂方向指向肘部,Y 轴正方向与 X 轴垂直,指向右侧,Z 轴正方向竖直向下,加速度数据以重力加速度 g 作为单位。在对老人行为进行识别的过程中,对于行为特征的提取是整个行为识别算法中的重要环节,其影响着老人行为的识别准确率。本节主要识别老人的五种典型行为,包括行走、坐着、躺卧、站立和突然跌倒。

在采集老人行为数据时,传感器采集节点通过 CC2530 的三个 ADC 端口 P0.0、P0.1 和 P0.2 分别采集 MMA7361 的 X 轴、Y 轴和 Z 轴的加速度值。由于采样频率为 10Hz,每组数据有 50 个采样值,所以传感器采集节点采集一次老人行为数据需要 5 s。为了减少丢包率以及减轻 WSN 的工作负担,传感器采集节点采集的策略设计为在 5 s 的数据全部采集完之后一次性打包发送,而不是实时发送每一次采集到的数据,这样更能够保证信息的完整性。

7.3.2.2 老人行为特征提取

老人在坐着、躺卧和站立时,由于运动幅度较小,接近于静止状态,在 MMA7361 的 X 轴方向上的加速度波动性不明显。对于行走和突然跌倒这两种行为,由于运动幅度较大,它们的加速度值在 MMA7361 的 X 轴方向上的波动性较为明显。因此可以把老人的五种行为分为静止和运动两大部分,静止部分包括坐着、躺卧和站立三种行为,而运动则包括行走和突然跌倒两种行为。在时域特征中,均值和标准差可以对静止和运动两种状态进行有效的区分,即可以实现老人坐着、躺卧、站立和行走、突然跌倒两大类别的划分。在静止状态下,坐着、躺卧和站立在 MMA7361 的三个轴的方向性上有明显的区别,通过提取三轴方向上的加速度分量的均值和标准差作为区分坐着、躺卧和站立三种行为的特征。对于运动状态下的行走和突然跌倒行为,由于其波动程度存在着比较明显的差异,并且在三个轴的加速度分量上都有不同程度的关联,所以通过时域特征峰度和相关系数来实现对行走和突然跌倒两种行为的有效划分。

因此,本节通过提取对应窗口内加速度传感器 X、Y、Z 三轴方向上分量的均值、标准差、峰度和任意两轴之间的相关系数作为特征值,构成一个 12 维的特征向量,用以表征老人的行为特征。其中峰度和两轴间相关系数的具体计算方法如下:

峰度的具体计算公式如式(7-1)所示:

$$K = \frac{\sum\limits_{i=1}^{N}(x_i - \bar{x})^4 f_i}{N\delta^4} \tag{7-1}$$

式中,$\bar{x}$ 为样本数据的均值;x_i 为样本数据;N 为样本总数;δ 为样本数据的标准差;f_i 为样本间隔。

两轴间相关系数的具体计算公式如式(7-2)所示:

$$\mathrm{corrcoef}(X,Y) = \frac{\mathrm{cov}(X,Y)}{\delta_X \delta_Y} \tag{7-2}$$

式中,$\mathrm{cov}(X,Y)$ 为 X 轴与 Y 轴的协方差;δ_X 和 δ_Y 分别为 X 轴与 Y 轴的标准差。

7.3.2.3 BP 神经网络模型构建

BP 神经网络可看作是一个从输入到输出的高度非线性映射,它通过对简单的非线性函数进行数次复合,可近似复杂的函数,在分类大规模的、有噪声污染数据方面具有优势。对于一般的模式识别问题,三层 BP 神经网络可以很好地解决问题。本节采用三层 BP 神经网络来进行老人行为的识别与分类，并使用 Sigmoid 作为传递函数，使用量化共轭梯度法进行训练。相应的 BP 神经网络模型结构确定方法如下。

(1)输入层。本节通过提取加速度传感器在 X、Y、Z 三轴方向上分量的均值、标准差、峰度和任意两轴之间的相关系数作为特征值，构成一个 12 维的特征向量。故输入层神经元数为 12 个。

(2)隐含层。隐含层神经元数的选择关系到整个 BP 网络的精确度和学习效率，关于隐含层的神经元个数，有如式(7-3)所示的经验公式。

$$m = \sqrt{n + l} + \alpha \tag{7-3}$$

式中，m 为隐含层节点数；n 为输入层节点数；l 为输出层节点数；α 为介于 1 和 10 之间的常数，本节选择 MATLAB 神经网络工具箱中的默认值 10。按照此方法选择，$m=14$。在 m 的具体选择过程中，还需要在实验过程进行测试优选。

(3)输出层。本节主要研究老人的五种典型行为，定义 BP 网络对输入样本的期望输出值如表 7-1 所示，也就是说输出层的节点数选择为 5。

表 7-1　不同的行为特征对应的目标输出向量

典型行为输入向量	目标输出向量
行走行为数据特征向量	$[1;0;0;0;0]$
坐着行为数据特征向量	$[0;1;0;0;0]$
躺卧行为数据特征向量	$[0;0;1;0;0]$
站立行为数据特征向量	$[0;0;0;1;0]$
突然跌倒行为数据特征向量	$[0;0;0;0;1]$

7.3.3　基于 RSSI 测距的质心定位方法

监测平台在接收到传感器节点发送的锚节点位置数据后，就需要使用质心定位算法对老人进行定位。使用质心定位算法的时候，定位精度随着锚节点的数量以及均匀度的增加而增大，但是如果锚节点数量过多的话会产生造价昂贵和部署困难等问题。在如图 7-1 所示的养老院中，我们将其平均分为 16 个区域，每个区域的长和宽都是 50 m，每个区域的面积为

2 500 m²。路由器节点部署在每个区域的四个顶点,传感器节点以手环的形式佩戴在老人手臂上,协调器节点放置在监测中心。传感器节点、路由器节点、协调器节点之间以无线的方式进行通信,协调器节点与监测平台的 PC 端以有线的方式进行通信。由于路由器节点的位置是已知的,所以路由器可以作为锚节点,而传感器节点佩戴在老人身上,是需要定位的节点,所以是未知节点。

在定位时,需要收集所有路由器节点的 RSSI 值,然后根据 RSSI 计算距离并保留距离小于阈值的路由器节点位置数据,然后将数据发送出去。所以需要确定 RSSI 和距离的关系,才能根据 RSSI 进行测距。本节采用实验与理论结合的方法来确定 RSSI 和距离的关系。

式(7-4)用来表示无线信号的发射功率和接收功率之间的关系。

$$P_R = P_T/d^n \tag{7-4}$$

式中,P_R 为无线信号的接收功率;P_T 为无线信号的发射功率;d 为收发节点之间的距离;n 为信号传播因子,传播环境决定了 n 的大小。

在式(7-4)两边取对数可得:

$$10n\lg d = 10\lg P_T/P_R \tag{7-5}$$

节点的发射功率是已知的,将发射功率代入式(7-5)中得:

$$10\lg P_R = -(A + 10n\lg d) \tag{7-6}$$

式中,A 为射频参数;$10\lg P_R$ 为接收信号功率转换为 dBm 值的表达式,可以直接写成式(7-7),即:

$$\text{RSSI(dBm)} = -(A + 10n\lg d) \tag{7-7}$$

由式(7-7)可以看出射频参数 A 和 n 的值决定了接收信号强度和信号传输距离的关系。

由以上的理论分析可知,只要能够确定式(7-7)中的 A 和 n,就可以通过 RSSI 确定距离。在确定 RSSI 和距离的关系的基础上,利用基于 RSSI 测距的质心定位法求一个未知节点位置的主要步骤如下:

(1)利用 RSSI 测距技术求出这个未知节点与所有锚节点的距离,然后设定一个阈值,把所有与这个未知节点的距离在阈值范围内的锚节点记录到一个组内。

(2)应用坐标公式 $(x, y) = \left(\dfrac{x_1 + x_2 + \cdots + x_n}{n}, \dfrac{y_1 + y_2 + \cdots + y_n}{n} \right)$ 求解这个组所在区域的质心。其中,$x_1, x_2, \cdots, x_n$ 和 $y_1, y_2, \cdots, y_n$ 为这个组内的所有锚节点的横坐标和纵坐标;n 为这个组内的锚节点个数。

7.4　实验与结果分析

7.4.1　数据采集与特征提取实验与结果分析

实验过程中,选择 10 个学生进行测试,其中男生 6 人,女生 4 人。每个学生进行 25 次典型行为测试,形成 250 个测试数据组。每个测试数据组有 50 个采样数据,形成相应的 12 个特征向量。图 7-10(a)、(b)、(c)分别为根据本节方法采集到的五种行为的 X、Y、Z 轴加速度曲线。

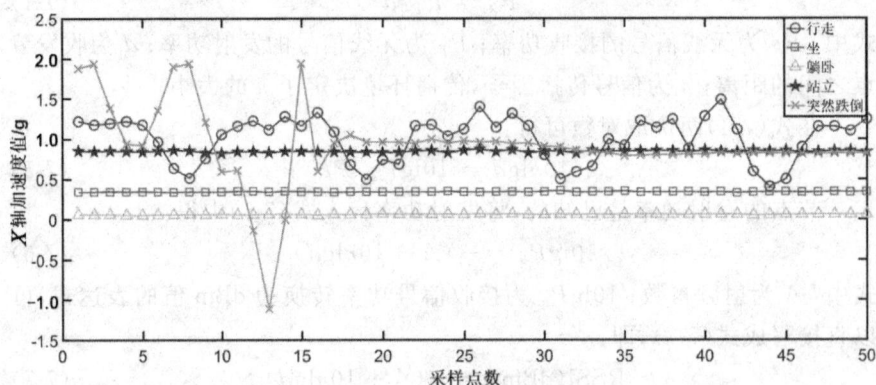

(a) 五种行为的 X 轴加速度曲线

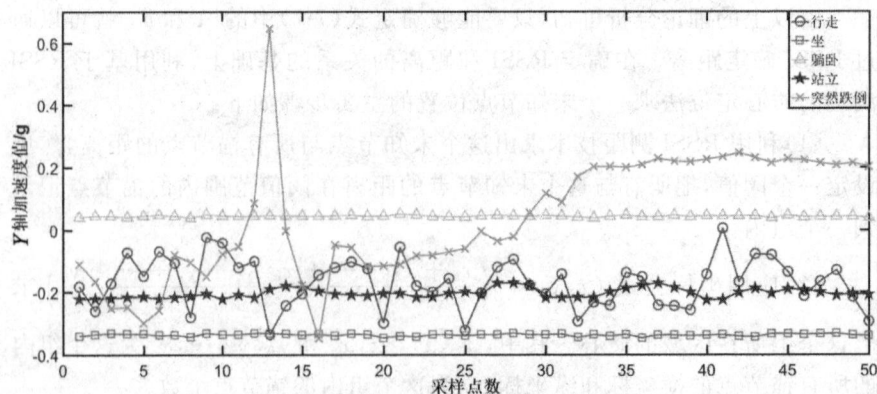

(b) 五种行为的 Y 轴加速度曲线

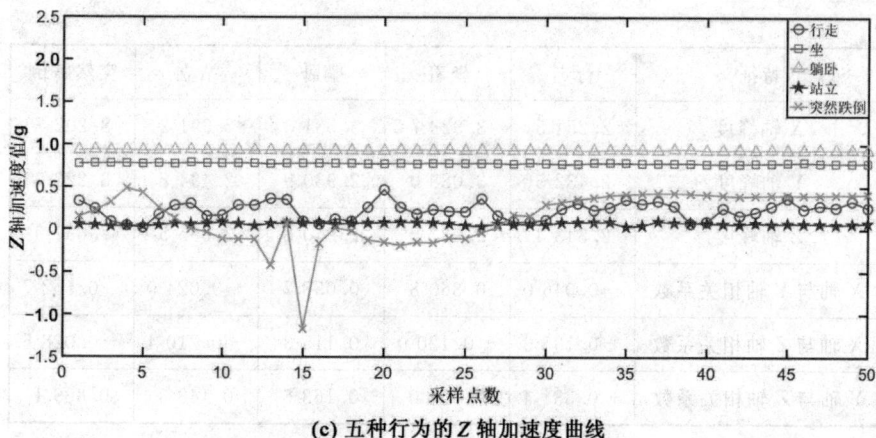

(c) 五种行为的 Z 轴加速度曲线

图 7-10　五种行为的 X、Y、Z 轴加速度曲线

从图 7-10(a)、(b)、(c)可以看出,对于坐着行为,三个轴上的加速度基本保持在(0.34,−0.34,0.78)左右,而躺卧行为在三个轴上的加速度基本保持在(0.06,0.05,0.93)左右,站立行为在三个轴上的加速度则基本保持在(0.84,−0.20,0.07)左右。同样,对于行走和突然跌倒两种行为,可以看出它们在 X、Y、Z 三个轴上的加速度都有不同程度的明显波动。相比于突然跌倒而言,行走时的加速度值在三个轴上的波动性更具有周期性,而突然跌倒时的加速度曲线在三个轴上的波峰和波谷更为陡峭,绝对值也更大。

以图 7-10(a)、(b)、(c)所示的数据为例,计算得到每个行为的一个特征向量,共五种行为特征向量,如表 7-2 所示,这些特征向量将作为 BP 神经网络的输入,通过 BP 神经网络进行老人行为识别。

表 7-2　五种行为的特征向量

特征	行走	坐着	躺卧	站立	突然跌倒
X 轴均值	1.004 1	0.337 3	0.056 9	0.844 0	0.914 7
Y 轴均值	−0.168 9	−0.337 4	0.043 8	−0.203 9	0.038 5
Z 轴均值	0.223 5	0.775 4	0.931 8	0.065 9	0.149 9
X 轴标准差	0.278 5	0.004 1	0.003 5	0.011 4	0.496 6
Y 轴标准差	0.079 8	0.003 8	0.002 7	0.015 1	0.194 4
Z 轴标准差	0.101 7	0.004 5	0.003 6	0.015 4	0.309 7

特征	行走	坐着	躺卧	站立	突然跌倒
X 轴峰度	2.251 5	3.923 7	3.531 3	2.991 2	8.202 7
Y 轴峰度	2.432 5	3.088 0	2.930 9	2.494 8	3.222 9
Z 轴峰度	2.343 4	2.927 5	2.940 8	2.655 5	7.667 9
X 轴与 Y 轴相关系数	−0.046 0	0.360 8	0.058 7	−0.024 0	−0.552 7
X 轴与 Z 轴相关系数	−0.195 3	−0.120 0	0.115 3	−0.210 4	−0.028 5
Y 轴与 Z 轴相关系数	−0.331 4	0.064 0	0.163 6	0.148 3	0.365 1

7.4.2 行为识别实验与结果分析

本节使用 Matlab 构建 BP 神经网络分类器对老人行为进行识别和分类。因为 MATLAB R2016a 中有神经模式识别工具箱,不需要手动构建神经网络,而且神经模式识别工具箱会根据输入的样本数据和目标输出自动执行对数据的归一化、设置迭代次数、学习率以及目标误差等操作,方便了神经网络分类器的移植工作。所以神经模式识别工具箱非常适合用来构建老人行为的神经网络分类器。

实验中提取特征样本的 70% 作为训练样本(174 个),15% 作为验证样本(38 个),15% 测试样本(38 个),BP 神经网络模型按照前面的方法来构建。隐含层的神经元个数,在前述经验公式的基础上,需要不断调试,最终找到理想参数。图 7-11 是按照系统默认隐含层神经元个数 $m=14$ 进行行为识别的结果。从图中可以看出,训练样本的分类准确率达到了 100%,验证样本的分类准确率也达到了 100%,而测试样本的分类准确率为 97.4%,总的样本的分类准确率为 99.6%。

为了训练出最佳的神经网络分类器,需要重新训练网络以及调整隐含层节点数。考虑到按照经验公式法计算出来的 $m=14.125$,本节对 m 取值为 13、14、15、16 的范围进行优化测试。在经过多次优化后,发现在隐含层节点数为 15 时系统达到了最佳分类效果,测试结果如图 7-12 所示。在图 7-12 中,训练样本、验证样本、测试样本的分类准确率都为 100%。

训练混淆矩阵

	1	2	3	4	5	
1	37 21.3%	0 0.0%	0 0.0%	0 0.0%	0 0.0%	100% 0.0%
2	0 0.0%	30 17.2%	0 0.0%	0 0.0%	0 0.0%	100% 0.0%
3	0 0.0%	0 0.0%	35 20.1%	0 0.0%	0 0.0%	100% 0.0%
4	0 0.0%	0 0.0%	0 0.0%	37 21.3%	0 0.0%	100% 0.0%
5	0 0.0%	0 0.0%	0 0.0%	0 0.0%	35 20.1%	100% 0.0%
	100% 0.0%	100% 0.0%	100% 0.0%	100% 0.0%	100% 0.0%	100% 0.0%

输出类 / 目标类（1 2 3 4 5）

验证混淆矩阵

	1	2	3	4	5	
1	5 13.2%	0 0.0%	0 0.0%	0 0.0%	0 0.0%	100% 0.0%
2	0 0.0%	12 31.6%	0 0.0%	0 0.0%	0 0.0%	100% 0.0%
3	0 0.0%	0 0.0%	6 15.8%	0 0.0%	0 0.0%	100% 0.0%
4	0 0.0%	0 0.0%	0 0.0%	5 13.2%	0 0.0%	100% 0.0%
5	0 0.0%	0 0.0%	0 0.0%	0 0.0%	10 26.3%	100% 0.0%
	100% 0.0%	100% 0.0%	100% 0.0%	100% 0.0%	100% 0.0%	100% 0.0%

输出类 / 目标类（1 2 3 4 5）

测试混淆矩阵

	1	2	3	4	5	
1	7 18.4%	0 0.0%	0 0.0%	0 0.0%	0 0.0%	100% 0.0%
2	0 0.0%	8 21.1%	0 0.0%	0 0.0%	0 0.0%	100% 0.0%
3	0 0.0%	0 0.0%	9 23.7%	0 0.0%	0 0.0%	100% 0.0%
4	0 0.0%	0 0.0%	0 0.0%	8 21.1%	0 0.0%	100% 0.0%
5	1 2.6%	0 0.0%	0 0.0%	0 0.0%	5 13.2%	83.3% 16.7%
	87.5% 12.5%	100% 0.0%	100% 0.0%	100% 0.0%	100% 0.0%	97.4% **2.6%**

输出类 / 目标类（1 2 3 4 5）

全部混淆矩阵

	1	2	3	4	5	
1	49 19.6%	0 0.0%	0 0.0%	0 0.0%	0 0.0%	100% 0.0%
2	0 0.0%	50 20.0%	0 0.0%	0 0.0%	0 0.0%	100% 0.0%
3	0 0.0%	0 0.0%	50 20.0%	0 0.0%	0 0.0%	100% 0.0%
4	0 0.0%	0 0.0%	0 0.0%	50 20.0%	0 0.0%	100% 0.0%
5	1 0.4%	0 0.0%	0 0.0%	0 0.0%	50 20.0%	98.0% 2.0%
	98.0% 2.0%	100% 0.0%	100% 0.0%	100% 0.0%	100% 0.0%	99.6% **0.4%**

输出类 / 目标类（1 2 3 4 5）

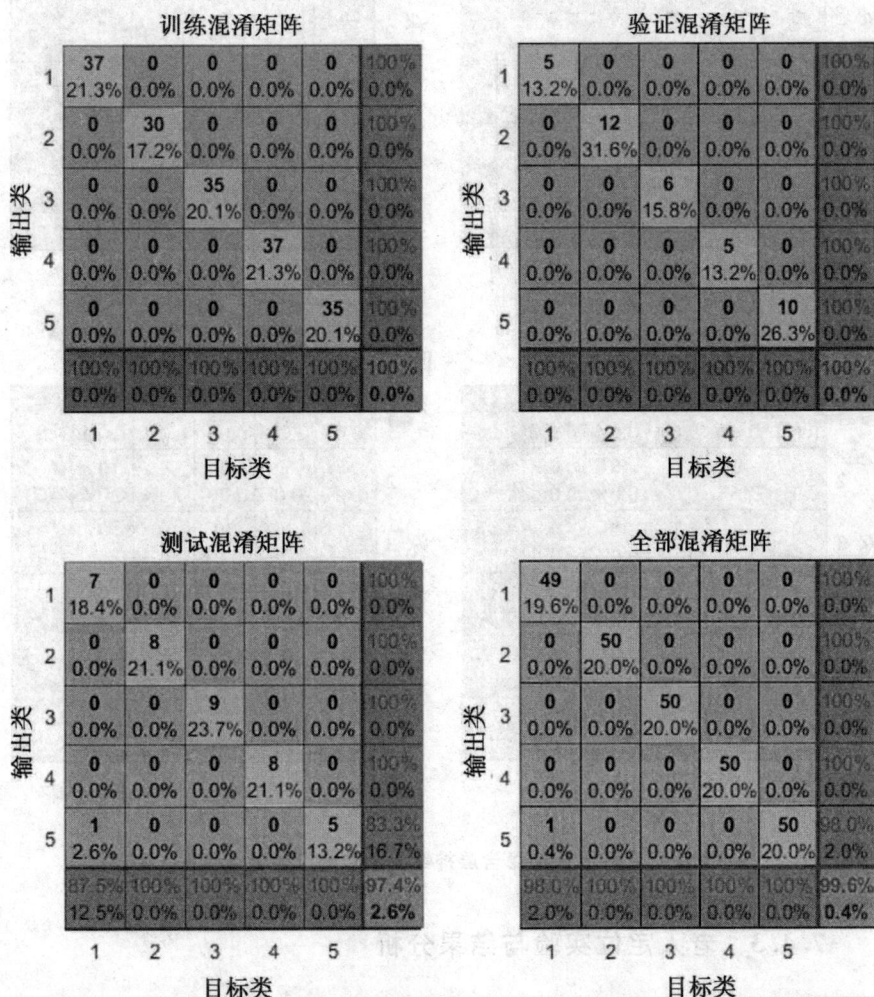

图 7-11　按照默认隐含层神经元个数的行为分类结果

训练混淆矩阵

输出类	1	2	3	4	5	
1	37 / 21.3%	0 / 0.0%	0 / 0.0%	0 / 0.0%	0 / 0.0%	100% / 0.0%
2	0 / 0.0%	26 / 14.9%	0 / 0.0%	0 / 0.0%	0 / 0.0%	100% / 0.0%
3	0 / 0.0%	0 / 0.0%	41 / 23.6%	0 / 0.0%	0 / 0.0%	100% / 0.0%
4	0 / 0.0%	0 / 0.0%	0 / 0.0%	31 / 17.8%	0 / 0.0%	100% / 0.0%
5	0 / 0.0%	0 / 0.0%	0 / 0.0%	0 / 0.0%	39 / 22.4%	100% / 0.0%
	100% / 0.0%	100% / 0.0%	100% / 0.0%	100% / 0.0%	100% / 0.0%	100% / 0.0%

目标类

验证混淆矩阵

输出类	1	2	3	4	5	
1	6 / 15.8%	0 / 0.0%	0 / 0.0%	0 / 0.0%	0 / 0.0%	100% / 0.0%
2	0 / 0.0%	15 / 39.5%	0 / 0.0%	0 / 0.0%	0 / 0.0%	100% / 0.0%
3	0 / 0.0%	0 / 0.0%	2 / 5.3%	0 / 0.0%	0 / 0.0%	100% / 0.0%
4	0 / 0.0%	0 / 0.0%	0 / 0.0%	8 / 21.1%	0 / 0.0%	100% / 0.0%
5	0 / 0.0%	0 / 0.0%	0 / 0.0%	0 / 0.0%	7 / 18.4%	100% / 0.0%
	100% / 0.0%	100% / 0.0%	100% / 0.0%	100% / 0.0%	100% / 0.0%	100% / 0.0%

目标类

测试混淆矩阵

输出类	1	2	3	4	5	
1	7 / 18.4%	0 / 0.0%	0 / 0.0%	0 / 0.0%	0 / 0.0%	100% / 0.0%
2	0 / 0.0%	9 / 23.7%	0 / 0.0%	0 / 0.0%	0 / 0.0%	100% / 0.0%
3	0 / 0.0%	0 / 0.0%	7 / 18.4%	0 / 0.0%	0 / 0.0%	100% / 0.0%
4	0 / 0.0%	0 / 0.0%	0 / 0.0%	11 / 28.9%	0 / 0.0%	100% / 0.0%
5	0 / 0.0%	0 / 0.0%	0 / 0.0%	0 / 0.0%	4 / 10.5%	100% / 0.0%
	100% / 0.0%	100% / 0.0%	100% / 0.0%	100% / 0.0%	100% / 0.0%	100% / 0.0%

目标类

全部混淆矩阵

输出类	1	2	3	4	5	
1	50 / 20.0%	0 / 0.0%	0 / 0.0%	0 / 0.0%	0 / 0.0%	100% / 0.0%
2	0 / 0.0%	50 / 20.0%	0 / 0.0%	0 / 0.0%	0 / 0.0%	100% / 0.0%
3	0 / 0.0%	0 / 0.0%	50 / 20.0%	0 / 0.0%	0 / 0.0%	100% / 0.0%
4	0 / 0.0%	0 / 0.0%	0 / 0.0%	50 / 20.0%	0 / 0.0%	100% / 0.0%
5	0 / 0.0%	0 / 0.0%	0 / 0.0%	0 / 0.0%	50 / 20.0%	100% / 0.0%
	100% / 0.0%	100% / 0.0%	100% / 0.0%	100% / 0.0%	100% / 0.0%	100% / 0.0%

目标类

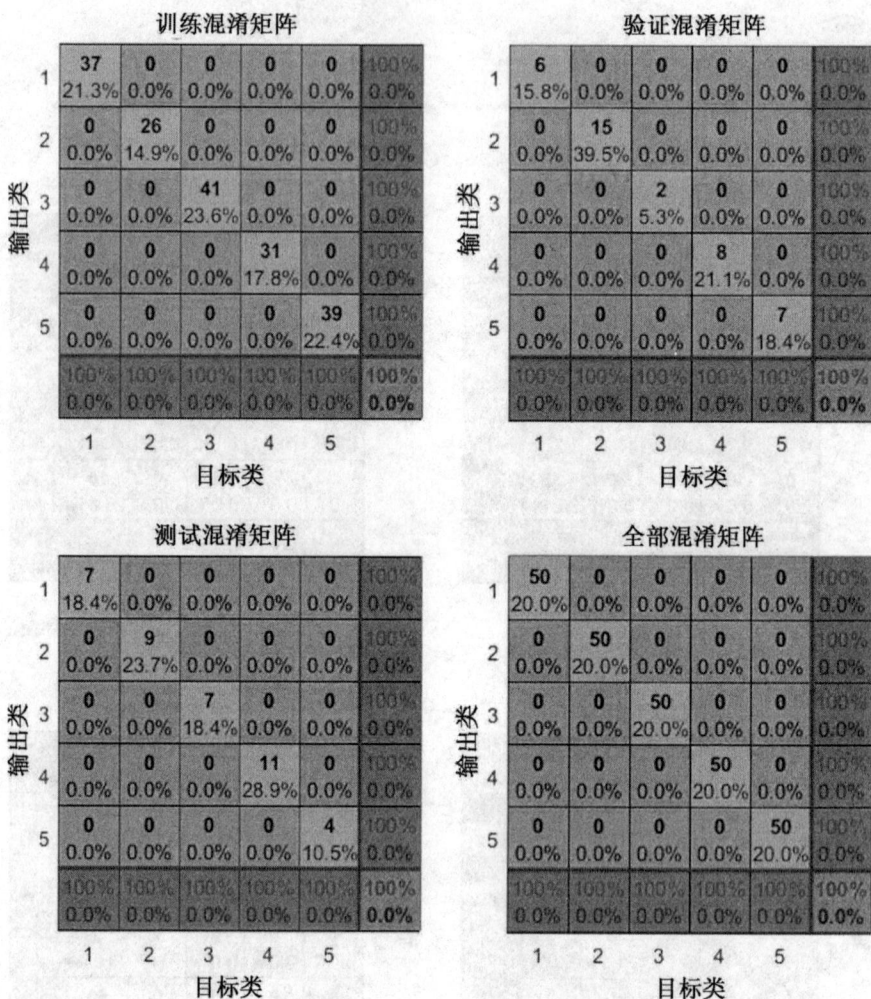

图 7-12　按照优选隐含层神经元个数的行为分类结果

7.4.3　老人定位实验与结果分析

在定位实验过程中,本节首先利用两个 ZigBee 节点在室外环境下进行了 RSSI 和距离的关系实验,一个节点的位置固定,另一个节点在 1～50 m 的范围内移动,每移动 1 m,固定节点获取移动节点的 RSSI 并记录下来。根据测量结果,在 Matlab 中绘制距离与 RSSI 的关系曲线,如图 7-13 所示。

从图 7-13 中可以看到,RSSI 随着两个节点间距离的增大而逐渐衰减。

根据公式(7-6)对图 7-13 中 RSSI 和距离的关系进行拟合,拟合后的表达式为 $RSSI = -(45.3 + 18.38\lg d)$,由此可知 $A = 45.3, n = 18.38$。根据基于 RSSI 的质心定位算法可知,当阈值为 50 m 时,在未知节点接收完所有锚节点的 RSSI 后,只保留与它距离不大于 50 m 的锚节点的位置信息,然后发送到监测平台计算自身当前位置。所以本节中令 $d = 50$,得到 $RSSI = 76.53$。因此,在未知节点接收到所有锚节点的 RSSI,只保留 RSSI 小于 76.53 的锚节点的位置信息,然后发送到监测平台进行老人定位。图 7-14 是进行定位的一个仿真结果,图中五角星"☆"代表锚节点,"O"代表未知节点即老人真实位置,星号"*"代表通过定位算法得到的老人的估计位置。

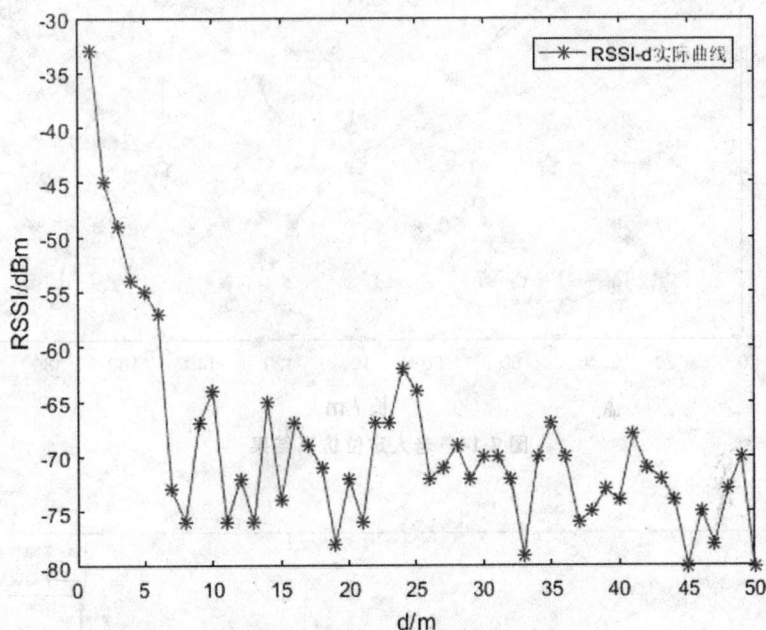

图 7-13   RSSI 值与距离的关系曲线

图 7-15 是定位效果的一个误差曲线,图中带圆圈的曲线表示未知节点的估计位置与其真实位置的距离即定位误差,带叉号的曲线代表所有未知节点的平均定位误差。由图可以看出,这些未知节点的估计位置的最大误差不超过 20 m,而平均误差只有不到 11 m。在实际应用中,看护人员完全可以通过该定位方法快速得到老人的位置信息,并找到老人。

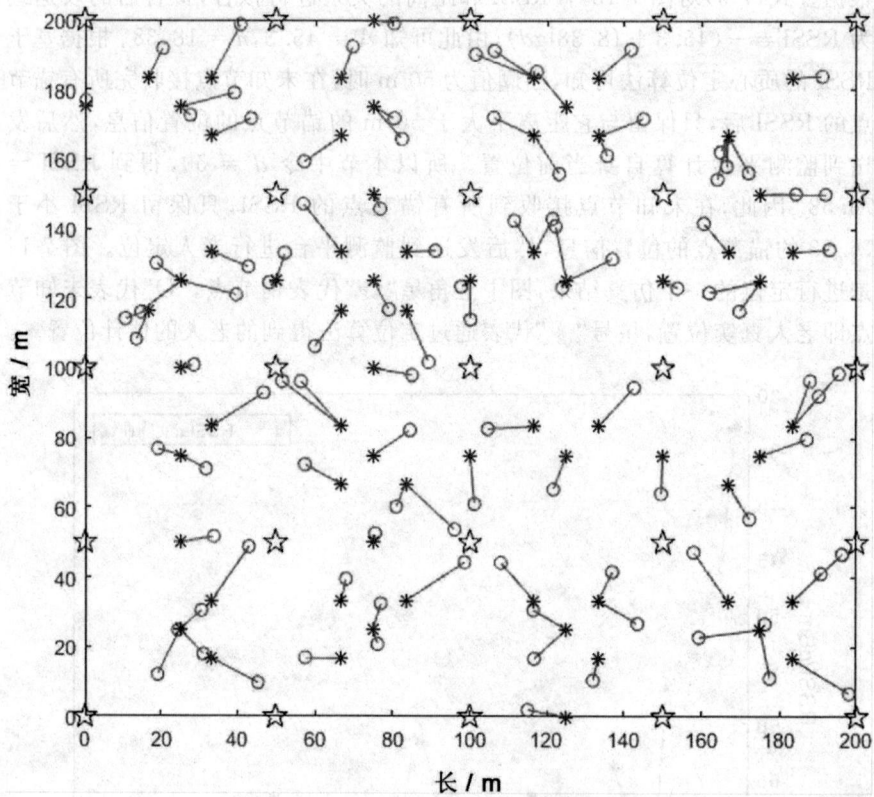

图 7-14 老人定位仿真结果

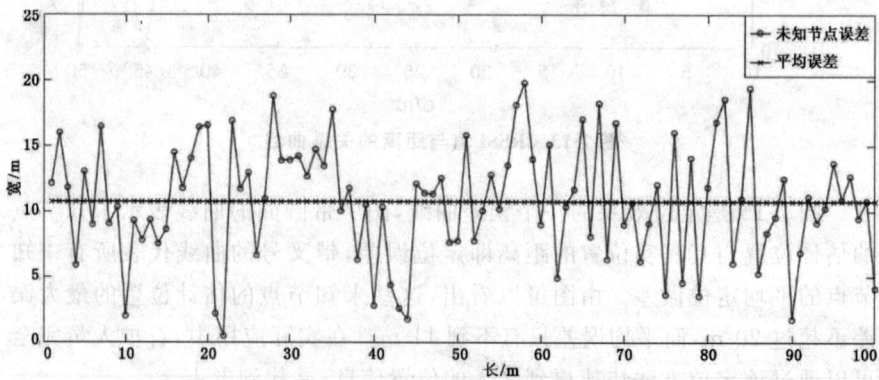

图 7-15 老人定位结果误差曲线

参考文献

[1]Abdelkrim Hadjidj,Marion Souil,Abdelmadjid Bouabdallah,et al. Wireless sensor networks for rehabilitation applications:Challenges and opportunities[J]. Journal of Network and Computer Applications,2013,36 (1):1-5.

[2]Abdulhamit Subasi,Dalia H. Dammas,Rahaf D. Sensor Based Human Activity Recognition Using Adaboost Ensemble Classifier[J]. Procedia Computer Science,2018,140:104-111.

[3]Dapeng Tao, Lianwen Jin, Yongfei Wang,et al. Rank Preserving Discriminant Analysis for Human Behavior Recognition on Wireless Sensor Networks[J]. IEEE TRANSACTIONS ON INDUSTRIAL INFORMATICS,2014,10(1):813-823.

[4]E. S. Nadimi, R. N. Jorgensen, V. Blanes-Vidal, et al. Monitoring and Classifying Animal Behavior Using ZigBee-based Mobile Ad Hoc Wireless Sensor Networks and Artificial Neural Networks[J]. Computers and Electronics in Agriculture,2012,82:44-54.

[5]Li Xiaoman and Lu Xia. Design of a ZigBee Wireless Sensor Network Node for Aquaculture Monitoring[C]//2016 2nd IEEE International Conference on Computer and Communications,Chengdu,2016:2179-2182.

[6]Luyao Liu,Diran Liu,Qie Sun,et al. Forecasting Power Output of Photovoltaic System Using A BP Network Method[J]. Energy Procedia, 2017,142:780-786.

[7]Mantyjarvi J,Himberg J,Ssppanen T. Recognizing Human Motion With Multiple Acceleration Sensors[C]//Proceedings of the 2001 IEEE International Conference on Systems, Man, and Cybernetics. Piscataway, NJ:IEEE,2001:747-752.

[8]N. K. Suryadevara, A. Gaddam, R. K. Rayudu, et al. Wireless Sensors Network Based Safe Home to Care Elderly People:Behaviour Detection[J]. Procedia Engineering,2011,25:96-99.

[9]Nordstrøm M M,Hansen B H,Paus B,et al. Accelerometer-Deter-

mined Physical Activity and Walking Capacity in Persons With Down Syndrome，Williams Syndrome and Prader-Willi syndrome[J]. Research in Developmental Disabilities，2013，34(12)：4395-4403.

[10]O. V. Biryukova and I. V. Koretskaya. The Usage of Acceleration Sensor to Control Spatial Orientation for Experiment Automatization [C]//2018 Systems of Signal Synchronization，Generating and Processing in Telecommunications，Minsk，2018，1-6.

[11]Ordóez F J，and Roggen D. Deep Convolutional and LSTM Recurrent Neural Networks for Multimodal Wearable Activity Recognition[J]. Sensors，2016，16(1)：115-139.

[12]陈敏，王擘，李军华，等.无线传感器网络原理与实践[M].北京：化学工业出版社，2011.

[13]陈鸣.基于智能算法优化 LSSVR 的三维 WSN 节点定位研究[D].桂林：桂林理工大学，2013.

[14]杜晓通.无线传感器网络技术与工程应用[M].北京：机械工业出版社，2010.

[15]耳玉亮，段蕾蕾，叶鹏鹏，等.2014 年全国伤害监测系统老人跌倒/坠落病例特征分析[J].中华流行病学杂志，2016，37(1)：24-28.

[16]巩秀钢.物联网中的关键技术及应用探析[M].长春：吉林大学出版社，2015.

[17]胡文鹏.一种基于 RSSI 的无线传感器网络定位算法的设计与实[D].长春：吉林大学，2009.

[18]黄霜霜.三维无线传感器网络中 DV-Hop 定位算法的研究[D].南京：南京理工大学，2015.

[19]季文军.基于自适应布谷鸟算法优化 DV-Hop 的 WSN 三维节点定位技术研究[D].桂林：桂林理工大学，2015.

[20]李颀，王志鹏，窦轩，等.基于无线传感器网络的产前母猪行为监测系统[J].家畜生态学报，2017，38(3)：75-79.

[21]李云洁.基于连续型传感器数据的人体动作识别[D].沈阳：东北大学，2012.

[22]林雯，张烈平，王守峰.基于差分进化算法的无线传感器网络节点定位方法研究[J].计算机测量与控制，2013(07)：2023-2026.

[23]林雯，张烈平，王守峰.基于粒子群优化算法的 WSN 节点定位方法研究[J].煤矿机械，2013(05)：84-86.

[24]刘家峰，刘鹏，张英涛，等.模式识别[M].2 版.哈尔滨：哈尔滨工

业大学出版社,2017.

　　[25]刘伟荣,何云.物联网与无线传感器网络[M].北京:电子工业出版社,2013.

　　[26]马征征.基于蒙特卡罗的移动节点定位算法研究[D].石家庄:河北师范大学,2013.

　　[27]彭保.无线传感器网络移动节点定位及安全定位技术研究[D].哈尔滨:哈尔滨工业大学,2009.

　　[28]彭飞.基于改进 RSSI-LSSVR 的 WSN 三维节点安全定位研究[D].桂林:桂林理工大学,2017.

　　[29]强茂山,张东成,江汉臣.基于加速度传感器的建筑工人施工行为识别方法[J].清华大学学报(自然科学版),2017,57(12):1338-1344.

　　[30]郄剑文,贾方秀,李兴隆,等.基于组合测距的无线传感器网络自定位算法[J].传感技术学报,2016,29(5):739-744.

　　[31]尚少锋.基于 RSSI 校正的无线传感器网络定位算法研究[D].太原:太原理工大学,2013.

　　[32]宋宁宁.北京市特大型养老院老年人的行为特征与空间需求研究[D].北京:北方工业大学,2014.

　　[33]唐宏,谢静,鲁玉芳,等.无线传感器网络原理及应用[M].北京:人民邮电出版社,2010.

　　[34]唐荣.基于无迹卡尔曼滤波(UKF)的 RSSI 室内定位算法设计与实现[D].南京:东南大学,2017.

　　[35]王平.基于 KF-LSSVR 的 WSN 三维移动节点定位技术研究[D].桂林:桂林理工大学,2014.

　　[36]王汝传,孙力娟.无线传感器网络技术导论[M].北京:清华大学出版社,2012.

　　[37]王瑞.基于 WSN 和神经网络的老人行为监测技术研究[D].桂林:桂林理工大学,2018.

　　[38]王守峰.基于差分进化和粒子群混合优化的 WSN 节点定位算法研究[D].桂林:桂林理工大学,2012.

　　[39]王殊,阎毓杰,胡富平,等.无线传感器网络的理论及应用[M].北京:北京航空航天大学出版社,2007.

　　[40]吴栋.无线传感器网络非测距定位改进算法研究[D].无锡:江南大学,2016.

　　[41]熊炼.无线传感器网络的安全定位研究[D].太原:太原理工大学,2011.

[42]许力.无线传感器网络的安全和优化[M].北京:电子工业出版社,2010.

[43]尹令,洪添胜,刘迎湖,等.基于无线传感器网络支持向量机奶牛行为特征识别[J].传感技术学报,2011,24(3):458-462.

[44]于宏毅,李鸥,张效义,等.无线传感器网络理论、技术与实现[M].北京:国防工业出版社,2010.

[45]张少军.无线传感器网络技术及应用[M].北京:中国电力出版社,2010.

[46]张永恒.物联网核心技术与应用[M].长春:吉林大学出版社,2016.

[47]郑军,张宝贤.无线传感器网络技术[M].北京:机械工业出版社,2012.

[48]郑增威,杜俊杰,霍梅梅,等.基于可穿戴传感器的人体活动识别研究综述[J].计算机应用,2018,38(5):1223-1229,1238.

[49]中华人民共和国国家统计局.国家人口数据[EB/OL].http://www.stats.gov.cn/casyquery.htm? cn=C01&zb=A0301&sj=2014.